駿台受験シリーズ

短期攻略 大学入学共通テスト 数学I・A 改訂版

基礎編

$y=ax^2$

y

O

吉川浩之・榎 明夫 共著

はじめに

本書は，**3段階の学習で共通テスト数学Ⅰ・Aの基礎力養成から本格的な対策ができる自習書**です。

ここで共通テストの重要性を細かく説明する必要はないでしょうが，国公立大受験生にとっては共通テストで多少失敗しても二次試験で挽回することはまったく不可能というわけではありません。その場合，いわゆる「二次力」で勝負ということになります。しかし，特に難易度の高い大学で，二次試験で挽回できるほどの点をとるのは至極困難です。また，国公立大学文系学部や私立大学では，共通テストである程度点がとれれば合格を確保できるところも多くあります。時代は，**共通テストの成否が合否を決める**ようになってきているのです。

共通テストでは以下の項目を意識した出題がされます。

- **数学的な問題解決の過程を重視する。**
- **事象の数量等に着目して数学的な問題を見いだすこと。**
- **目的に応じて数・式，図，表，グラフなどを活用し，数学的に処理する。**
- **解決過程を振り返り，得られた結果を意味付けしたり，活用したりする。**
- **日常の事象，数学のよさを実感できる題材，定理等を導くような題材を扱う。**

したがって，共通テストで正解するためには，共通テスト専用の「質と量」を兼ね備えたトレーニングが非常に重要です。

そこで本書は，レベルを3段階に分け，共通テストの問題を解くために必要な**教科書に載っている基本事項，公式等をしっかり理解し，計算力をつける** **STAGE 1**，教科書から少し踏み出した**応用的な問題を解くための解法を理解し，その使い方をマスターする** **STAGE 2**，上記で触れた新たに**共通テストで出題が予想される問題に慣れるための総合演習問題**を設け，共通テスト対策初心者の皆さんにとって，**「とりあえずはこれだけで十分」**という内容にしています。そして，取り組みやすさを重視したため，本書は参考書形式としています。「私は基礎力は十分です。満点を目指して，もっと本試験レベルの問題に力を注ぎたい！」という皆さんには，姉妹編の**『実戦編』**をお薦めします。詳しくは次の利用法をお読みください。

末尾となりますが，本書の発行にあたりましては駿台文庫の加藤達也氏，林拓実氏に大変お世話になりました。紙面をお借りして御礼申し上げます。

吉川浩之

榎　明夫

本書の特長と利用法

本書の特長

1　1か月間で共通テスト数学Ⅰ・Aを基礎から攻略

本文は69テーマからなりますので，1日3テーマ分の例題(6題程度)を進めれば，約1か月で共通テスト数学Ⅰ・Aの基礎力と応用力の養成ができます。

2　基本事項と実戦的な解法パターンが身につく

共通テストでは，教科書や一般的な参考書や問題集には載っていないような問題が出題されているとは言っても，そのような問題を解くためにも，まずは**基本事項をしっかり理解した上で解法パターンを「体に覚えこませてしまう」ことが重要**です。本書は，レベル別に以下の2つのSTAGEと総合演習問題とに内容を分けました(目次も参照してください)ので，**レベルにあわせて解法パターンを身につけられます。**

STAGE 1	基本的な解法パターンのまとめと**例題・類題**です。
STAGE 2	応用的な解法パターンのまとめと**例題・類題**です。
総合演習問題	**本試験レベルの問題**です。本番で満点を目指すにはここまで取り組んでおきましょう。全部で7題あります。

3　STAGE 1・STAGE 2の完成で，共通テストで合格点が確実

STAGE 1・**STAGE 2の類題まで完全にこなせば**，通常の入試で合格点とされる**6割は確実で，8割も十分可能でしょう。**

例題・類題は各110題，計220題あります。例題と類題は互いにリンクしていますので，**例題の後は，すぐに同じ問題番号の類題で力試し**できます！

4　やる気が持続する！

本書に掲載した問題のすべてに，**目標解答時間**と**配点を明示**しました。「どのくらいの時間で解くべき問題か」「これを解いたら本番では何点ぐらいだろうか」がわかりますので，勉強の励みにしてください。

利用法の一例

共通テストでは，数学Ⅰからは全分野が，数学Aからは「場合の数と確率」「図形の性質」の2つの分野が出題範囲になっていますので，収録されているすべての分野を学習して下さい。以下に本書を利用して学習する具体例を紹介します。

I　教科書はなんとかわかるけど，その後どうしたらいいのだろう？

①　目次を参照して，STAGE 1 の内容のうち，自分の苦手なところや出来そうなところから始めてみましょう。

②　STAGE 1 は，**左ページが基本事項のまとめ**，**右ページがその例題**となっています。左ページをよく読み，「なんとなくわかったな」と思ったら，すぐに右の例題に取り組んでください。このとき，「例題はあとでもいいか」と後回しにしてはいけません。**知識が抜けないうちに問題にあたること**が数学の基礎力をつけるには大変重要なことなのです。

③　問題には，「３分・６点」などと記されています。**時間は，実際の共通テストでかけてよい時間の目安**です。いきなり時間内ではできないと思いますが，**共通テストで許容される制限時間はこの程度**なのです。**点数は**，実際の共通テストで予想される **100 点満点中のウエイト**です。

④　１つのセクションで STAGE 1 の内容が理解できたかなと思えたら，STAGE 1 **類題**に挑戦してください。例題の番号と類題の番号が同じであれば内容はほぼ同じです。**類題が自力でできるようになれば，本番で６割の得点が十分可能となります。**

⑤　次は STAGE 2 です。勉強の要領は STAGE 1 と同様ですが，レベル的に**最低２回は繰り返し学習**してほしいところです。この類題までを自力で出来るようになれば，**本番で８割の得点も十分可能です。**

II　基礎力はあると思うので，どんどん腕試しをしたい

⑥　①～⑤によって基礎力をアップさせた人，また，「もう基礎力は十分だ」という自信がある人は，**総合演習問題**に取り組んでください。

⑦　**総合演習問題**は，共通テスト本番で出題されるレベル・分量を予想した問題です。そのため，制限時間・配点とも例題・類題に比べて長く・多くなっています。１問１問，本番の共通テストに取り組むつもりで解いてください。

⑧　**総合演習問題**までこなしたけれど物足りない人，「満点を目指すんだ！」という人には姉妹編の**『実戦編』**をお薦めします。『実戦編』の問題は本書の**総合演習問題**レベルで，すべてオリジナルですので歯応え十分かと思います。

以上，いろいろと書きましたが，とにかく必要なのは「ガンバルゾ！」と思っているいまのやる気を持続させることです。どうか頑張ってやり遂げてください！

解答上の注意

- 問題の文中の ア ， イウ などには，符号（－）又は数字（0 ～ 9）が入ります。ア，イ，ウ，… の一つ一つは，これらのいずれか一つに対応します。
- 分数形で解答する場合，分数の符号は分子につけ，分母につけてはいけません。

  例えば，$\dfrac{\boxed{\text{エオ}}}{\boxed{\text{カ}}}$ に $-\dfrac{4}{5}$ と答えたいときは，$\dfrac{-4}{5}$ として答えます。

  また，それ以上約分できない形で答えます。

  例えば，$\dfrac{3}{4}$ と答えるところを，$\dfrac{6}{8}$ のように答えてはいけません。
- 小数の形で解答する場合，指定された桁数の一つ下の桁を四捨五入して答えます。また，必要に応じて，指定された桁まで 0 を入れて答えます。

  例えば，キ．クケ に 2.5 と答えたいときは，2.50 として答えます。
- 根号を含む形で解答する場合，根号の中に現れる自然数が最小となる形で答えます。

  例えば，$\boxed{\text{コ}}\sqrt{\boxed{\text{サ}}}$ に $4\sqrt{2}$ と答えるところを，$2\sqrt{8}$ のように答えてはいけません。
- 根号を含む分数形で解答する場合，例えば $\dfrac{\boxed{\text{シ}}+\boxed{\text{ス}}\sqrt{\boxed{\text{セ}}}}{\boxed{\text{ソ}}}$ に $\dfrac{3+2\sqrt{2}}{2}$ と答えるところを，$\dfrac{6+4\sqrt{2}}{4}$ や $\dfrac{6+2\sqrt{8}}{4}$ のように答えてはいけません。
- 問題の文中の二重四角で表記された タ などには，選択肢から一つを選んで答えます。

目　次

§1　数と式（数学I）

§2　集合と命題（数学I）

§3　2次関数（数学I）

§4　図形と計量（数学I）

§5　データの分析（数学Ⅰ）

§6　場合の数と確率（数学A）

§7　図形の性質（数学A）

総合演習問題

巻末：三角比の表
類題・総合演習問題の解答・解説は別冊です。

STAGE 1　1　式の展開

■ 1　展開公式 ■

(1)　$(a+b)^2=a^2+2ab+b^2$

　　$(a-b)^2=a^2-2ab+b^2$

(2)　$(a+b)(a-b)=a^2-b^2$

(3)　$(x+a)(x+b)=x^2+(a+b)x+ab$

(4)　$(ax+b)(cx+d)=acx^2+(ad+bc)x+bd$

(5)　$(a+b+c)^2=a^2+b^2+c^2+2ab+2bc+2ca$

(1)(2)は 2 文字 2 次式，(3)(4)は x の 2 次式，(5)は 3 文字 2 次式。

■ 2　展開の工夫 ■

(1)　**計算の順序を考える**

　　$(a+1)^2(a-1)^2=\{(a+1)(a-1)\}^2$

　　$(a+2)(a^2+4)(a-2)=\{(a+2)(a-2)\}(a^2+4)$　など

(2)　**置き換えをする**

　　$(a+b+1)(a+b-2)=(A+1)(A-2)$

　　(共通な項 $a+b$ を A とおく)

(3)　**分配法則を利用する**

　　$(x+a)(x+b)(x+c)$ を展開したときの x の係数は

　　$(x+a)(x+b)(x+c)$　より　$bc+ac+ab$

(1)　$(a+b)(a-b)$ を先に計算する。

例題 1　2分・4点

次の式を展開せよ。

(1)　$(2x-7y)(4x+3y)=$ ア x^2- イウ $xy-$ エオ y^2

(2)　$(3x+y-2z)^2=$ カ x^2+y^2+ キ z^2+ ク $xy-$ ケ $yz-$ コサ zx

解答

(1)　(左辺)$=\mathbf{8}x^2-\mathbf{22}xy-\mathbf{21}y^2$

← 公式(4)

(2)　(左辺)$=(3x)^2+y^2+(-2z)^2+2\cdot3x\cdot y+2\cdot y\cdot(-2z)+2\cdot(-2z)\cdot(3x)$

$=\mathbf{9}x^2+y^2+\mathbf{4}z^2+\mathbf{6}xy-\mathbf{4}yz-\mathbf{12}zx$

← 公式(5)

例題 2　3分・6点

次の式を展開せよ。

(1)　$(2x-3)^2(2x+3)^2=$ アイ x^4- ウエ x^2+ オカ

(2)　$(x-1)(x-2)(x+3)(x+4)=x^4+$ キ x^3- ク x^2- ケコ $x+$ サシ

(3)　$(2x^2-x+5)(4x^2+3x-1)$ を展開したときの x^2 の係数は スセ である。

解答

(1)　(左辺)$=\{(2x-3)(2x+3)\}^2=(4x^2-9)^2$

$=\mathbf{16}x^4-\mathbf{72}x^2+\mathbf{81}$

← $A^2B^2=(AB)^2$

(2)　(左辺)$=(x-1)(x+3)(x-2)(x+4)$

$=(x^2+2x-3)(x^2+2x-8)$

$=(A-3)(A-8)$

$=A^2-11A+24$

$=(x^2+2x)^2-11(x^2+2x)+24$

$=x^4+\mathbf{4}x^3-\mathbf{7}x^2-\mathbf{22}x+\mathbf{24}$

← $-1+3=-2+4=2$ に注目。

← $x^2+2x=A$ とおく。

(3)　与式を展開したときの x^2 の項は

$(2x^2-x+5)(4x^2+3x-1)$

を計算して

$2x^2\cdot(-1)+(-x)\cdot(3x)+5\cdot4x^2=\mathbf{15}x^2$

← x^2 の項だけを計算する。

STAGE 1　2　因数分解

■ 3　公式の利用 ■

(1)　$a^2+2ab+b^2=(a+b)^2$

　　$a^2-2ab+b^2=(a-b)^2$

(2)　$a^2-b^2=(a+b)(a-b)$

(3)　$x^2+(a+b)x+ab=(x+a)(x+b)$

(4)　$acx^2+(ad+bc)x+bd=(ax+b)(cx+d)$

(1)(2)は2文字2次式，(3)(4)は x の2次式。

(4)　たすきがけの因数分解

$$\begin{array}{ccccc} a & \diagdown\!\!\!\diagup & b & \rightarrow & bc \\ c & & d & \rightarrow & ad \\ \hline ac & & bd & & ad+bc \end{array}$$

となる a，b，c，d を見つける。

(例)　$6x^2\underset{\sim}{-5}x-4\ =\ (2x+1)(3x-4)$

$$\begin{array}{ccccc} \downarrow & & \downarrow & & \\ 2 & \diagdown\!\!\!\diagup & 1 & \rightarrow & 3 \\ 3 & & -4 & \rightarrow & -8 \\ \hline & & & & \underset{\sim}{-5} \end{array}$$

■ 4　因数分解の工夫 ■

(1)　**共通因数を見つける**

　　$ab+bc=b(a+c)$

(2)　**置き換えをする**

　　$(a+b)^2-2(a+b)-3=A^2-2A-3$　（共通な項 $a+b$ を A とおく）

(3)　**最低次数の文字について整理する**

2種類以上の文字を含む式は，次数の最も低い文字に着目して，降べきの順に整理する。

　　$a^2-b+ab-1=(a-1)b+a^2-1$

　　（a …… 2次，　b …… 1次
　　次数の低い b について整理する）

(4)　**公式が利用できる形に変形する**

　　$a^4+a^2+1=(a^2+1)^2-a^2$

例題 3　3分・6点

次の式を因数分解せよ。

(1)　$2x^2+44x-96=$ ア $(x-$ イ $)(x+$ ウエ $)$

(2)　$6x^2-x-12=($ オ $x-$ カ $)($ キ $x+$ ク $)$

(3)　$x^4-5x^2-36=(x-$ ケ $)(x+$ コ $)(x^2+$ サ $)$

解答

(1)　(左辺)$=2(x^2+22x-48)$

$=\mathbf{2}(x-\mathbf{2})(x+\mathbf{24})$

← 共通因数でくくる。

$\begin{matrix}1 & \times & -2 \\ 1 & & +24\end{matrix}$

(2)　(左辺)$=(\mathbf{2}x-\mathbf{3})(\mathbf{3}x+\mathbf{4})$

← たすきがけ

$\begin{matrix}2 & \times & -3 & -9 \\ 3 & & +4 & +8\end{matrix}$

(3)　(左辺)$=(x^2-9)(x^2+4)$

$=(x-\mathbf{3})(x+\mathbf{3})(x^2+\mathbf{4})$

例題 4　3分・6点

次の式を因数分解せよ。

(1)　$(x^2-2x)(x^2-2x-7)-8=(x-$ ア $)^2(x+$ イ $)(x-$ ウ $)$

(2)　$2x^2+2xy-5x-2y+3=(x-$ エ $)($ オ $x+$ カ $y-$ キ $)$

(3)　$2x^2-xy-6y^2+3x+8y-2$

$=(x-$ ク $y+$ ケ $)($ コ $x+$ サ $y-$ シ $)$

解答

(1)　(左辺)$=A(A-7)-8=A^2-7A-8$

← $x^2-2x=A$ とおく。

$=(A+1)(A-8)$

$=(x^2-2x+1)(x^2-2x-8)$

$=(x-\mathbf{1})^2(x+\mathbf{2})(x-\mathbf{4})$

(2)　(左辺)$=2x^2-5x+3+(2x-2)y$

← 次数の低い文字 y について整理する。

$=(x-1)(2x-3)+2(x-1)y$

← $x-1$ でくくる。

$=(x-\mathbf{1})(\mathbf{2}x+\mathbf{2}y-\mathbf{3})$

(3)　(左辺)$=2x^2+(-y+3)x-2(3y^2-4y+1)$

← x について降べきの順に整理する。

$=2x^2+(-y+3)x-2(y-1)(3y-1)$

$=\{x-2(y-1)\}\{2x+(3y-1)\}$

$=(x-\mathbf{2}y+\mathbf{2})(\mathbf{2}x+\mathbf{3}y-\mathbf{1})$

← たすきがけ

$\begin{matrix}1 & \times & -2(y-1) \\ 2 & & +(3y-1)\end{matrix}$

STAGE 1　3　無理数の計算

■ 5　無理数の計算 ■

(1)　分母の有理化（$a>0$，$b>0$）

$$\frac{a}{\sqrt{b}}=\frac{a}{\sqrt{b}}\cdot\frac{\sqrt{b}}{\sqrt{b}}=\frac{a\sqrt{b}}{b}$$

$$\frac{1}{\sqrt{a}+\sqrt{b}}=\frac{1}{\sqrt{a}+\sqrt{b}}\cdot\frac{\sqrt{a}-\sqrt{b}}{\sqrt{a}-\sqrt{b}}=\frac{\sqrt{a}-\sqrt{b}}{a-b}$$

(2)　求値問題は，等式の変形を利用するとよい。

$x^2+y^2=(x+y)^2-2xy$

$x^3+y^3=(x+y)(x^2-xy+y^2)$

$\qquad\;\;=(x+y)^3-3xy(x+y)$

$x^4+y^4=(x^2+y^2)^2-2(xy)^2$　　　など

(3)　二重根号

$a>b>0$ として

$\sqrt{a+b+2\sqrt{ab}}=\sqrt{a}+\sqrt{b}$，$\sqrt{a+b-2\sqrt{ab}}=\sqrt{a}-\sqrt{b}$

(2)　x と y を入れ換えても変わらない式を x と y の対称式という。対称式の値を求めるときは，$x+y$ と xy で表しておいて，これらの値から計算すればよい。

■ 6　整数部分，小数部分 ■

実数 x に対して

$m\leqq x<m+1$

を満たす整数 m を x の**整数部分**，$\alpha=x-m$（$0\leqq\alpha<1$）を x の**小数部分**という。もちろん $x=m+\alpha$ である。

α

m　x　$m+1$

(例)　$x=2.3$　のとき　$m=2$，$\alpha=0.3$

$x=\sqrt{2}$　のとき　$m=1$，$\alpha=\sqrt{2}-1$

$x=10\sqrt{10}$　のとき　$x^2=1000$

$31^2=961<1000<1024=32^2$　より　$m=31$，$\alpha=10\sqrt{10}-31$

例題 5　**3分・6点**

$a=\dfrac{3}{\sqrt{5}-\sqrt{2}}$，$b=\dfrac{3}{\sqrt{5}+\sqrt{2}}$ とするとき

$a+b=$ ア $\sqrt{\text{イ}}$，$ab=$ ウ

であるから

$a^2+b^2=$ エオ，$a^4+b^4=$ カキク

である。

解答

$$a=\frac{3(\sqrt{5}+\sqrt{2})}{5-2}=\sqrt{5}+\sqrt{2},$$

$$b=\frac{3(\sqrt{5}-\sqrt{2})}{5-2}=\sqrt{5}-\sqrt{2}$$

であるから

$a+b=\mathbf{2}\sqrt{\mathbf{5}}$，$ab=5-2=\mathbf{3}$

$a^2+b^2=(a+b)^2-2ab=20-6=\mathbf{14}$

$a^4+b^4=(a^2+b^2)^2-2(ab)^2=196-18=\mathbf{178}$

⬅ 分母の有理化。

⬅ $a+b$ と ab の値で計算する。

例題 6　**3分・6点**

$a=\dfrac{1+2\sqrt{5}}{8-3\sqrt{5}}$ の整数部分を k，小数部分を b とする。

$a=$ ア $+\sqrt{\text{イ}}$ であるから，$k=$ ウ であり，

$b=$ エオ $+\sqrt{\text{カ}}$ である。

解答

$$a=\frac{(1+2\sqrt{5})(8+3\sqrt{5})}{64-45}=\frac{38+19\sqrt{5}}{19}$$

$=\mathbf{2}+\sqrt{\mathbf{5}}$

$2<\sqrt{5}<3$ であるから

$4<2+\sqrt{5}<5$

よって

$k=\mathbf{4}$

$b=(2+\sqrt{5})-4=\mathbf{-2}+\sqrt{\mathbf{5}}$

⬅ 分母の有理化。

⬅ $\sqrt{4}<\sqrt{5}<\sqrt{9}$

STAGE 1　4　1次不等式

■ 7　1次不等式の解法 ■

1次不等式は $ax>b$ または $ax<b$ の形に変形する。

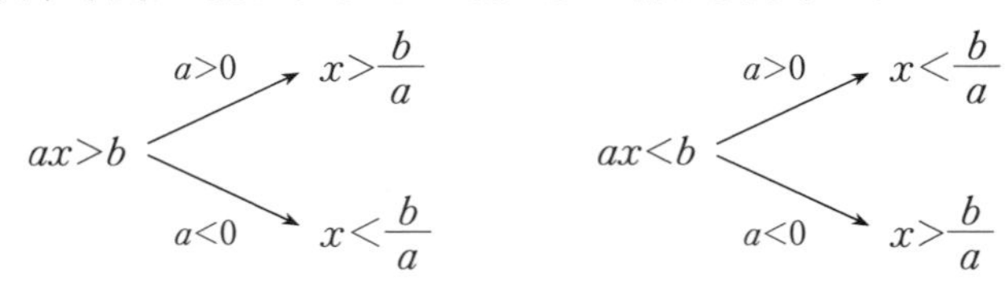

不等式の計算における注意

不等式の両辺に負の数をかけたり，負の数で割ったりすると**不等号の向きが逆になる**。つまり，$c<0$ のとき

$$a<b \iff ac>bc,\ \frac{a}{c}>\frac{b}{c}$$

（注）　$<$，$>$ が $\leqq$，$\geqq$ になっても同じである。

■ 8　連立不等式の解法 ■

いくつかの不等式を同時に満たす x の値の範囲を求めるときには，それぞれの不等式の解を数直線上に表し，重なった部分を解として求める。

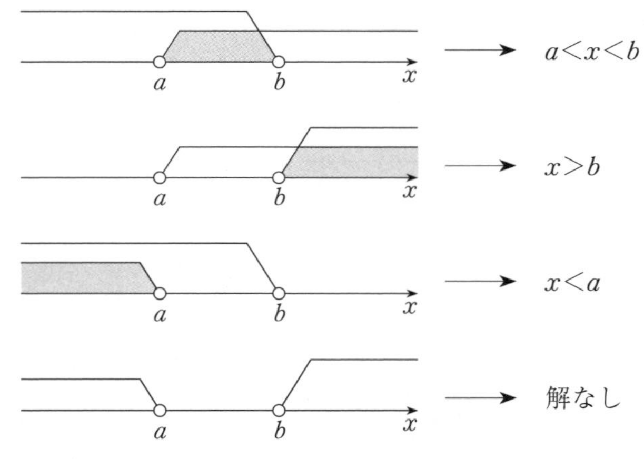

（注）　“$<$” が “$\leqq$” になるときは，図の “○” は “●” で表す。

例題 7　2分・4点

(1)　不等式 $5x-3(3-2x)<-8(3-x)$ の解は $x<$ アイ である。

(2)　不等式 $2(x+a)<3(3x+1)-a$ の解が $x>3$ であるとき
　$a=$ ウ である。

解答

(1)　与式より

$$5x-9+6x<-24+8x$$

$$3x<-15$$

$$\therefore \quad x<\mathbf{-5}$$

⬅ $ax<b$ または
$ax>b$ の形にする。

(2)　与式より

$$2x+2a<9x+3-a$$

$$-7x<-3a+3$$

$$\therefore \quad x>\frac{3a-3}{7}$$

⬅ 不等号の向きを逆にする。

解が $x>3$ であることより

$$\frac{3a-3}{7}=3$$

$$\therefore \quad a=\mathbf{8}$$

例題 8　2分・2点

連立不等式

$$6x-12<4x+2<5x-1$$

を満たす x の値の範囲は ア $<x<$ イ である。

解答

$6x-12<4x+2$ から

$$2x<14 \qquad \therefore \quad x<7 \qquad \cdots\cdots①$$

$4x+2<5x-1$ から

$$-x<-3 \qquad \therefore \quad x>3 \qquad \cdots\cdots②$$

①，②を同時に満たす x の値の範囲を求めて

$$\mathbf{3}<x<\mathbf{7}$$

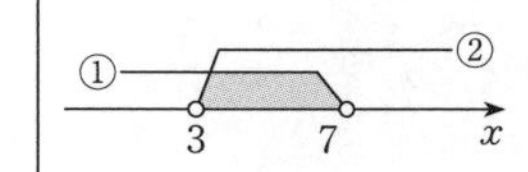

STAGE 1　類　題

類題　1　　（2分・4点）

次の式を展開せよ。

(1)　$(3a+2b)(5a-4b)=$ アイ a^2- ウ $ab-$ エ b^2

(2)　$(2a-3b+c)^2=$ オ a^2+ カ b^2+c^2- キク $ab-$ ケ $bc+$ コ ca

類題　2　　（3分・6点）

次の式を展開せよ。

(1)　$(2a+1)^2(2a-1)^2(4a^2+1)^2=$ アイウ a^8- エオ a^4+ カ

(2)　$(a+1)(a+2)(a+3)(a+4)=a^4+$ キク a^3+ ケコ a^2+ サシ $a+$ スセ

(3)　$(x^2+ax-3)(2x^2-4x-1)$ を展開したときの x^2 の係数が5であるとき $a=$ ソタ である。

類題　3　　（3分・6点）

次の式を因数分解せよ。

(1)　$2x^2-28xy-144y^2=$ ア $(x+$ イ $y)(x-$ ウエ $y)$

(2)　$8x^2-2xy-15y^2=($ オ $x-$ カ $y)($ キ $x+$ ク $y)$

(3)　$x^4-3x^2-4=(x-$ ケ $)(x+$ コ $)(x^2+$ サ $)$

類題　4　　（3分・6点）

次の式を因数分解せよ。

(1)　$(x-2)(x-3)(x+4)(x+5)-144=(x+$ ア $)^2(x-$ イ $)(x+$ ウ $)$

(2)　$2x^3-3x^2y-8x+12y=(x-$ エ $)(x+$ オ $)($ カ $x-$ キ $y)$

(3)　$2x^2-8xy+6y^2+5x+y-12$

　　$=(x-$ ク $y+$ ケ $)($ コ $x-$ サ $y-$ シ $)$

類題　5　　(6分・10点)

(1)　$a=\dfrac{\sqrt{7}-\sqrt{3}}{\sqrt{7}+\sqrt{3}}$，$b=\dfrac{\sqrt{7}+\sqrt{3}}{\sqrt{7}-\sqrt{3}}$ とする。

$a+b=$ [ア]，$ab=$ [イ]

であり

$\dfrac{b}{a}+\dfrac{a}{b}=$ [ウエ]

である。

(2)　$a=\dfrac{3+\sqrt{13}}{2}$ のとき

$a+\dfrac{1}{a}=\sqrt{\text{[オカ]}}$，$a^2+\dfrac{1}{a^2}=$ [キク]，$a^4+\dfrac{1}{a^4}=$ [ケコサ]

である。

類題　6　　(6分・12点)

(1)　$a=-\dfrac{6+3\sqrt{14}}{5}$，$b=\dfrac{2+\sqrt{14}}{5}$ とする。

$m<a<m+1$ を満たす整数 m の値は　$m=$ [アイ]

$n<b<n+1$ を満たす整数 n の値は　$n=$ [ウ]

である。

また，$a<x<b$ を満たす整数 x の個数は [エ] 個である。

(2)　2次方程式 $2x^2-11x+13=0$ の解を α，β $(\alpha>\beta)$ とするとき

$\alpha=\dfrac{\text{[オカ]}+\sqrt{\text{[キク]}}}{\text{[ケ]}}$，$\beta=\dfrac{\text{[オカ]}-\sqrt{\text{[キク]}}}{\text{[ケ]}}$

である。また，

$m<\alpha<m+1$ を満たす整数 m の値は　$m=$ [コ]

$n<\beta<n+1$ を満たす整数 n の値は　$n=$ [サ]

である。

類題 7 (2分・4点)

(1) 不等式 $\frac{3(x-2)}{2}-\frac{2(1-x)}{3} \leqq 3x-8$ の解は $x \geqq \frac{\boxed{アイ}}{\boxed{ウ}}$ である。

(2) 不等式 $\frac{x-a}{3}-\frac{4x-3}{2} \geqq -a$ を満たす x の値の範囲に2が含まれるような a の値の範囲は $a \geqq \frac{\boxed{エオ}}{\boxed{カ}}$ である。

類題 8 (2分・2点)

連立不等式

$$\frac{1+2x}{2} \leqq \frac{3x-1}{5} \leqq \frac{5x+4}{6}+\frac{1}{2}$$

の解は $\frac{\boxed{アイウ}}{\boxed{エ}} \leqq x \leqq \frac{\boxed{オカ}}{\boxed{キ}}$ である。

STAGE 2　5　絶対値の計算

■ 9　絶対値の計算 ■

(1)　絶対値の性質

数直線上で点 A(a) と原点 O の距離を a の絶対値といい，記号$|a|$で表す。

$a \geqq 0$ のとき　$|a|=a$　　　$a<0$ のとき　$|a|=-a$

$a>0$ のとき

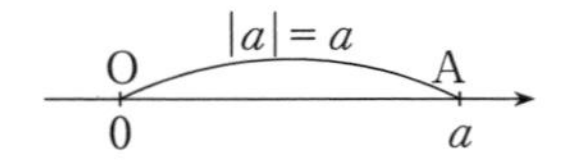

$a<0$ のとき

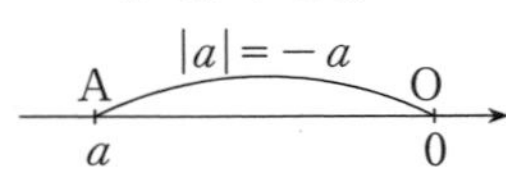

2 点 A(a)，B(b) 間の距離は　$\mathrm{AB}=|b-a|$

$a<b$ のとき

$|b-a|=b-a$

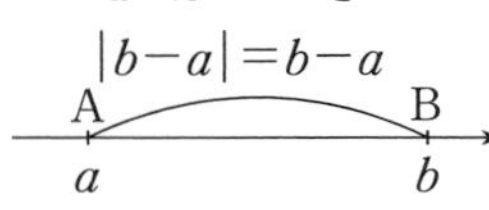

$b<a$ のとき

$|b-a|=a-b$

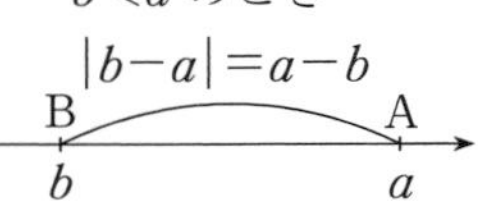

(2)　絶対値を含む方程式・不等式

方程式 $|x|=c \iff x=\pm c$　（c は正の定数）

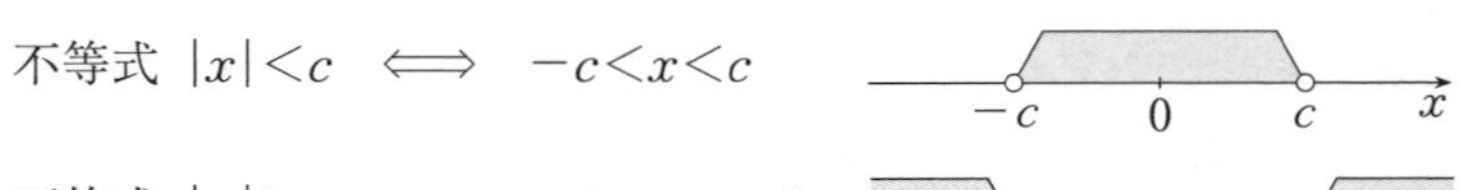

不等式 $|x|<c \iff -c<x<c$

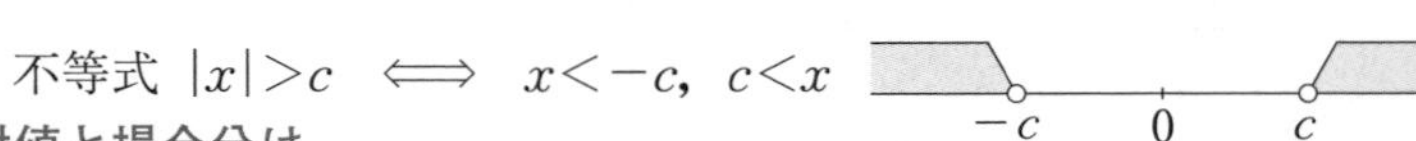

不等式 $|x|>c \iff x<-c,\ c<x$

(3)　絶対値と場合分け

$y=5|x-2|+2|x+3|$ とする。

$x<-3$ のとき

$$y=-5(x-2)-2(x+3)$$
$$=-7x+4$$

$-3 \leqq x<2$ のとき

$$y=-5(x-2)+2(x+3)$$
$$=-3x+16$$

$2 \leqq x$ のとき

$$y=5(x-2)+2(x+3)$$
$$=7x-4$$

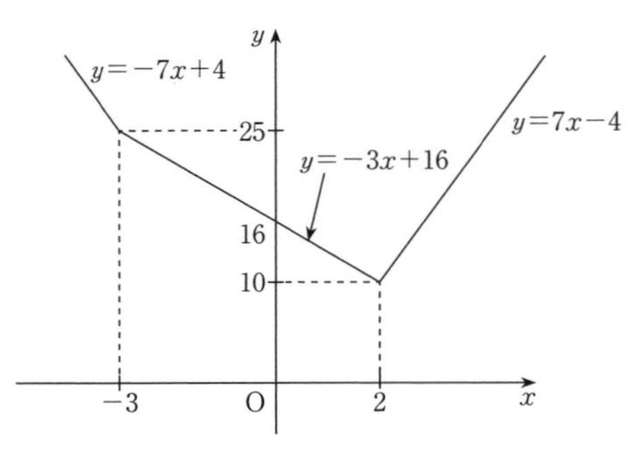

例題 9　6分・10点

(1)　方程式 $|2x-3|=5$ の解は $x=$［アイ］，［ウ］である。

(2)　不等式 $|2x+1|\leqq 3$ の解は ［エオ］$\leqq x \leqq$［カ］である。

(3)　方程式 $2(x-2)^2=|3x-5|$ ……① の解のうち，$x<\frac{5}{3}$ を満たす解は

$x=$［キ］，$\frac{［ク］}{［ケ］}$ である。また，方程式①の解は全部で［コ］個ある。

解答

(1)　$|2x-3|=5$ より　$2x-3=\pm 5$

$\therefore\ \ x=\mathbf{-1,\ 4}$

⬅ $2x=-2,\ 8$

(2)　$|2x+1|\leqq 3$ より　$-3\leqq 2x+1\leqq 3$

$\therefore\ \ \mathbf{-2\leqq x\leqq 1}$

⬅ $-4\leqq 2x\leqq 2$

(3)　$x<\frac{5}{3}$ のとき，$3x-5<0$ であるから，①より

$$2(x-2)^2=-(3x-5)$$
$$2x^2-5x+3=0$$
$$(x-1)(2x-3)=0$$
$$\therefore\ \ x=\mathbf{1,\ \frac{3}{2}}$$

⬅ 1 ╳ −1 / 2 ╳ −3

これらはともに $x<\frac{5}{3}$ を満たす。

$x\geqq\frac{5}{3}$ のとき，$3x-5\geqq 0$ であるから，①より

⬅ $x\geqq\frac{5}{3}$ の場合も考える。

$$2(x-2)^2=3x-5$$
$$2x^2-11x+13=0 \qquad \therefore\ \ x=\frac{11\pm\sqrt{17}}{4}$$

⬅ 解の公式。

これらはともに $x\geqq\frac{5}{3}$ を満たす。

よって，①の解は全部で **4** 個ある。

(注)　$\frac{11-\sqrt{17}}{4}-\frac{5}{3}=\frac{13-3\sqrt{17}}{12}=\frac{\sqrt{169}-\sqrt{153}}{12}>0$

より $\frac{11-\sqrt{17}}{4}>\frac{5}{3}$ である。

STAGE 2　6　不等式の解についての条件

■10　不等式の解についての条件■

(1)　不等式を満たす整数解

(1－1)　不等式 $5x \leqq 20-x$ を満たす自然数 x の個数は

解 $x \leqq \dfrac{10}{3}$ より　$x=1,\ 2,\ 3$ の 3 個

(1－2)　不等式 $8+3x>2x-2$ を満たす最小の整数は

解 $x>-10$ より　-9

(1－3)　連立不等式 $-4<5-3x \leqq 8$ を満たす整数 x の個数は

解 $-1 \leqq x<3$ より　$x=-1,\ 0,\ 1,\ 2$ の 4 個

(1－4)　連立不等式 $-2x+1<x-9<a-x$ を満たす整数 x が存在しないような a の値の範囲は

解 $x>\dfrac{10}{3}$　かつ　$x<\dfrac{a+9}{2}$　より

$\dfrac{a+9}{2} \leqq 4$　　$\therefore\ a \leqq -1$

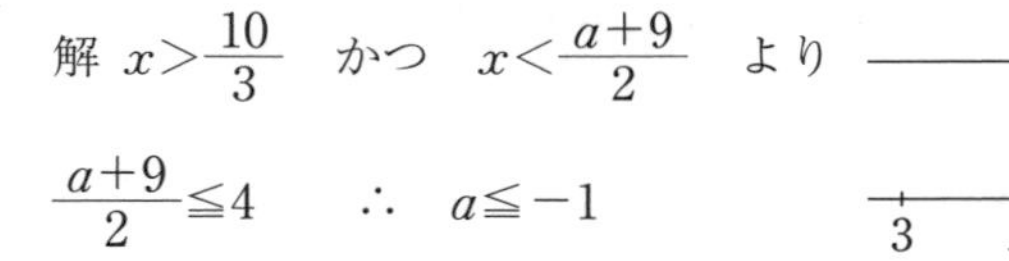

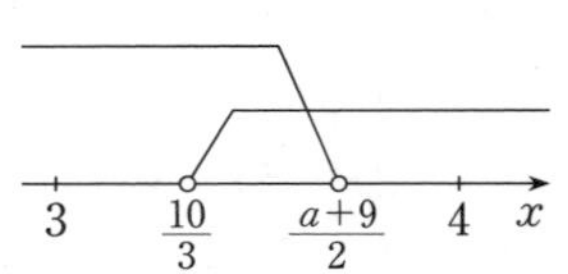

(2)　不等式の解についての条件

(2－1)　連立不等式 $1-a \leqq 4x \leqq 3x+4$ の解が $-2 \leqq x \leqq 4$ となるような a の値は

解 $x \geqq \dfrac{1-a}{4}$　かつ　$x \leqq 4$　より

$\dfrac{1-a}{4}=-2$　　$\therefore\ a=9$

(2－2)　連立不等式 $6-2x<x-3<a+2$ を満たす x が存在しないような a の値の範囲は

解 $x>3$　かつ　$x<a+5$　より

$a+5 \leqq 3$　　$\therefore\ a \leqq -2$

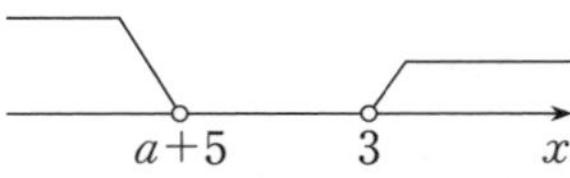

(2－3)　不等式 $3+x \geqq 1-x$ の解が $x \geqq a$ を満たすような a の値の範囲は

解 $x \geqq -1$ が $x \geqq a$ に含まれることより

$a \leqq -1$

例題 10　6分・10点

x についての二つの不等式

$$\begin{cases} x-\dfrac{4-x}{2}<7 & \cdots\cdots ① \\ 2-x<x-2(a+3) & \cdots\cdots ② \end{cases}$$

がある。

①の解は $x<$ [ア] であり，②の解は $x>a+$ [イ] である。

①，②を同時に満たす x の整数値がただ一つであるような整数 a の値は $a=$ [ウ] である。

また，$x \geqq 0$ を満たすすべての x に対して②が成り立つ条件は，$a<$ [エオ] である。

解答

①より

$$2x-(4-x)<14$$
$$3x<18$$
$$\therefore \quad x<\mathbf{6}$$

②より

$$-2x<-2(a+3)-2$$
$$-2x<-2a-8$$
$$\therefore \quad x>a+\mathbf{4}$$

①，②を同時に満たす x の整数値がただ1つであるとき，①より，その整数値は5であるから，a の値の範囲は

$$4 \leqq a+4<5$$
$$\therefore \quad 0 \leqq a<1$$

これを満たす整数 a の値は **0** である。

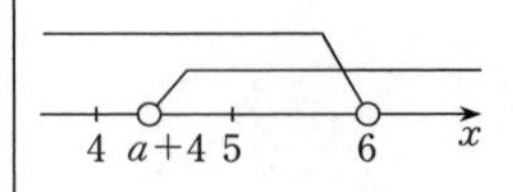

また，$x \geqq 0$ を満たすすべての x に対して②が成り立つ条件は

$$a+4<0$$
$$\therefore \quad a<\mathbf{-4}$$

が成り立つことである。

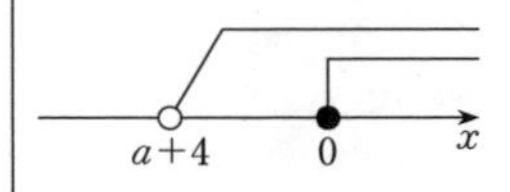

STAGE 2　類　題

類題 9　（10分・10点）

(1)　方程式

$$|(\sqrt{7}-2)x+2|=4$$

の解は

$$x=\frac{\boxed{ア}(\boxed{イ}+\sqrt{7})}{\boxed{ウ}},\ \boxed{エオ}(\boxed{カ}+\sqrt{7})$$

である。

(2)　不等式

$$|(\sqrt{5}+2)x-1|<3$$

の解は

$$\boxed{キク}(\sqrt{5}-\boxed{ケ})<x<\boxed{コ}(\sqrt{5}-\boxed{サ})$$

である。

(3)　連立方程式

$$\begin{cases} 2x+3y-1=0 & \cdots\cdots ① \\ |4x-16|=2x+6y+21 & \cdots\cdots ② \end{cases}$$

の解は

$$(x,\ y)=\left(\frac{\boxed{シス}}{\boxed{セ}},\ \boxed{ソタ}\right),\ \left(\frac{\boxed{チツ}}{\boxed{テ}},\ \frac{\boxed{ト}}{\boxed{ナ}}\right)$$

である。

類題 10　（6分・10点）

x についての二つの不等式

$$\begin{cases} 2(x-a)<-x+6 & \cdots\cdots① \\ \dfrac{x-4}{3}-\dfrac{3x-2}{2}\leqq\dfrac{5}{6} & \cdots\cdots② \end{cases}$$

がある。

①の解は $x<\dfrac{\boxed{\text{ア}}}{\boxed{\text{イ}}}a+\boxed{\text{ウ}}$ であり，②の解は $x\geqq\boxed{\text{エオ}}$ である。

①，②を同時に満たす整数 x がちょうど6個となるような整数 a の値は $a=\boxed{\text{カ}}$ である。

また，$x\leqq0$ を満たすすべての x に対して①が成り立つ条件は $a>\boxed{\text{キク}}$ である。

STAGE 1　7　集　合

■11　集　合■

・集合と要素

$A=\{1, 3, 5, 7, 9\}=\{x \mid 1$ 以上 10 以下の奇数$\}$

要素　　　　要素の条件

$3 \in A$, $2 \notin A$

・部分集合　$A \subset B$

$x \in A$ ならば $x \in B$

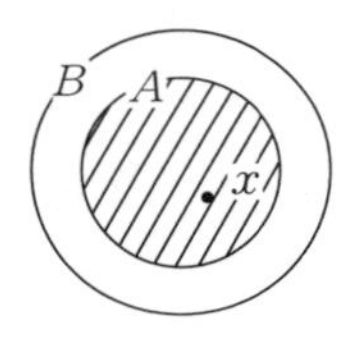

・共通部分$(A \cap B)$と和集合$(A \cup B)$

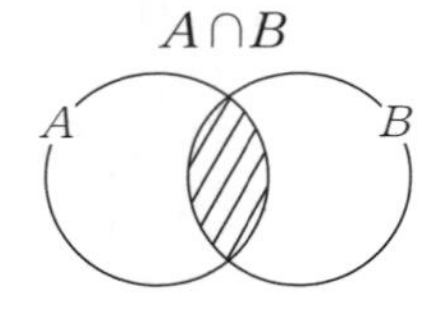

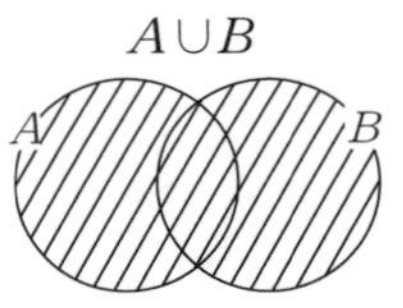

・全体集合と補集合

$A \cup \overline{A}=U$, $A \cap \overline{A}=\varnothing$

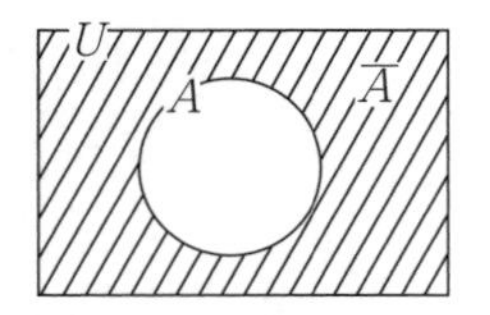

(注)　要素を1つももたない集合を空集合($\varnothing$)という。

■12　ド・モルガンの法則■

$\overline{A \cup B}=\overline{A} \cap \overline{B}$

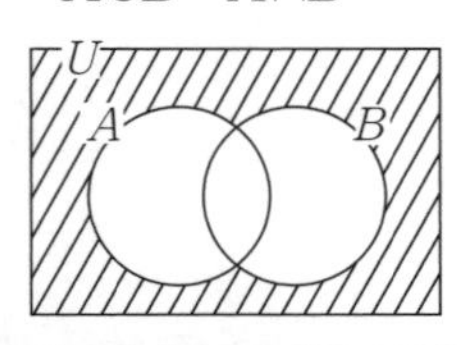

$\overline{A \cap B}=\overline{A} \cup \overline{B}$

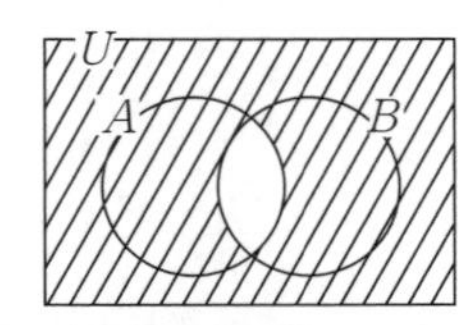

例題 11　1分・2点

1から100までのすべての自然数の集合を全体集合 U とし，その部分集合 A，B，C を次のように定める。

$A=\{x|x$ は偶数$\}$

$B=\{x|x$ は3の倍数$\}$

$C=\{x|x$ は4の倍数$\}$

A，B，C の関係を表す図は，［ア］である。

⓪

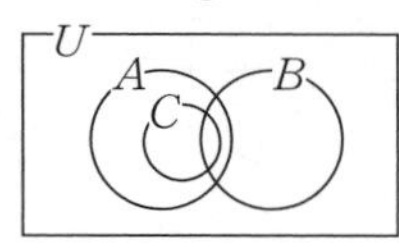

①

②

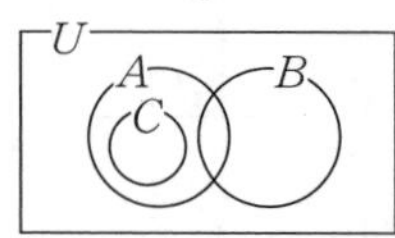

③

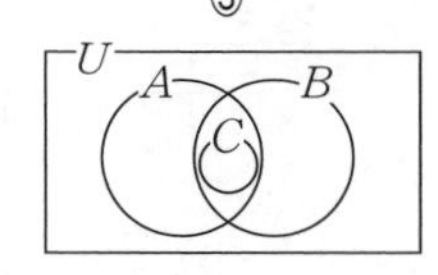

解答　$A=\{2,\ 4,\ 6,\ 8,\ \cdots\cdots,\ 96,\ 98,\ 100\}$

$B=\{3,\ 6,\ 9,\ 12,\ \cdots\cdots,\ 96,\ 99\}$

$C=\{4,\ 8,\ 12,\ 16,\ \cdots\cdots,\ 96,\ 100\}$

$A\supset C$，$B\cap C\neq\varnothing$。$B\supset C$ ではない。よって　⓪

← 要素を書き並べる。

← C は A の部分集合。

← $12\in B\cap C$
$4\in\overline{B}\cap C$

例題 12　3分・6点

自然数の集合を全体集合とし，その部分集合を

$A=\{n|n$ は10で割り切れる自然数$\}$

$B=\{n|n$ は4で割り切れる自然数$\}$

$C=\{n|n$ は10と4のいずれでも割り切れる自然数$\}$

$D=\{n|n$ は10でも4でも割り切れない自然数$\}$

$E=\{n|n$ は20で割り切れない自然数$\}$

とする。このとき，$C=$［ア］，$D=$［イ］，$E=$［ウ］である。

［ア］～［ウ］の解答群(同じものを繰り返し選んでもよい。)

⓪ $A\cup B$　① $A\cup\overline{B}$　② $\overline{A}\cup B$　③ $\overline{A\cup B}$
④ $A\cap B$　⑤ $A\cap\overline{B}$　⑥ $\overline{A}\cap B$　⑦ $\overline{A\cap B}$

解答　$C=A\cap B$ から　④

$D=\overline{A}\cap\overline{B}=\overline{A\cup B}$ から　③

$\overline{E}=\{n|n$ は20で割り切れる自然数$\}=A\cap B$ から

$E=\overline{A\cap B}$　⑦

← ド・モルガンの法則

← 10と4の最小公倍数は20

STAGE 1　8　命　題

■13　命　題■

(1)　**条件と集合**

条件 p，q を満たす要素の集合を，それぞれ P，Q とする。

$p \Longrightarrow q$ が真である　←同値→　$P \subset Q$

(2)　**否定**

p かつ q　―否定→　$\overline{p}$ または $\overline{q}$

p または q　―否定→　$\overline{p}$ かつ $\overline{q}$

(3)　**逆・裏・対偶**

$p \Longrightarrow q$　―逆→　$q \Longrightarrow p$

$p \Longrightarrow q$　―裏→　$\overline{p} \Longrightarrow \overline{q}$

$p \Longrightarrow q$　―対偶→　$\overline{q} \Longrightarrow \overline{p}$

命題とその対偶の真偽は一致する。

$\overline{p}$ は p の否定を表す。

■14　真偽の判定■

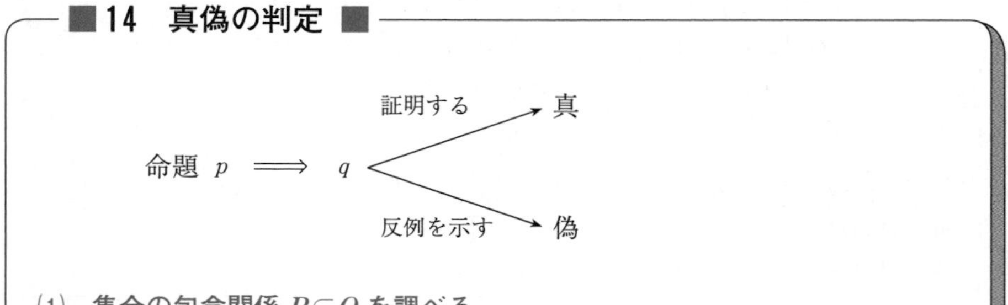

(1)　**集合の包含関係 $P \subset Q$ を調べる。**

(2)　**対偶を調べる。**

$p \Rightarrow q$ が偽のとき，反例とは p を満たすが q を満たさないもの。

例題 13　5分・8点

自然数全体の集合を U とする。U の要素に関する条件 p，q について，p，q を満たす要素の集合を，それぞれ P，Q とする。

(1)　命題「$p \Rightarrow q$」の逆が真であることと［ア］が成り立つことは同じである。

(2)　命題「$\overline{p} \Rightarrow q$」が真であることと［イ］が成り立つことは同じであり，また，これ以外に［ウ］が成り立つこととも同じである。

(3)　すべての自然数が条件「$\overline{p}$ または q」を満たすことと［エ］が成り立つことは同じである。

［ア］～［エ］の解答群(同じものを繰り返し選んでもよい。)

⓪　$P \subset Q$　　①　$P \supset Q$　　②　$P \subset \overline{Q}$

③　$\overline{P} \subset Q$　　④　$P \supset \overline{Q}$　　⑤　$\overline{P} \supset Q$

解答

(1)　逆「$q \Rightarrow p$」が真であることは，$Q \subset P$（①）と同じ。

(2)　「$\overline{p} \Rightarrow q$」が真であることは，$\overline{P} \subset Q$（③）と同じ。

対偶「$\overline{q} \Rightarrow p$」も真であるから，$\overline{Q} \subset P$（④）と同じ。

(3)　すべての自然数が「$\overline{p}$ または q」を満たすことは，

$\overline{P} \cup Q = U$　つまり　$P \cap \overline{Q} = \varnothing$　が成り立つことと同じであるから，$P \subset Q$（⓪）と同じ。

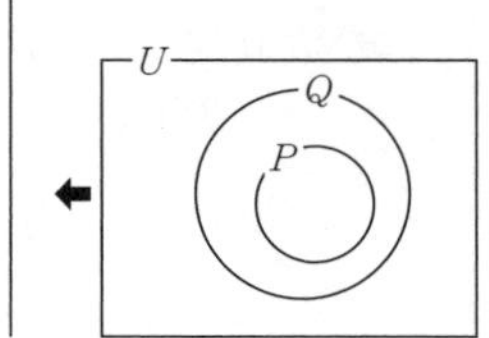

例題 14　2分・2点

実数 x について，命題A：「$x^2 > 2$ ならば $x > 2$」を考える。

命題Aとその逆，対偶のうち，［ア］が真である。

［ア］の解答群

⓪　命題Aのみ　　①　命題Aの逆のみ

②　命題Aの対偶のみ　　③　命題Aとその対偶の二つのみ

④　命題Aとその逆の二つのみ　　⑤　命題Aの逆と命題Aの対偶の二つのみ

⑥　三つすべて

解答

A：「$x^2 > 2$ ならば $x > 2$」は　偽（反例：$x = -2$）

Aの逆：「$x > 2$ ならば $x^2 > 2$」は　真

対偶ともとの命題の真偽は一致するので，

Aの対偶は　偽

よって，Aの逆のみが真(①)。

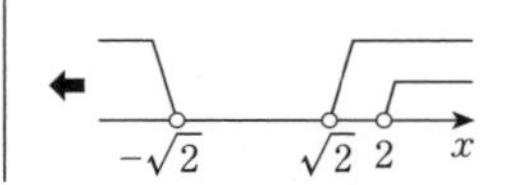

STAGE 1　9　必要条件と十分条件

■15　条件の判定■

命題　$p \Longrightarrow q$　が真であるとき

$$\underset{(\text{十分条件})}{p} \quad \Longrightarrow \quad \underset{(\text{必要条件})}{q}$$

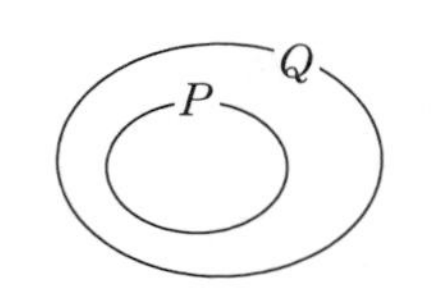

矢印の出ている方が十分条件，矢印の入っている方が必要条件。

集合の包含関係では含まれる方が十分条件，含む方が必要条件。

■16　条件の選択■

条件 p，q を満たす要素の集合を P，Q とする。

p が成り立つための必要十分条件は
　　$P=Q$ となる条件 q を求める。

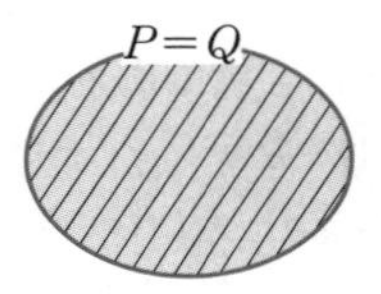

p が成り立つための必要条件は
　　$P\subset Q$ となる条件 q を求める。

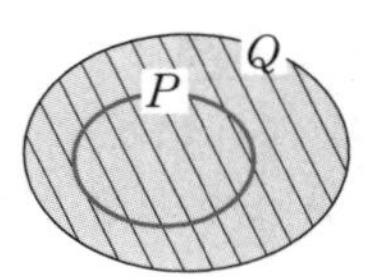

p が成り立つための十分条件は
　　$P\supset Q$ となる条件 q を求める。

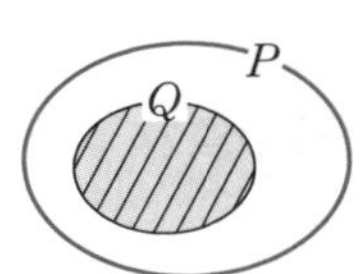

例題 15　2分・4点

m, n を整数とし，条件 p, q, r を

p：mn は偶数　q：m と n はともに偶数　r：m または n は偶数

とする。このとき

p は q であるための ア 。　q は r であるための イ 。

ア ， イ の解答群（同じものを繰り返し選んでもよい。）

⓪　必要条件であるが，十分条件ではない

①　十分条件であるが，必要条件ではない

②　必要十分条件である　③　必要条件でも十分条件でもない

解答　p と r は同値である。

p：$(m,\ n)=$（偶数，偶数），（偶数，奇数），（奇数，偶数）

q：$(m,\ n)=$（偶数，偶数）

から，p は q であるための⓪，q は r であるための①。

⬅ $p \overset{\times}{\underset{\bigcirc}{\rightleftarrows}} q$

$q \overset{\bigcirc}{\underset{\times}{\rightleftarrows}} r$

例題 16　4分・8点

a, b は実数とする。

(1)　$(a+1)^2+(b+1)^2=0$ が成り立つための必要十分条件は ア である。

(2)　$ab=(a+1)(b-1)=0$ が成り立つための必要十分条件は イ または ウ である。

(3)　$a(b-1)=b(a-1)=0$ が成り立つための必要条件は エ である。

(4)　$a(a-1)=b(b+1)=0$ が成り立つための十分条件は オ または カ である。

ア ～ カ の解答群（同じものを繰り返し選んでもよい。）

⓪　$a=0$, $b=1$　①　$a=0$, $b=-1$　②　$a=1$, $b=0$　③　$a=-1$, $b=0$

④　$a=b=1$　⑤　$a=b=-1$　⑥　$a=b$　⑦　$a+b=0$　⑧　$a-b=1$

解答

(1)　$(a+1)^2+(b+1)^2=0 \iff a+1=b+1=0$ より　⑤

(2)　$ab=(a+1)(b-1)=0$

$\iff (a,\ b)=(0,\ 1),\ (-1,\ 0)$ より　⓪または③

(3)　$a(b-1)=b(a-1)=0$

$\iff (a,\ b)=(0,\ 0),\ (1,\ 1)$ より　⑥

(4)　$a(a-1)=b(b+1)=0$

$\iff (a,\ b)=(0,\ 0),\ (0,\ -1),\ (1,\ 0),\ (1,\ -1)$

より　①または②

⬅ $A^2+B^2=0$

$\iff A=B=0$

$AB=0$

$\iff A=0$

または

$B=0$

STAGE 1　10　有理数・無理数

■17　有理数・無理数■

・有理数

m を整数，n を 0 でない整数とするとき，$\frac{m}{n}$ で表すことができる数。

・無理数

実数であって，有理数でない数(循環しない無限小数)。

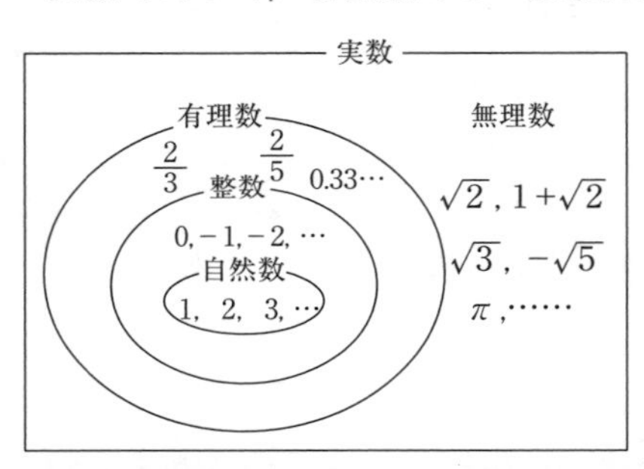

$\frac{2}{5}=0.4$　(有限小数)

$\frac{2}{3}=0.66\cdots\cdots$　(循環小数)

は有理数。

■18　有理数と無理数の計算■

・(有理数) ± (有理数) = (有理数)，(有理数) × (有理数) = (有理数)
(有理数) ÷ (0 を除く有理数) = (有理数)

・(無理数) ± (無理数)，(無理数) × (無理数)，(無理数) ÷ (無理数)
は有理数になる場合も無理数になる場合もある。

・(有理数) ± (無理数) = (無理数)

(有理数) × (無理数) = $\begin{cases} \text{有理数が 0 のときのみ 0(有理数)} \\ \text{有理数が 0 でないとき無理数} \end{cases}$

・p，q を有理数，α を無理数とすると

$p+q\alpha=0 \iff p=q=0$

例題 17　1分・4点

A を有理数全体の集合，B を無理数全体の集合とし，空集合を $\varnothing$ と表す。このとき，次の(i)～(iv)は真の命題である。

(i) A [ア] $\{0\}$　　(ii) $\sqrt{28}$ [イ] B

(iii) $A=\{0\}$ [ウ] A　　(iv) $\varnothing=A$ [エ] B

[ア]～[エ]の解答群(同じものを繰り返し選んでもよい。)

⓪ $\in$　① $\ni$　② $\subset$　③ $\supset$　④ $\cap$　⑤ $\cup$

解答

(i) $A\supset\{0\}$ (③)　(ii) $\sqrt{28}\in B$ (⓪)

(iii) $A=\{0\}\cup A$ (⑤)　(iv) $\varnothing=A\cap B$ (④)

⬅ 0 は有理数，$A\ni 0$

⬅ $\{0\}\cap A=\{0\}$

例題 18　2分・4点

実数 x に対する条件 p，q，r を次のように定める。

p：x は無理数

q：$x+\sqrt{28}$ は有理数

r：$\sqrt{28}x$ は有理数

このとき

p は q であるための [ア]。

p は r であるための [イ]。

[ア]，[イ]の解答群(同じものを繰り返し選んでもよい。)

⓪ 必要条件であるが，十分条件ではない

① 十分条件であるが，必要条件ではない

② 必要十分条件である

③ 必要条件でも十分条件でもない

解答

$p\Rightarrow q$ は偽 ($x=-\sqrt{7}$ のとき $x+\sqrt{28}=\sqrt{7}$：無理数)

$q\Rightarrow p$ は真 ($x=$(有理数)$-\sqrt{28}$：無理数)

であるから，p は q であるための⓪

⬅ p $\underset{\leftarrow\bigcirc}{\overset{\times\rightarrow}{}}$ q

$p\Rightarrow r$ は偽 ($x=\sqrt{14}$ のとき $\sqrt{28}x=14\sqrt{2}$：無理数)

$r\Rightarrow p$ は偽 ($x=0$ のとき $\sqrt{28}x=0$：有理数)

であるから，p は r であるための③

⬅ p $\underset{\leftarrow\times}{\overset{\times\rightarrow}{}}$ r

STAGE 1　類　題

類題 11　（2分・4点）

全体集合 U を $U=\{x|x$ は20以下の自然数$\}$ とし，次の部分集合 A，B，C を考える。

$A=\{x|x\in U$ かつ x は20の約数$\}$
$B=\{x|x\in U$ かつ x は3の倍数$\}$
$C=\{x|x\in U$ かつ x は偶数$\}$

集合 A の補集合を $\overline{A}$ と表し，空集合を $\varnothing$ と表す。

次の⓪～⑤のうち，**正しくないもの**は［ア］と［イ］である。

［ア］，［イ］の解答群（解答の順序は問わない。）

⓪　$A\ni 20$
①　$A\cap B=\varnothing$
②　$(A\cup C)\cap B=\{6,\ 12,\ 18\}$
③　$(A\cap C)\supset\{2,\ 4,\ 8\}$
④　$(\overline{A}\cap C)\cup B=\overline{A}\cap(B\cup C)$
⑤　$(A\cup B)\supset C$

類題 12　（4分・8点）

自然数の集合を全体集合とし，その部分集合を

$P=\{x|x$ は4で割り切れる自然数$\}$
$Q=\{x|x$ は6で割り切れる自然数$\}$

とし

$A=\{x|x$ は12で割り切れる自然数$\}$
$B=\{x|x$ は4でも6でも割り切れない自然数$\}$
$C=\{x|x$ は2でも3でも割り切れるが，4では割り切れない自然数$\}$
$D=\{x|x$ は4または6の少なくとも一方で割り切れない自然数$\}$

とする。このとき

$A=$［ア］，　$B=$［イ］，　$C=$［ウ］，　$D=$［エ］

である。

［ア］～［エ］の解答群

⓪　$P\cup Q$
①　$P\cup\overline{Q}$
②　$\overline{P}\cup Q$
③　$\overline{P\cup Q}$
④　$P\cap Q$
⑤　$P\cap\overline{Q}$
⑥　$\overline{P}\cap Q$
⑦　$\overline{P\cap Q}$

類題 13 （4分・3点）

実数xに関する3つの条件p，q，rを

$p : x=1$，　$q : x^2=1$，　$r : x>0$

とする。また，条件p，qの否定をそれぞれ$\overline{p}$，$\overline{q}$で表す。

三つの命題

A :「$(p$ かつ $q) \Longrightarrow r$」　B :「$q \Longrightarrow r$」　C :「$\overline{q} \Longrightarrow \overline{p}$」

の真偽の組合せとして正しいものは ア である。

ア の解答群

	⓪	①	②	③	④	⑤	⑥	⑦
A	真	真	真	真	偽	偽	偽	偽
B	真	真	偽	偽	真	真	偽	偽
C	真	偽	真	偽	真	偽	真	偽

類題 14 （4分・6点）

(1) 実数aに関する条件p，q，rを次のように定める。

$p : a^2 \geqq 2a+8$

$q : a \leqq -2$　または　$a \geqq 4$

$r : a \geqq 5$

このとき

命題「pならば ア 」は真である。

命題「 イ ならばp」は真である。

ア ， イ の解答群

⓪ q かつ $\overline{r}$　① q または $\overline{r}$　② $\overline{q}$ かつ $\overline{r}$　③ $\overline{q}$ または $\overline{r}$

(2) 自然数nに関する命題

「nが偶数ならば，4の倍数である」

が偽であることを示す反例は，次の⓪～⑦のうち， ウ と エ である。

ウ ， エ の解答群（解答の順序は問わない。）

⓪ $n=2$　① $n=3$　② $n=4$　③ $n=5$

④ $n=96$　⑤ $n=97$　⑥ $n=98$　⑦ $n=99$

類題　15　　（4分・8点）

自然数 m，n について，条件 p，q，r を

p：$m+n$ は2で割り切れる

q：n は4で割り切れる

r：m は2で割り切れ，かつ n は4で割り切れる

とする。このとき

(i)　p は r であるための ［ア］。

(ii)　$\overline{p}$ は $\overline{r}$ であるための ［イ］。

(iii)　「p かつ q」は r であるための ［ウ］。

(iv)　「p または q」は r であるための ［エ］。

［ア］～［エ］の解答群（同じものを繰り返し選んでもよい。）

⓪　必要条件であるが，十分条件ではない

①　十分条件であるが，必要条件ではない

②　必要十分条件である

③　必要条件でも十分条件でもない

類題　16　　（5分・10点）

(1)　x を実数とする。$x \geqq 1$ が成り立つための必要条件は ［ア］ と ［イ］ である。

［ア］，［イ］の解答群（解答の順序は問わない。）

⓪　$x=0$　　①　$x \geqq 0$　　②　$x=1$　　③　$x>1$

④　$x \geqq 1$　　⑤　$x=2$　　⑥　$x>2$

(2)　a，b を実数とする。

$$(|a+b|+|a-b|)^2=2(a^2+b^2+\boxed{\text{ウ}})$$

であるから，$(|a+b|+|a-b|)^2=4a^2$ が成り立つための必要十分条件は ［エ］ である。また，$|a+b|+|a-b|=2b$ が成り立つための必要十分条件は ［オ］ である。

［ウ］～［オ］の解答群

⓪　$2ab$　　①　$2|ab|$　　②　a^2-b^2　　③　b^2-a^2　　④　$|a^2-b^2|$

⑤　$|a| \geqq |b|$　　⑥　$|a| \leqq |b|$　　⑦　$a \geqq |b|$　　⑧　$|a| \leqq b$　　⑨　$a \geqq b$

類題 17 （2分・8点）

Aを有理数全体の集合，Bを無理数全体の集合とし，空集合を$\varnothing$と表す。後の⓪～⑨のうち，Aの要素であるものは［ア］，［イ］，［ウ］であり，Bの要素であるものは［エ］，［オ］である。また，Aの部分集合であるものは［カ］，［キ］，［ク］であり，Bの部分集合であるものは［ケ］，［コ］である。

［ア］～［コ］の解答群(同じものを繰り返し選んでもよい。)

⓪ 0　① $-\dfrac{2}{3}$　② $\sqrt{\dfrac{7}{9}}$　③ $\sqrt{\dfrac{16}{9}}$　④ $2+\sqrt{3}$

⑤ $\left\{1,\ \dfrac{1}{5},\ -\dfrac{2}{7}\right\}$　⑥ $\{\sqrt{2},\ -\sqrt{5},\ \pi\}$　⑦ $\{\sqrt{9},\ \sqrt{12}\}$

⑧ A　⑨ $\varnothing$

類題 18 （2分・4点）

命題A 「aが無理数で$1+a^2=b^2$ならば，bは無理数である」

命題B 「aが有理数で$1+a^2=b^2$ならば，bは有理数である」

二つの命題A，Bはともに偽である。次の⓪～⑨のうち，Aの反例は［ア］であり，Bの反例は［イ］である。

［ア］，［イ］の解答群

⓪ $a=1,\ b=\sqrt{2}$　① $a=1,\ b=\sqrt{3}$

② $a=\dfrac{4}{3},\ b=\dfrac{5}{3}$　③ $a=\sqrt{2},\ b=2$

④ $a=\sqrt{3},\ b=2$　⑤ $a=0,\ b=1$

⑥ $a=\sqrt{2},\ b=\sqrt{3}$　⑦ $a=1,\ b=1$

⑧ $a=\sqrt{3},\ b=\sqrt{5}$　⑨ $a=\sqrt{5},\ b=\sqrt{6}$

STAGE 2　11　無理数であることの証明

■19　背理法■

(1)　背理法

ある命題を証明するとき，その命題が成り立たないと仮定して矛盾が生じることを示す証明方法。

(2)　無理数であることの証明

$\sqrt{2}$ が無理数であることの証明。

証明

$\sqrt{2}$ が無理数でないと仮定すると $\sqrt{2}$ は有理数であるから

$$\sqrt{2}=\frac{p}{q}\quad (p,\ q \text{ は互いに素な自然数})$$

と表される。両辺に q をかけて 2 乗すると

$$2q^2=p^2 \qquad \cdots\cdots①$$

$2q^2$ は偶数であるから，p^2 は偶数。

よって，p も偶数であるから，$p=2m$（m：自然数）と表される。①に代入して

$$2q^2=(2m)^2 \qquad \therefore\quad q^2=2m^2$$

$2m^2$ は偶数であるから，q^2 は偶数。

よって，q も偶数である。

したがって，p，q はともに偶数になり，2 を公約数にもつから，p，q が互いに素であることに矛盾する。

ゆえに，$\sqrt{2}$ は有理数ではなく，無理数である。

「互いに素」とは 1 以外に公約数をもたないこと。

例題 19　3分・6点

$\sqrt{2}$ が無理数であることを用いて，$3+2\sqrt{2}$ が無理数であることを次のように証明した。

証明

$3+2\sqrt{2}$ が無理数でないと仮定すると［ア］であるから

$$3+2\sqrt{2}=p \quad (p \text{ は［イ］})$$

と表される。このとき

$$\sqrt{2}=\frac{p-\text{［ウ］}}{\text{［エ］}}$$

であり，$\dfrac{p-\text{［ウ］}}{\text{［エ］}}$ は［オ］であるから，$\sqrt{2}$ が［カ］であることに矛盾する。したがって，$3+2\sqrt{2}$ は無理数である。

［ア］，［イ］，［オ］，［カ］の解答群(同じものを繰り返し選んでもよい。)

⓪　実数　　①　有理数　　②　無理数　　③　整数

解答

$3+2\sqrt{2}$ が無理数でないと仮定すると有理数(①)であるから

$$3+2\sqrt{2}=p \quad (p \text{ は有理数(①)})$$

と表される。このとき

$$\sqrt{2}=\frac{p-3}{2}$$

であり，$\dfrac{p-3}{2}$ は有理数(①)であるから，$\sqrt{2}$ が無理数(②)であることに矛盾する。したがって，$3+2\sqrt{2}$ は無理数である。

⬅ $\dfrac{p}{q}$ と表さなくてもよい。

⬅ (有理数)±(有理数)は有理数。
(有理数)÷(0でない有理数)は有理数。

STAGE 2　類　題

類題 19　　(4分・10点)

(1)　n を整数とする。

命題：n^2 が3の倍数ならば n は3の倍数である

を証明した。

証明

n が3の倍数でないと仮定すると

$n=$ ア $m\pm1$　(m：整数)

と表される。

$n^2=($ ア $m\pm1)^2$

$=$ イ $m^2\pm$ ウ $m+1$

$=$ エ (オ $m^2\pm$ カ $m)+1$　(複号同順)

オ $m^2\pm$ カ m は整数であるから，n^2 は3で割ると キ 余る数となり，n^2 が3の倍数であることに矛盾する。

したがって，n は3の倍数である。

(次ページに続く。)

(2)　x, y を実数とする。

命題：$x+y \geqq 4$ ならば $x \geqq 2$ または $y \geqq 2$ である

を証明した。

証明

「[ク]」ではない，すなわち，[ケ] と仮定すると [コ] となる。

これは [サ] であることに矛盾する。したがって，[シ] である。

[ク] ～ [シ] の解答群(同じものを繰り返し選んでもよい。)

⓪　$x+y \geqq 4$　　①　$x+y<4$

②　$x \geqq 2$ または $y \geqq 2$　　③　$x \geqq 2$ かつ $y \geqq 2$

④　$x<2$ または $y<2$　　⑤　$x<2$ かつ $y<2$

STAGE 1　12　2次関数のグラフ

■20 頂　点■

(1)　**2次関数 $y=a(x-p)^2+q$ のグラフ**

軸 $x=p$，頂点$(p,\ q)$の放物線

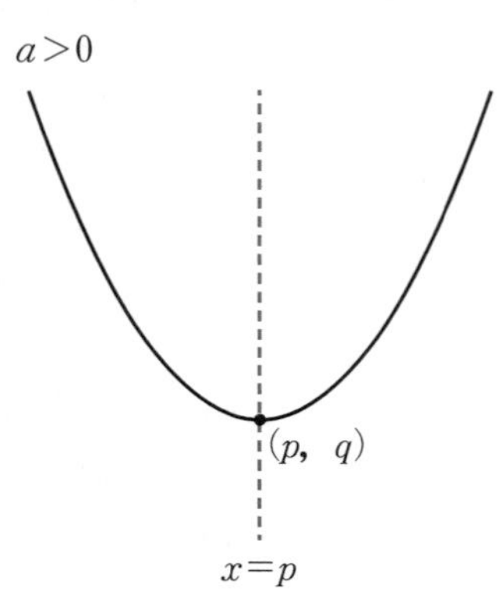

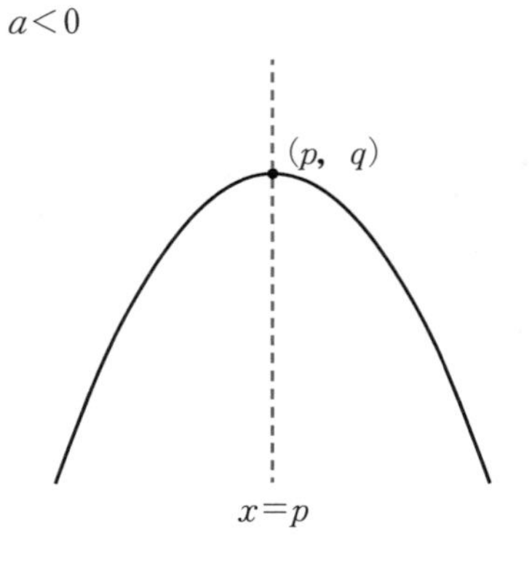

(2)　**2次関数 $y=ax^2+bx+c$ のグラフ**

(1)の形に変形する(**平方完成**するという)。

$$y=a\left(x+\frac{b}{2a}\right)^2-\frac{b^2-4ac}{4a}$$

軸 $x=-\dfrac{b}{2a}$，頂点 $\left(-\dfrac{b}{2a},\ -\dfrac{b^2-4ac}{4a}\right)$ の放物線

■21 係数の決定■

(1)　放物線 $y=ax^2+bx+c$ が点$(x_0,\ y_0)$を通るとき

$$y_0=a{x_0}^2+bx_0+c$$

が成り立つ。(点$(x_0,\ y_0)$を代入)

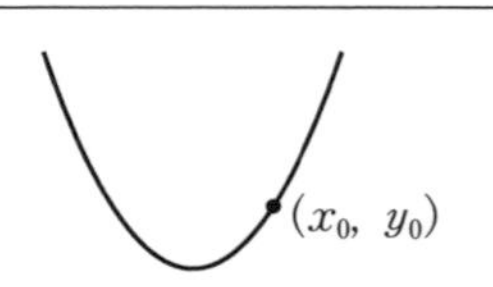

(2)　放物線 $y=ax^2+bx+c$ の軸の方程式が $x=k$ のとき

$$-\frac{b}{2a}=k$$

が成り立つ。

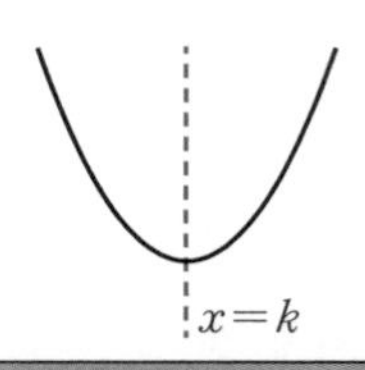

例題 20　**2分・2点**

放物線 $y=-4x^2+4(a-1)x-a^2$ の頂点の座標は

$$\left(\frac{a-\boxed{\text{ア}}}{\boxed{\text{イ}}},\ \boxed{\text{ウエ}}a+\boxed{\text{オ}}\right)$$

である。

解答

右辺を平方完成する。

$$\begin{aligned} y&=-4x^2+4(a-1)x-a^2\\ &=-4\{x^2-(a-1)x\}-a^2\\ &=-4\left\{\left(x-\frac{a-1}{2}\right)^2-\left(\frac{a-1}{2}\right)^2\right\}-a^2\\ &=-4\left(x-\frac{a-1}{2}\right)^2+(a-1)^2-a^2\\ &=-4\left(x-\frac{a-1}{2}\right)^2-2a+1 \end{aligned}$$

よって，頂点の座標は $\left(\boldsymbol{\frac{a-1}{2}},\ \boldsymbol{-2a+1}\right)$ である。

⬅ x^2の係数でくくる。

⬅ $x^2-px=\left(x-\frac{p}{2}\right)^2-\left(\frac{p}{2}\right)^2$

例題 21　**2分・4点**

放物線 $C：y=\frac{9}{4}x^2+ax+b$ が，2点$(0,\ 4)$，$(2,\ k)$を通るとき

$$a=\frac{k-\boxed{\text{アイ}}}{\boxed{\text{ウ}}},\quad b=\boxed{\text{エ}}$$

である。さらに，C の軸の方程式が $x=\frac{4}{3}$ のとき，$k=\boxed{\text{オ}}$ である。

解答

C が2点$(0,\ 4)$，$(2,\ k)$を通るとき

$$\begin{cases} 4=b\\ k=\frac{9}{4}\cdot 2^2+a\cdot 2+b \end{cases}\quad \therefore\quad \begin{cases} b=\mathbf{4}\\ a=\frac{k-\mathbf{13}}{\mathbf{2}} \end{cases}$$

C の軸の方程式は

$$x=-\frac{a}{2\cdot\frac{9}{4}}=-\frac{2a}{9}$$

であるから

$$-\frac{2a}{9}=\frac{4}{3}\qquad\therefore\quad a=-6\qquad\therefore\quad k=\mathbf{1}$$

⬅ 軸の方程式は $x=-\frac{b}{2a}$

STAGE 1 13 グラフの移動

■22 平行移動■

(1) **放物線 $y=a(x-p_0)^2+q_0$ の平行移動**

x 軸方向に p，y 軸方向に q 平行移動すると

x^2 の係数　a　$\longrightarrow$　a（変わらない）

頂点$(p_0,\ q_0)$　$\longrightarrow$　$(p_0+p,\ q_0+q)$

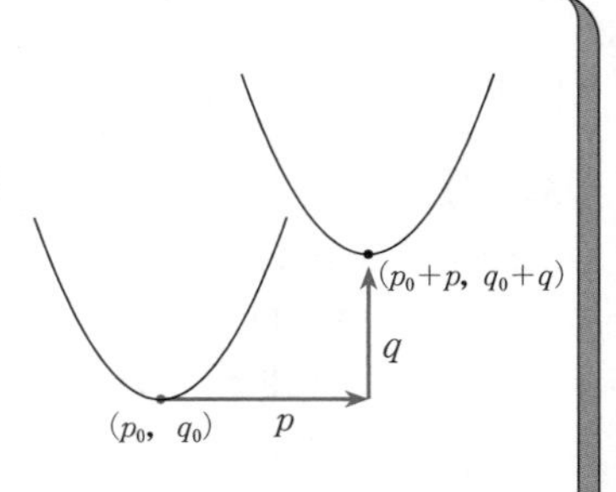

(2) **放物線 $y=ax^2+bx+c$ の平行移動**

x 軸方向に p，y 軸方向に q 平行移動すると

$y-q=a(x-p)^2+b(x-p)+c$

（x に $x-p$，y に $y-q$ を代入）

■23 対称移動■

(1) **放物線 $y=a(x-p)^2+q$ の対称移動**

x 軸に関して対称移動すると

x^2 の係数　a　$\longrightarrow$　$-a$

頂点$(p,\ q)$　$\longrightarrow$　$(p,\ -q)$

y 軸に関して対称移動すると

x^2 の係数　a　$\longrightarrow$　a

頂点$(p,\ q)$　$\longrightarrow$　$(-p,\ q)$

原点に関して対称移動すると

x^2 の係数　a　$\longrightarrow$　$-a$

頂点$(p,\ q)$　$\longrightarrow$　$(-p,\ -q)$

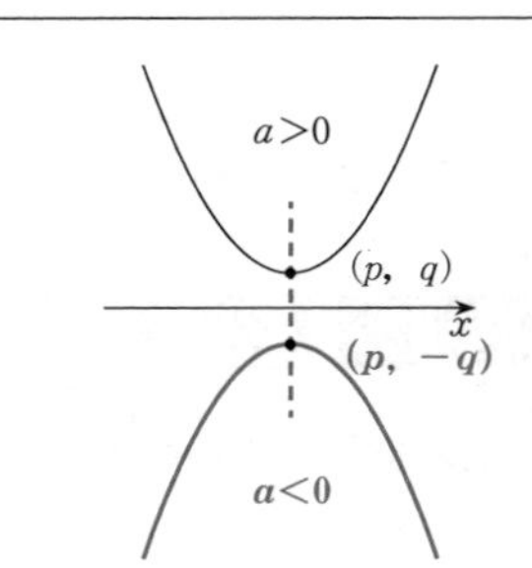

(2) **放物線 $y=ax^2+bx+c$ の対称移動**

x 軸に関して対称移動すると

$(-y)=ax^2+bx+c$

y 軸に関して対称移動すると

$y=a(-x)^2+b(-x)+c$

原点に関して対称移動すると

$(-y)=a(-x)^2+b(-x)+c$

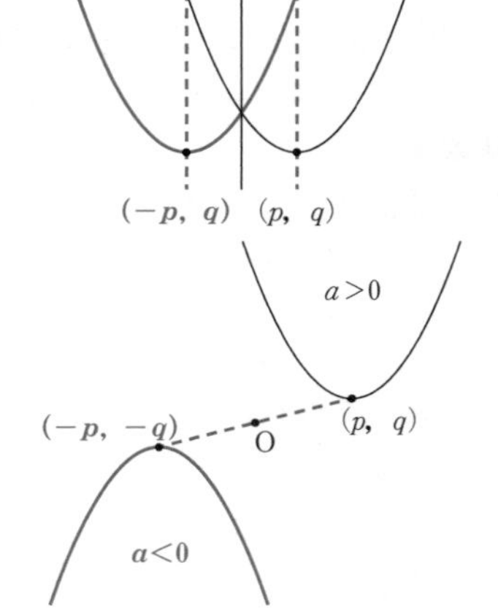

例題 22　**2 分・4 点**

放物線 $y=-x^2+(2a+4)x-a^2-8a-13$ について，$a=-3$ のときのグラフを x 軸方向に［ア］，y 軸方向に［イウエ］だけ平行移動すると，$a=1$ のときのグラフと一致する。

解答

$$y=-x^2+(2a+4)x-a^2-8a-13$$
$$=-\{x-(a+2)\}^2-4a-9$$

グラフの頂点の座標は $(a+2,\ -4a-9)$ であり

$a=-3$ のとき $(-1,\ 3)$

$a=1$ 　のとき $(3,\ -13)$

よって，x 軸方向に **4**，y 軸方向に **−16** だけ平行移動すればよい。

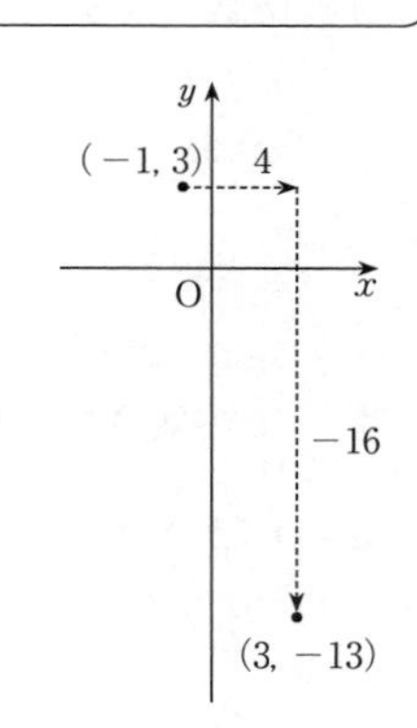

例題 23　**2 分・4 点**

2 次関数 $y=x^2+ax+a-3b+25$ ……① のグラフを，y 軸方向に -3 だけ平行移動して，さらに，x 軸に関して対称移動すると，2 次関数 $y=-x^2+8x+1$ ……② のグラフになる。このとき

$a=$［アイ］，$b=$［ウ］

である。

解答

②を x 軸に関して対称移動し，y 軸方向に $+3$ だけ平行移動すると①に重なる。②より

$$y=-x^2+8x+1=-(x-4)^2+17$$

頂点 $(4,\ 17)$ を x 軸に関して対称移動すると $(4,\ -17)$ になり，さらに，y 軸方向に $+3$ だけ平行移動すると $(4,\ -14)$ になる。また，x^2 の係数は $-1 \to +1$ になるので

$$y=(x-4)^2-14=x^2-8x+2$$

となる。題意より，これが①と一致するので

$$\begin{cases} a=-8 \\ a-3b+25=2 \end{cases}$$

$$\therefore \quad \begin{cases} a=-8 \\ b=5 \end{cases}$$

⬅ ②のグラフの方から考える。

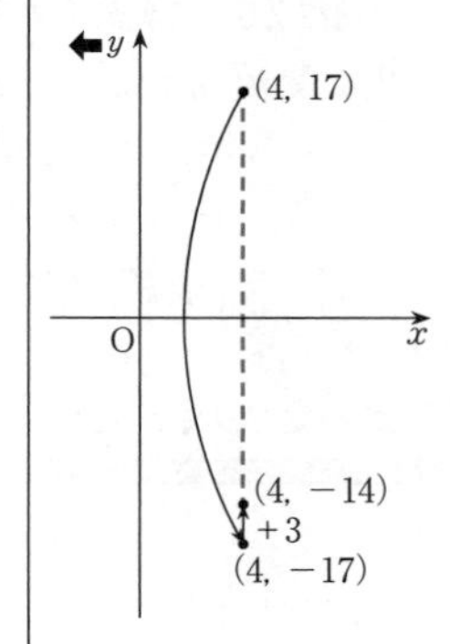

§3 1

STAGE 1　14　2次関数の最大・最小

■24　最大・最小■

2次関数 $y=a(x-p)^2+q$ は

$a>0$ ⟶ $x=p$ で最小値 q

$a<0$ ⟶ $x=p$ で最大値 q

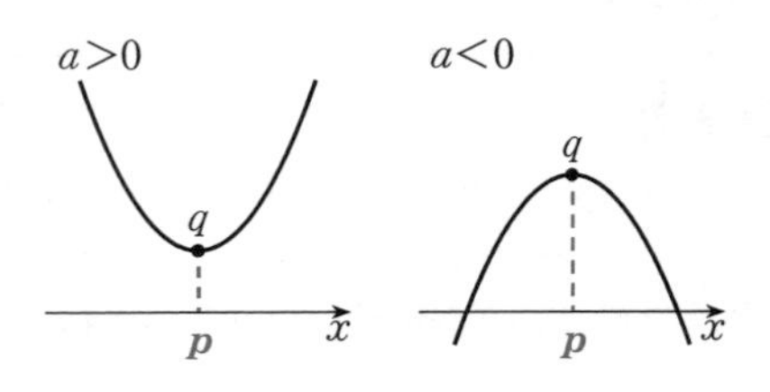

x の定義域が実数全体でないときは

x の定義域 $\alpha \leqq x \leqq \beta$ と軸 $x=p$ の位置関係で最大値，最小値が定まる。

（■**37** 参照）

$\alpha<p<\beta$ とする。

$a>0$ のとき

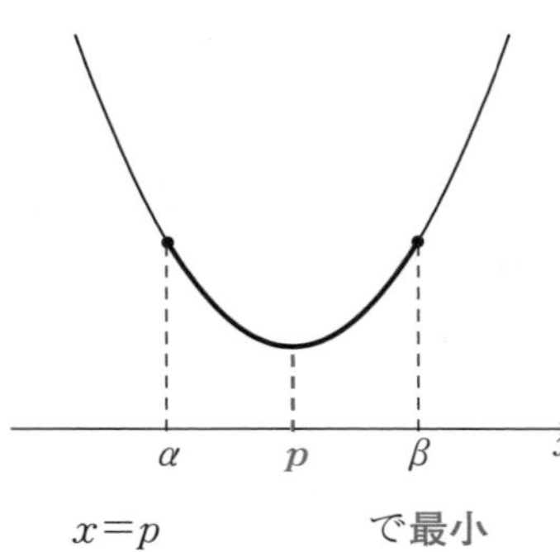

$x=p$ で**最小**

$x=\alpha$ または β で**最大**

$a<0$ のとき

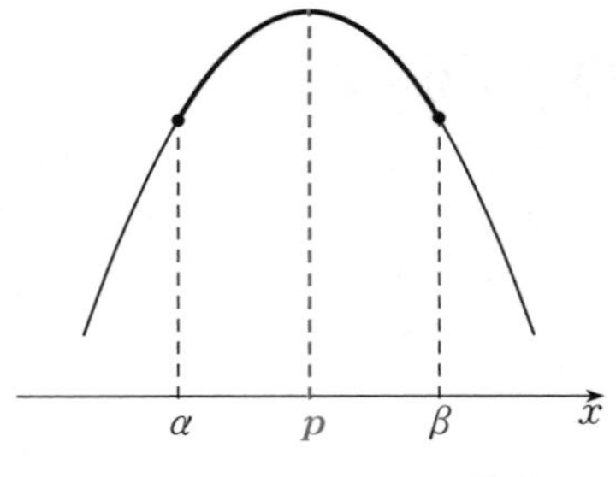

$x=p$ で**最大**

$x=\alpha$ または β で**最小**

■25　係数の決定■

2次関数 $y=ax^2+bx+c$ が

$x=p$ で最小値 q をとるとき

$a>0$　かつ　$ax^2+bx+c=a(x-p)^2+q$

$x=p$ で最大値 q をとるとき

$a<0$　かつ　$ax^2+bx+c=a(x-p)^2+q$

x の定義域が実数全体でないとき，■**24　最大・最小**と同様にする。

例題 24　**3分・6点**

2次関数 $y=\frac{2}{9}x^2-\frac{16}{9}x+\frac{14}{9}$ は $0\leqq x\leqq 9$ において

$x=$ ア のとき，最小値 イウ をとり

$x=$ エ のとき，最大値 $\frac{\text{オカ}}{\text{キ}}$ をとる。

解答

$$y=\frac{2}{9}x^2-\frac{16}{9}x+\frac{14}{9}=\frac{2}{9}(x-4)^2-2$$

軸：$x=4$ から

$x=4$ のとき　最小値　$\mathbf{-2}$

$x=9$ のとき　最大値　$\mathbf{\frac{32}{9}}$

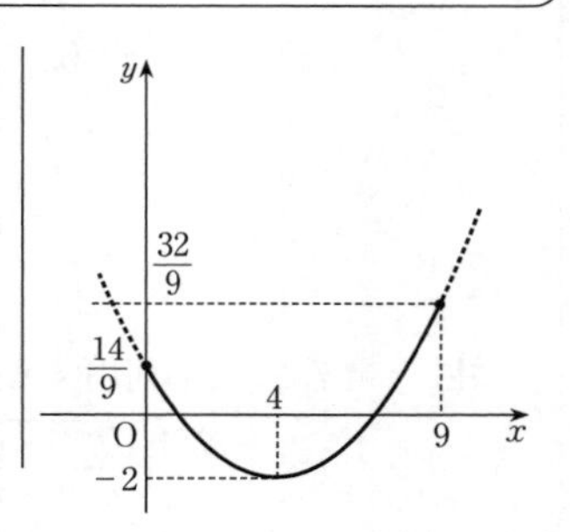

例題 25　**3分・6点**

$a>0$ とする。2次関数 $y=-\frac{1}{4}x^2+ax+a-\frac{3}{4}$ の $0\leqq x\leqq a$ における最小値が $-\frac{1}{4}$ であるとき，$a=\frac{\text{ア}}{\text{イ}}$ である。また，$x\geqq a$ における最大値が3であるとき，$a=\frac{\text{ウ}}{\text{エ}}$ である。

解答

$$y=-\frac{1}{4}x^2+ax+a-\frac{3}{4}=-\frac{1}{4}(x-2a)^2+a^2+a-\frac{3}{4}$$

軸：$x=2a>a$ より，$x=0$ で最小値をとるので

$$a-\frac{3}{4}=-\frac{1}{4}\qquad\therefore\quad a=\mathbf{\frac{1}{2}}$$

また，$x=2a$ で最大値をとるので

$$a^2+a-\frac{3}{4}=3$$

$$4a^2+4a-15=0$$

$$(2a+5)(2a-3)=0$$

$a>0$ より　$a=\mathbf{\frac{3}{2}}$

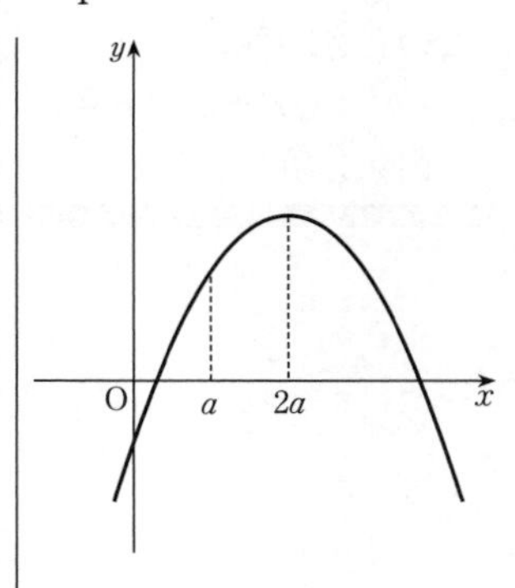

STAGE 1　15　2次方程式

■26　2次方程式の解法■

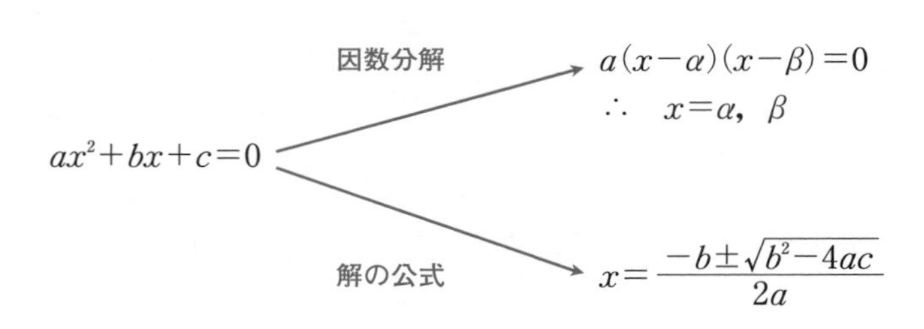

(注)　解の公式を利用するとき，$b=2b'$ ならば

$$x=\frac{-b'\pm\sqrt{b'^2-ac}}{a}$$

(例 1)　$x^2-3x+1=0$ のとき，$a=1$，$b=-3$，$c=1$ より

$$x=\frac{3\pm\sqrt{(-3)^2-4\cdot1\cdot1}}{2}=\frac{3\pm\sqrt{5}}{2}$$

(例 2)　$x^2-2x-2=0$ のとき，$a=1$，$b'=-1$，$c=-2$ より

$$x=1\pm\sqrt{(-1)^2-1\cdot(-2)}=1\pm\sqrt{3}$$

■27　2次方程式の係数決定■

2次方程式 $ax^2+bx+c=0$ の解の1つが $x=p$ であるとき

$$ap^2+bp+c=0$$

が成り立つ($x=p$ を代入する)。

このとき，他の解を q として

$$ax^2+bx+c=a(x-p)(x-q)$$

と因数分解できる。

例題 26　3分・6点

(1)　方程式 $(2x-5)^2=(x-7)^2$ の解は $\boxed{ア}$ と $\boxed{イウ}$ である。

(2)　方程式 $|3x-4|=-2(x-1)^2+7$ の解は

$$x=\frac{\boxed{エ}+\sqrt{\boxed{オカ}}}{\boxed{キ}},\ \frac{\boxed{ク}-\sqrt{\boxed{ケコ}}}{\boxed{サ}}$$ である。

§3 1

解答

(1)　与式より

$$4x^2-20x+25=x^2-14x+49$$
$$3(x-4)(x+2)=0 \quad \therefore \quad x=\mathbf{4},\ \mathbf{-2}$$

(2)　$x \geqq \frac{4}{3}$ のとき　$3x-4=-2x^2+4x+5$

$$2x^2-x-9=0 \quad \therefore \quad x=\frac{\mathbf{1+\sqrt{73}}}{\mathbf{4}}$$

⬅ $x \geqq \frac{4}{3}$ から

$x<\frac{4}{3}$ のとき　$-(3x-4)=-2x^2+4x+5$

$$2x^2-7x-1=0 \quad \therefore \quad x=\frac{\mathbf{7-\sqrt{57}}}{\mathbf{4}}$$

⬅ $x<\frac{4}{3}$ から

例題 27　3分・6点

x の2次方程式

$$4x^2-(a+2)x+2(a-2)=0$$

が，$x=a-1$ を解にもつとき，$a=\boxed{ア}$ または $\frac{\boxed{イ}}{\boxed{ウ}}$ である。

$a=\boxed{ア}$ のとき，2次方程式の二つの解は $x=\boxed{エ}$，$\boxed{オ}$ である。

$a=\frac{\boxed{イ}}{\boxed{ウ}}$ のとき，2次方程式の二つの解は $x=\frac{\boxed{カ}}{\boxed{キ}}$，$\frac{\boxed{クケ}}{\boxed{コ}}$ である。

解答

$x=a-1$ を与式に代入して

$$4(a-1)^2-(a+2)(a-1)+2(a-2)=0$$
$$(a-2)(3a-1)=0 \quad \therefore \quad a=\mathbf{2},\ \frac{\mathbf{1}}{\mathbf{3}}$$

$a=2$ を与式に代入して　$4x^2-4x=0$

$$4x(x-1)=0 \quad \therefore \quad x=\mathbf{0},\ \mathbf{1}$$

⬅ $x=a-1=1$

$a=\frac{1}{3}$ を与式に代入して　$4x^2-\frac{7}{3}x-\frac{10}{3}=0$

$$(4x-5)(3x+2)=0 \quad \therefore \quad x=\frac{\mathbf{5}}{\mathbf{4}},\ -\frac{\mathbf{2}}{\mathbf{3}}$$

⬅ $x=a-1=-\frac{2}{3}$

STAGE 1　16　2次方程式の実数解の個数

■28　重解条件■

2次方程式 $ax^2+bx+c=0$ について

重解をもつ $\iff$ $b^2-4ac=0$

このとき，重解は

$$x=-\frac{b}{2a}$$

解の公式より

$$x=\frac{-b\pm\sqrt{b^2-4ac}}{2a} \overset{b^2-4ac=0}{\Longrightarrow} x=-\frac{b}{2a}$$

このとき，$x=-\dfrac{b}{2a}=p$ とすると

$$ax^2+bx+c=a(x-p)^2$$

と因数分解できる。

■29　解の個数■

2次方程式 $ax^2+bx+c=0$ の実数解の個数は，判別式 $D=b^2-4ac$ の符号によって，次のように分類される。

$D>0$ $\iff$ **異なる2つの実数解をもつ**

$D=0$ $\iff$ **ただ1つの解(重解)をもつ**

$D<0$ $\iff$ **実数の解をもたない**

(注)　$b=2b'$ のとき，$D/4=b'^2-ac$ の符号を調べる。

2次方程式 $ax^2+bx+c=0$ が実数解をもつ条件は

$$D\geqq 0$$

である。

$D<0$ のときの解を**虚数解**という(数学Ⅱ)。

例題 28　2分・4点

x についての2次方程式

$$x^2+2(a-1)x+a^2-3a-1=0$$

が重解をもつとき，$a=$ アイ であり，重解は $x=$ ウ である。

解答

重解をもつとき

$$D/4=(a-1)^2-(a^2-3a-1)=0$$

$$a+2=0$$

$$\therefore\quad a=\mathbf{-2}$$

このとき，重解は

$$x=-(a-1)=\mathbf{3}$$

⬅ $b'^2-ac=0$

⬅ $x=-\dfrac{b}{2a}$

例題 29　3分・4点

x についての二つの2次方程式

$$x^2+(5-2a)x+a^2-4a+5=0$$

$$x^2-2(a+3)x+a^2+2a+7=0$$

が，ともに，異なる二つの実数解をもつような a の値の範囲は

$$\frac{\boxed{アイ}}{\boxed{ウ}}<a<\frac{\boxed{エ}}{\boxed{オ}}$$

である。

解答

条件より

$$D_1=(5-2a)^2-4(a^2-4a+5)>0$$

かつ

$$D_2/4=(a+3)^2-(a^2+2a+7)>0$$

が成り立つので

$$-4a+5>0 \text{ かつ } 4a+2>0$$

$$\therefore\quad \mathbf{-\frac{1}{2}}<a<\mathbf{\frac{5}{4}}$$

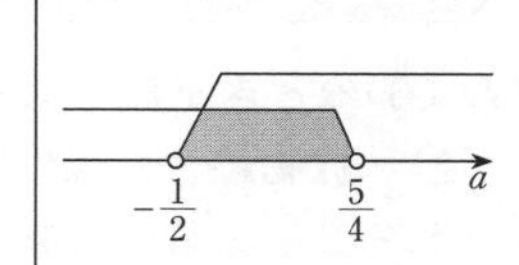

STAGE 1　17　グラフと x 軸の関係

■30　x 軸と接する条件■

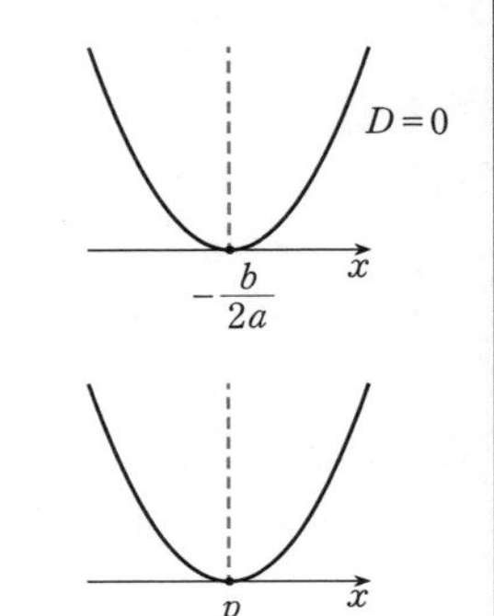

(1)　放物線 $y=ax^2+bx+c$ が x 軸と接する条件

$D=b^2-4ac=0$

特に，$b=2b'$ のとき

$D/4=b'^2-ac=0$

接点の x 座標は　$x=-\dfrac{b}{2a}$　（重解）

(2)　放物線 $y=a(x-p)^2+q$ が x 軸と接する条件

（頂点の y 座標）$=q=0$

接点の x 座標は　$x=p$　（頂点の x 座標）

■31　x 軸との交点■

(1)　放物線 $y=ax^2+bx+c$ が x 軸と2点で交わる条件

$D=b^2-4ac>0$

特に，$b=2b'$ のとき

$D/4=b'^2-ac>0$

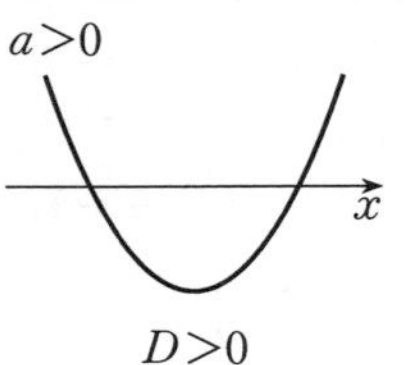

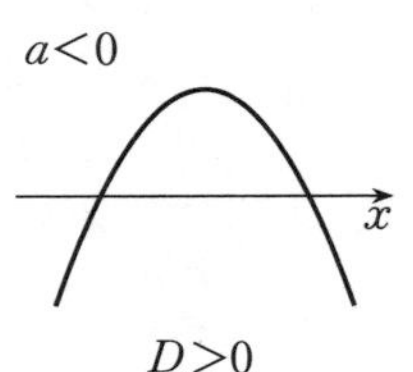

2交点の x 座標は

方程式 $ax^2+bx+c=0$ の2実数解

(2)　放物線 $y=a(x-p)^2+q$ が x 軸と2点で交わる条件

$a>0$ のとき　（頂点の y 座標）$=q<0$

$a<0$ のとき　（頂点の y 座標）$=q>0$

2交点の x 座標は

$x=p\pm\sqrt{-\dfrac{q}{a}}$

$D<0$ のとき x 軸と共有点をもたない。

（注）　放物線と直線の共有点についても，放物線と直線の方程式を連立させて得られる2次方程式の判別式 D の符号を調べればよい。

例題 30　**2 分・4 点**

2 次関数 $y=\frac{9}{2}x^2+(k-13)x+8$ のグラフが x 軸の正の部分と接するのは，$k=$ ア のときであり，接点の x 座標は $x=\frac{\text{イ}}{\text{ウ}}$ である。

解答

グラフが x 軸と接するとき

$$D=(k-13)^2-4\cdot\frac{9}{2}\cdot 8=0$$

$$(k-1)(k-25)=0$$

$$\therefore\quad k=1,\ 25$$

x 軸の正の部分と接するとき，接点の x 座標が正になるので

$$x=-\frac{k-13}{2\cdot\frac{9}{2}}=\frac{13-k}{9}>0$$

← 接点の x 座標は $x=-\frac{b}{2a}$ である。

よって　$k=\mathbf{1}$

このとき，接点の x 座標は，$x=\frac{\mathbf{4}}{\mathbf{3}}$ である。

例題 31　**2 分・2 点**

a を正の実数とし，$f(x)=ax^2-2(a+3)x-3a+21$ とする。
関数 $y=f(x)$ のグラフが x 軸と異なる 2 点で交わるのは

$0<a<\frac{\text{ア}}{\text{イ}}$　または　ウ $<a$

のときである。

解答

$$D/4=(a+3)^2-a(-3a+21)>0$$

← $D/4>0$

$$4a^2-15a+9>0$$

$$(4a-3)(a-3)>0$$

← $\begin{matrix}4 & \times & -3\\ 1 & & -3\end{matrix}$

$a>0$ より

$$0<a<\frac{\mathbf{3}}{\mathbf{4}}\quad\text{または}\quad \mathbf{3}<a$$

STAGE 1　18　2次不等式

■ 32　2次不等式の解法 ■

$\alpha<\beta$ とする。

$(x-\alpha)(x-\beta)>0$ の解

$x<\alpha,\ \beta<x$

$(x-\alpha)(x-\beta)<0$ の解

$\alpha<x<\beta$

$(x-\alpha)^2\geqq 0$ の解

すべての実数

$(x-\alpha)^2>0$ の解

α 以外のすべての実数

$(x-\alpha)^2\leqq 0$ の解

$x=\alpha$

$(x-\alpha)^2<0$ の解

ない

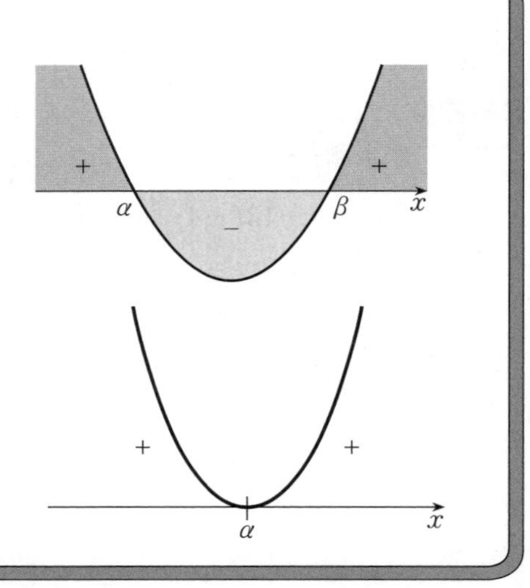

$\alpha,\ \beta$ は2次方程式の解の公式で求めることもある。

■ 33　不等式の応用 ■

すべての実数 x に対して

$ax^2+bx+c>0\ (a\neq 0)$ が成り立つ条件は

$a>0$　かつ　(頂点の y 座標)>0

または

$a>0$　かつ　$D<0$

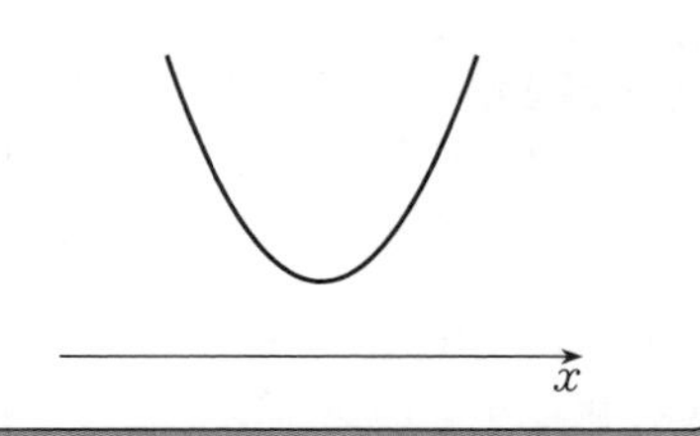

$a>0$ のとき，$D<0$ は (頂点の y 座標)>0 と同じことになる。

例題 32　3分・4点

不等式 $8x^2-14x+3<0$ の解は $\dfrac{\boxed{ア}}{\boxed{イ}}<x<\dfrac{\boxed{ウ}}{\boxed{エ}}$ である。

不等式 $2x^2-2x-3\geqq 0$ の解は $x\leqq\dfrac{\boxed{オ}-\sqrt{\boxed{カ}}}{\boxed{キ}}$,

$\dfrac{\boxed{オ}+\sqrt{\boxed{カ}}}{\boxed{キ}}\leqq x$ である。

§3 1

解答

$8x^2-14x+3=(2x-3)(4x-1)<0$ より，解は

$$\frac{1}{4}<x<\frac{3}{2}$$

$2x^2-2x-3\geqq 0$ の解は

$$x\leqq\frac{1-\sqrt{7}}{2},\quad \frac{1+\sqrt{7}}{2}\leqq x$$

⬅ $2x^2-2x-3=0$ の解は $x=\dfrac{1\pm\sqrt{7}}{2}$

例題 33　2分・2点

すべての実数 x に対して

$$x^2-2kx-k+6>0$$

が成り立つような k の値の範囲は $\boxed{アイ}<k<\boxed{ウ}$ である。

解答

$$f(x)=x^2-2kx-k+6$$
$$=(x-k)^2-k^2-k+6$$

とおく。すべての実数 x に対して $f(x)>0$ が成り立つための条件は，$y=f(x)$ のグラフを考えて

$$-k^2-k+6>0$$

⬅ (頂点の y 座標)>0

$$k^2+k-6<0$$
$$(k-2)(k+3)<0$$
$$\therefore\quad -3<k<2$$

(別解)　x^2 の係数が正であることより，$y=f(x)$ のグラフが x 軸と共有点をもたない条件を求めればよい。

$$D/4=k^2-(-k+6)<0$$

⬅ $D<0$

$$(k-2)(k+3)<0$$
$$\therefore\quad -3<k<2$$

STAGE 1  

類題　20　　（2分・4点）

放物線 $y=x^2+ax+a-4$ の軸の方程式は，$x=\dfrac{\boxed{アイ}}{\boxed{ウ}}a$ であり，頂点の y 座標は

$$-\left(\frac{a-\boxed{エ}}{\boxed{オ}}\right)^2-\boxed{カ}$$

である。

類題　21　　（2分・4点）

放物線 $G: y=ax^2+bx+c$ が，$y=-3x^2+12bx$ のグラフと同じ軸をもつとき $a=\dfrac{\boxed{アイ}}{\boxed{ウ}}$ となる。さらに，G が点 $(1,\ 2b-1)$ を通るとき $c=b-\dfrac{\boxed{エ}}{\boxed{オ}}$ が成り立つ。ただし，$a\neq 0$，$b\neq 0$ とする。

類題　22　　（3分・6点）

2次関数 $y=6x^2+11x-10$ のグラフを，x 軸方向に a，y 軸方向に b だけ平行移動して得られるグラフを G とする。G が原点Oを通るとき

$$b=\boxed{アイ}a^2+\boxed{ウエ}a+\boxed{オカ}$$

であり，このとき G を表す2次関数は

$$y=\boxed{キ}x^2-(\boxed{クケ}a-\boxed{コサ})x$$

である。

類題　23　（2分・4点）

2次関数 $y=ax^2+bx+c$ のグラフを，y 軸に関して対称移動し，さらに，それを x 軸方向に -1，y 軸方向に 3 だけ平行移動したところ，$y=2x^2$ のグラフが得られた。このとき

$a=$ ア，$b=$ イ，$c=$ ウエ

である。

類題　24　（3分・6点）

2次関数 $y=6x^2-(a-11)x$ において，$x=-2$ と $x=3$ に対応する y の値が等しいとき $a=$ アイ である。このとき，$-2\leqq x\leqq 3$ における

最小値は $\dfrac{\text{ウエ}}{\text{オ}}$，最大値は カキ

である。

類題　25　（4分・6点）

$a<-1$ とする。2次関数 $y=ax^2-4(a-1)x+3a-10$ の $0\leqq x\leqq 4$ における最大値が $\dfrac{14}{3}$ であるとき，$a=$ アイ である。このとき，$0\leqq x\leqq 4$ における最小値は ウエオ である。

類題　26　　(5分・10点)

(1)　x の2次方程式 $x^2+(a-9)x-12a^2-29a+8=0$ の解は

$$x=\boxed{\text{ア}}\,a+\boxed{\text{イ}},\quad \boxed{\text{ウエ}}\,a+\boxed{\text{オ}}$$

である。

(2)　方程式 $|x+4|+|x-1|=-x^2+14$　……①　を考える。

$x\geqq 1$ を満たす①の解は $x=\boxed{\text{カキ}}+\boxed{\text{ク}}\sqrt{\boxed{\text{ケ}}}$ である。

$-4\leqq x<1$ を満たす①の解は $x=\boxed{\text{コサ}}$ である。

方程式①の実数解は全部で $\boxed{\text{シ}}$ 個ある。

類題　27　　(3分・4点)

$a>0$ とする。x の2次方程式

$$x^2-6ax+10a^2-2a-8=0$$

が $x=2a$ を解にもつとき

$$a=\frac{\boxed{\text{ア}}+\sqrt{\boxed{\text{イウ}}}}{\boxed{\text{エ}}}$$

である，このとき

$$a^2-2a-8=\frac{\boxed{\text{オカ}}-\sqrt{\boxed{\text{キク}}}}{\boxed{\text{ケ}}}$$

である。

類題 28　　(3分・6点)

x の2次方程式 $2x^2+(3a-1)x+a^2-2a+3=0$ が実数の解をもつのは

$$a^2+\boxed{\text{アイ}}a-\boxed{\text{ウエ}}\geqq 0$$

のときである。また，重解をもつような正の数 a の値は

$$a=\boxed{\text{オカ}}+\boxed{\text{キ}}\sqrt{\boxed{\text{ク}}}$$

であり，このとき重解は

$$x=\boxed{\text{ケ}}-\boxed{\text{コ}}\sqrt{\boxed{\text{サ}}}$$

である。

類題 29　　(4分・6点)

$a>0$ とする。関数 $f(x)=ax^2+bx+c$ が $f(1)=4$，$f(2)=9$ を満たすとき

$$b=\boxed{\text{アイ}}a+\boxed{\text{ウ}},\quad c=\boxed{\text{エ}}a-\boxed{\text{オ}}$$

である。

このとき，方程式 $ax^2+bx+c=0$ が異なる二つの実数解をもつような a の値の範囲は

$$0<a<\boxed{\text{カ}},\quad \boxed{\text{キク}}<a$$

である。

類題 30　(3分・6点)

放物線 $y=-2x^2+ax-3a+10$ が x 軸と接するとき，$a=$ ア または イウ である。$a=$ ア のときの接点の x 座標と，$a=$ イウ のときの接点の x 座標の差は エ である。

類題 31　(3分・6点)

a，b を自然数とする。2次関数

$$y=x^2-4ax+4a^2+4a+3b-11$$

のグラフが x 軸と交わるとき，$a=$ ア，$b=$ イ，ウ である。ただし，イ $<$ ウ とする。

$a=$ ア，$b=$ ウ のとき，グラフと x 軸の交点の座標は (エ，0) と (オ，0) である。ただし，エ $<$ オ とする。

類題　32　（3分・4点）

連立不等式 $\begin{cases} (x+1)^2<\dfrac{9}{4} \\ x^2-2x-3>0 \end{cases}$ の解は $\dfrac{\boxed{アイ}}{\boxed{ウ}}<x<\boxed{エオ}$ である。

類題　33　（2分・2点）

すべての実数 x に対して，2次不等式

$$(a+1)x^2-2ax+2a>0$$

が成り立つような a の値の範囲は $a>\boxed{ア}$ である。

STAGE 2　19　グラフと係数の符号

■34　グラフと係数の符号■

$y=ax^2+bx+c$ のグラフが下図のとき

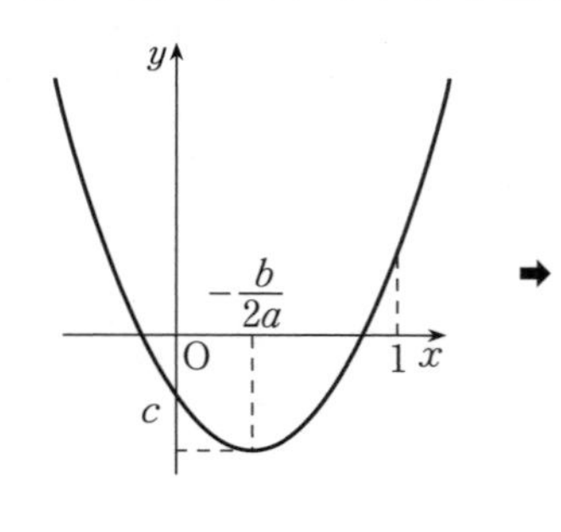

➡
- a の符号 …… 下に凸であるから**正**
- b の符号 …… 軸：$x=-\frac{b}{2a}>0$ と $a>0$ から**負**
- c の符号 …… y 軸との交点から**負**
- b^2-4ac の符号 …… x 軸と交わっているから**正**
- $a+b+c$ の符号 …… $x=1$ のときの y の値から**正**

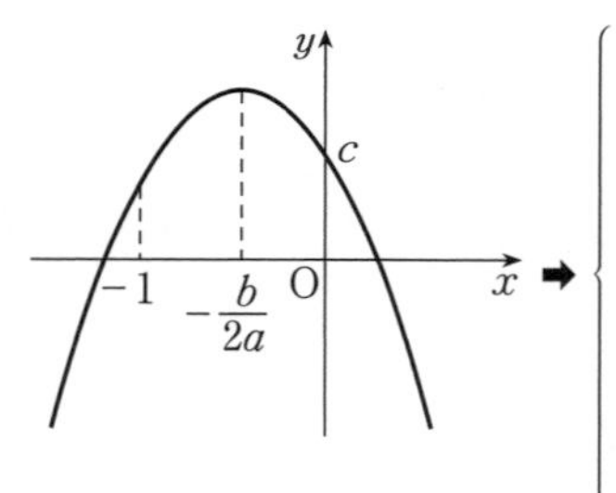

➡
- a の符号 …… 上に凸であるから**負**
- b の符号 …… 軸：$x=-\frac{b}{2a}<0$ と $a<0$ から**負**
- c の符号 …… y 軸との交点から**正**
- b^2-4ac の符号 …… x 軸と交わっているから**正**
- $a-b+c$ の符号 …… $x=-1$ のときの y の値から**正**

直線 $y=bx+c$ は放物線 $y=ax^2+bx+c$ の y 軸との交点における接線である。その傾きから b の符号がわかる。

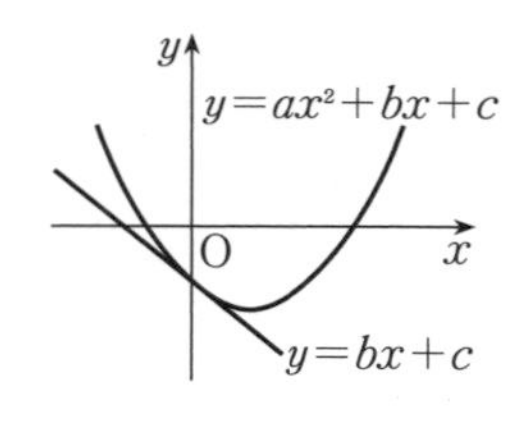

➡　接線は右下がりであるから b は**負**

例題 34　**3分・8点**

右図は $y=ax^2+bx+c$ のグラフである。

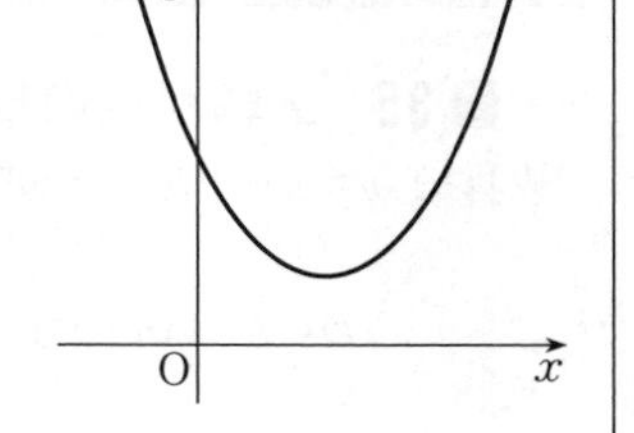

(1)　a の符号は［ア］，b の符号は［イ］，c の符号は［ウ］，b^2-4ac の符号は［エ］，$a+b+c$ の符号は［オ］である。

［ア］〜［オ］の解答群（同じものを繰り返し選んでもよい。）

⓪　正　　　①　負

(2)　図の状態から a，c の値は変えずに b の値を符号だけ変えると，グラフは元のグラフに対して［カ］。

［カ］の解答群

⓪　x 軸に関して対称になる

①　y 軸に関して対称になる

②　原点に関して対称になる

解答

(1)　グラフは下に凸であるから a は正。（⓪）

軸 $x=-\dfrac{b}{2a}$ が正で a が正であるから b は負。（①）

y 軸と $y>0$ の部分で交わっているから c は正。（⓪）

x 軸と共有点をもっていないから b^2-4ac は負。（①）

$x=1$ のとき $y>0$ であるから $a+b+c$ は正。（⓪）

(2)　a，c の値がそのままであれば，下に凸であることと y 軸との交点は変化せず，b の符号だけを変えれば，軸 $x=-\dfrac{b}{2a}$ の符号が変わるので，グラフは y 軸に関して対称になる。（①）

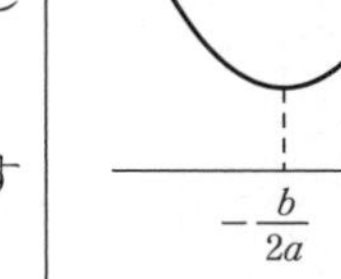

（注）　$y=ax^2+bx+c$ のグラフを y 軸に関して対称移動すると

$$\begin{aligned} y&=a(-x)^2+b(-x)+c \\ &=ax^2-bx+c \end{aligned}$$

となる。（■23　対称移動）

STAGE 2　20　x軸から切り取る線分の長さ 

■35　x軸から切り取る線分の長さ■

放物線 $y=ax^2+bx+c$ が，x軸と異なる2点で交わるとき

$$D=b^2-4ac>0$$

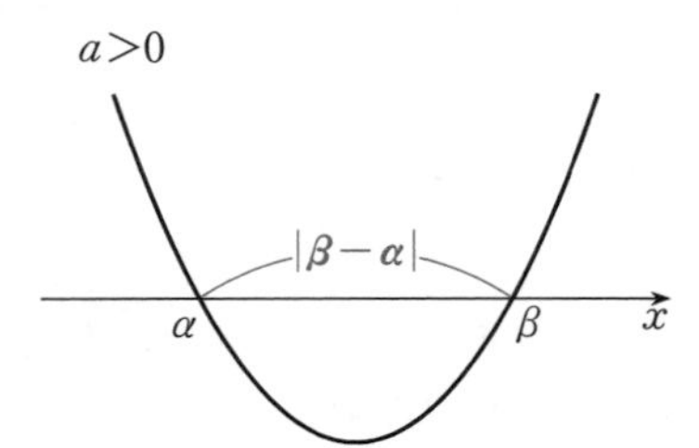

2交点のx座標 α，β は

$$\alpha,\ \beta=\frac{-b\pm\sqrt{b^2-4ac}}{2a}$$

放物線がx軸から切り取る線分の長さは

$$|\beta-\alpha|=\frac{\sqrt{b^2-4ac}}{|a|}$$

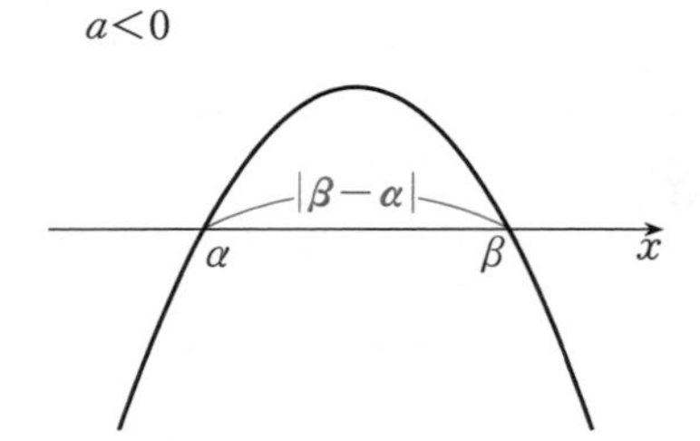

「x軸から切り取る線分の長さ」は，次のようにして求められる。

$$|\beta-\alpha|=\left|\frac{-b+\sqrt{b^2-4ac}}{2a}-\frac{-b-\sqrt{b^2-4ac}}{2a}\right|$$

$$=\left|\frac{2\sqrt{b^2-4ac}}{2a}\right|$$

$$=\frac{\sqrt{b^2-4ac}}{|a|}$$

例題 35 6分・8点

放物線 C：$y=x^2+ax+2a-6$ と x 軸の交点をP，Qとするとき，線分PQの長さが $2\sqrt{6}$ 以下になるのは

　　$\boxed{\text{ア}} \leqq a \leqq \boxed{\text{イ}}$

のときである。また，線分PQの長さは，$a=\boxed{\text{ウ}}$ のとき最小になり，このとき，2点P，Qと C の頂点で作られる三角形の面積は $\boxed{\text{エ}}\sqrt{\boxed{\text{オ}}}$ である。

解答

放物線 C と x 軸の交点の x 座標は，$y=0$ とおいて

$$x^2+ax+2a-6=0$$

$$x=\frac{-a\pm\sqrt{a^2-8a+24}}{2}$$

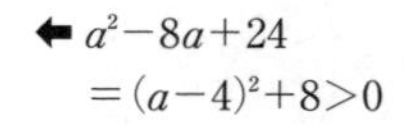

であるから

$$\mathrm{PQ}=\frac{-a+\sqrt{a^2-8a+24}}{2}-\frac{-a-\sqrt{a^2-8a+24}}{2}$$

$$=\sqrt{a^2-8a+24}$$

である。$\mathrm{PQ}\leqq 2\sqrt{6}$ のとき

$$\sqrt{a^2-8a+24}\leqq 2\sqrt{6}$$

$$a^2-8a+24\leqq 24$$

$$a(a-8)\leqq 0$$

$$\therefore\quad \mathbf{0\leqq a\leqq 8}$$

また

$$\mathrm{PQ}=\sqrt{(a-4)^2+8}$$

より，PQは $a=4$ のとき最小値 $\sqrt{8}=2\sqrt{2}$ をとる。

このとき，C は

$$y=x^2+4x+2$$

$$=(x+2)^2-2$$

となり，頂点の y 座標は -2 である。よって，求める三角形の面積は

$$\frac{1}{2}\cdot\mathrm{PQ}\cdot|-2|=\frac{1}{2}\cdot 2\sqrt{2}\cdot 2$$

$$=\mathbf{2\sqrt{2}}$$

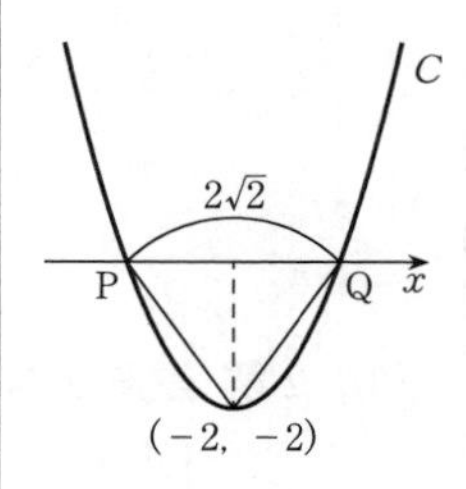

STAGE 2　21　2次方程式の解の条件

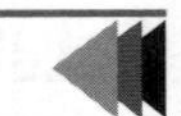

■36　2次方程式の解の条件■

2次方程式 $ax^2+bx+c=0$ $(a>0)$ の解の存在範囲の問題は，放物線 $y=f(x)=ax^2+bx+c$ のグラフを利用して，次の3点

・判別式 D の符号(頂点の y 座標の符号でもよい)

・軸の位置

・区間の端における y の符号

に注目する。

(1)　1解が p より小，他の1解が p より大

$f(p)<0$

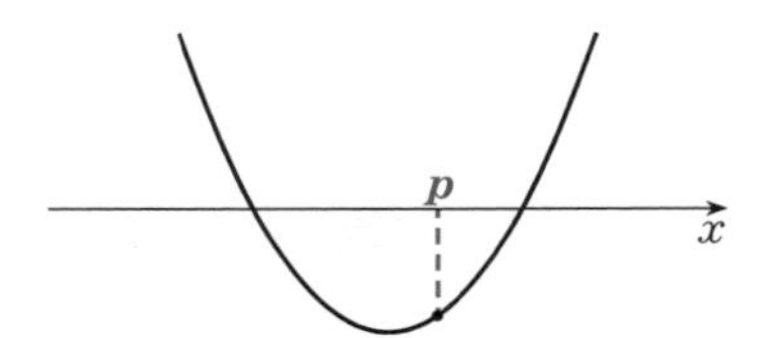

(2)　1解が $p<x<q$ の範囲，他の1解が $x<p$，$q<x$ の範囲

$\begin{cases} f(p)>0 \\ f(q)<0 \end{cases}$　または　$\begin{cases} f(p)<0 \\ f(q)>0 \end{cases}$

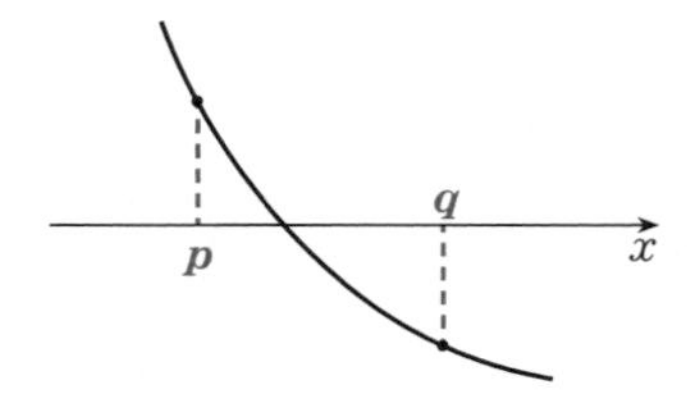

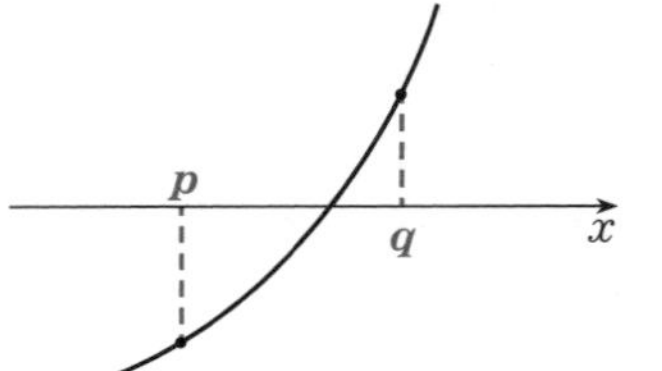

(3)　2解(重解を含む)がともに $p<x<q$ の範囲

$\begin{cases} D\geqq 0 \\ p<\text{軸}<q \\ f(p)>0 \\ f(q)>0 \end{cases}$

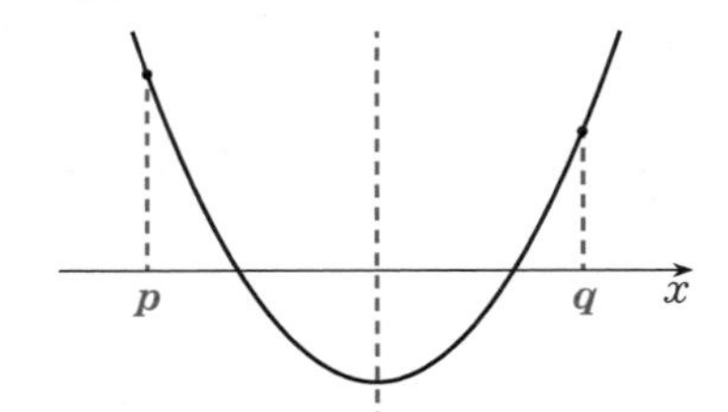

例題 36　6分・8点

放物線 $y=x^2+5x-\frac{3}{4}a+1$ の頂点の座標は $\left(\frac{\boxed{アイ}}{\boxed{ウ}},\ -\frac{3}{4}a-\frac{\boxed{エオ}}{\boxed{カ}}\right)$

である。2次方程式

$$x^2+5x-\frac{3}{4}a+1=0$$

が実数解をもつような a の値の範囲は $a\geqq\boxed{キク}$ であり，$\frac{1}{4}\leqq x\leqq\frac{1}{2}$ の範囲に実数解をもつような整数 a の値は $a=\boxed{ケ}$，$\boxed{コ}$ である。

解答

$$f(x)=x^2+5x-\frac{3}{4}a+1$$
$$=\left(x+\frac{5}{2}\right)^2-\frac{3}{4}a-\frac{21}{4}$$

とおく。放物線 $y=f(x)$ の頂点の座標は

$$\left(-\mathbf{\frac{5}{2}},\ -\frac{3}{4}a-\mathbf{\frac{21}{4}}\right)$$

である。

2次方程式 $f(x)=0$ が実数解をもつための条件は

$$-\frac{3}{4}a-\frac{21}{4}\leqq 0 \qquad \therefore\ a\geqq \mathbf{-7}$$

⬅（頂点の y 座標）$\leqq 0$

また，$y=f(x)$ のグラフは下に凸の放物線であり，軸の方程式は $x=-\frac{5}{2}$ であるから，方程式 $f(x)=0$ が $\frac{1}{4}\leqq x\leqq\frac{1}{2}$ の範囲に実数解をもつための条件は

$$\begin{cases} f\left(\frac{1}{4}\right)=\frac{37}{16}-\frac{3}{4}a\leqq 0 \\ f\left(\frac{1}{2}\right)=\frac{15}{4}-\frac{3}{4}a\geqq 0 \end{cases} \qquad \therefore\ \frac{37}{12}\leqq a\leqq 5$$

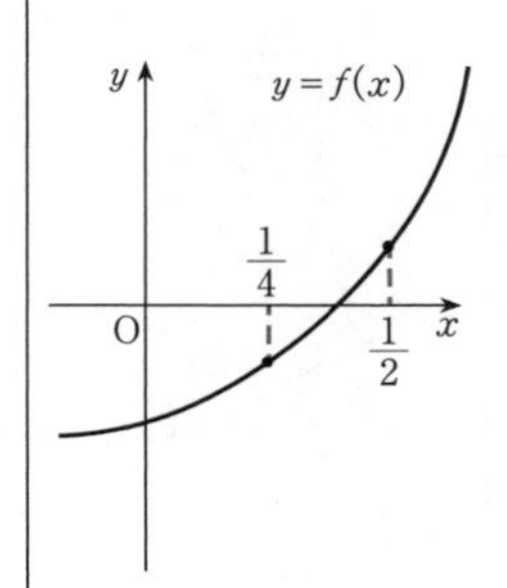

a は整数であるから

$$a=\mathbf{4},\ \mathbf{5}$$

STAGE 2 22 最大・最小

■37 最大・最小■

2次関数 $y=ax^2+bx+c$ の，ある区間における最大値，最小値は，

軸 $x=-\dfrac{b}{2a}$ の位置で場合分けをする。

$$f(x)=ax^2+bx+c \quad (a>0)$$

として，区間 $p\leqq x\leqq q$ における最大値を M，最小値を m とする。

(1) **最小値 m**

・$-\dfrac{b}{2a}<p$ のとき

$x=p$ で最小，

$m=f(p)$

・$p\leqq -\dfrac{b}{2a}\leqq q$ のとき

$x=-\dfrac{b}{2a}$ で最小，

$m=f\left(-\dfrac{b}{2a}\right)$

・$q<-\dfrac{b}{2a}$ のとき

$x=q$ で最小，

$m=f(q)$

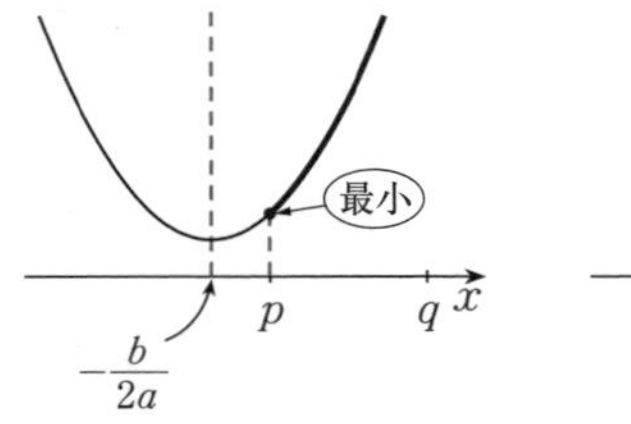

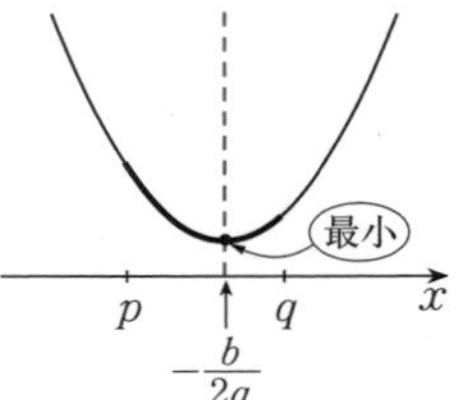

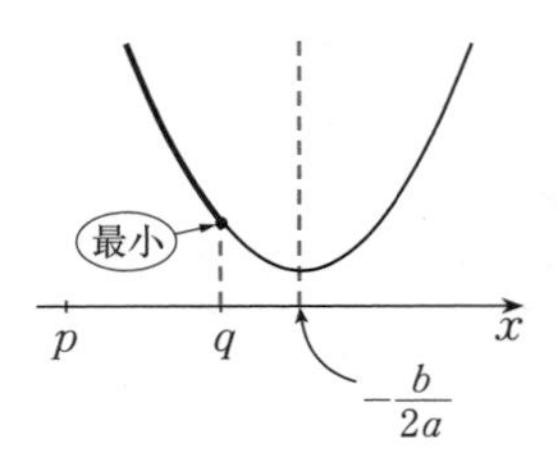

(2) **最大値 M**

・$-\dfrac{b}{2a}\leqq \dfrac{p+q}{2}$ のとき

$x=q$ で最大，$M=f(q)$

・$\dfrac{p+q}{2}\leqq -\dfrac{b}{2a}$ のとき

$x=p$ で最大，$M=f(p)$

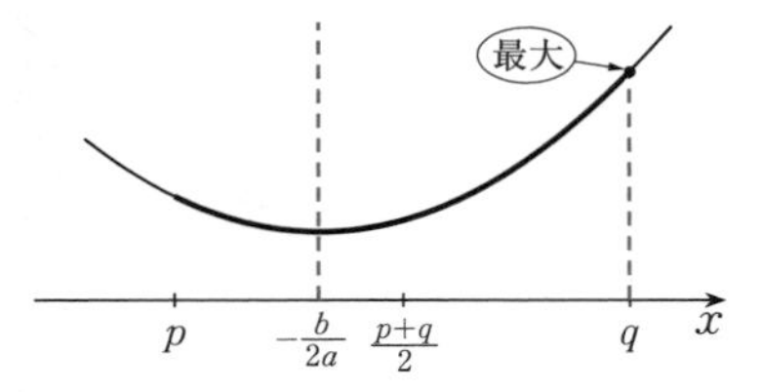

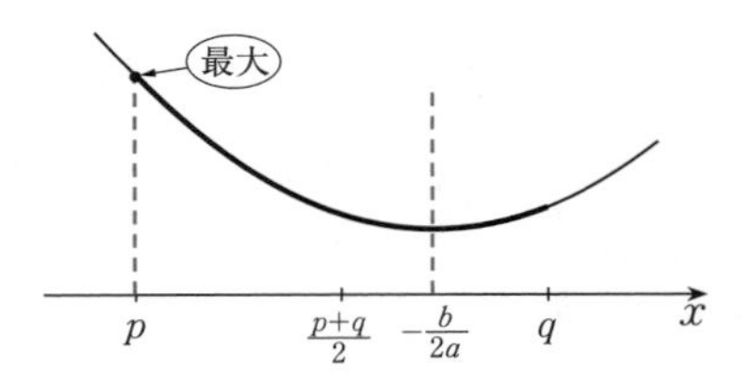

(注) $a<0$ の場合も同様に考える。

例題 37　9分・12点

x の2次関数 $y=2x^2-4(a+1)x+10a+1$ ……① のグラフの頂点の座標は

$(a+$ ア $,$ イウ a^2+ エ $a-$ オ $)$

である。関数①の $-1\leqq x\leqq 3$ における最小値を m とする。

$m=$ イウ a^2+ エ $a-$ オ

となるのは

カキ $\leqq a\leqq$ ク

のときである。また

$a<$ カキ のとき　$m=$ ケコ $a+$ サ

ク $<a$ のとき　$m=$ シス $a+$ セ

である。

さらに，m を a の関数と考えたとき，m が最大になるのは

$a=\dfrac{ソ}{タ}$

のときである。

解答

$y=2\{x-(a+1)\}^2-2a^2+6a-1$

であるから，①のグラフの頂点の座標は

$(\mathbf{a+1},\ \mathbf{-2a^2+6a-1})$

$m=-2a^2+6a-1$ となるのは，軸：$x=a+1$ が $-1\leqq x\leqq 3$ の範囲にあるときであるから

$-1\leqq a+1\leqq 3$　　∴　$\mathbf{-2\leqq a\leqq 2}$

$a+1<-1$ つまり $a<-2$ のとき

$x=-1$ で最小になるので

$\mathbf{m=14a+7}$

$3<a+1$ つまり $2<a$ のとき

$x=3$ で最小になるので

$\mathbf{m=-2a+7}$

m を a の関数と考えたとき

そのグラフは右のようになるから，m が最大になるのは

$a=\mathbf{\dfrac{3}{2}}$ のときである。

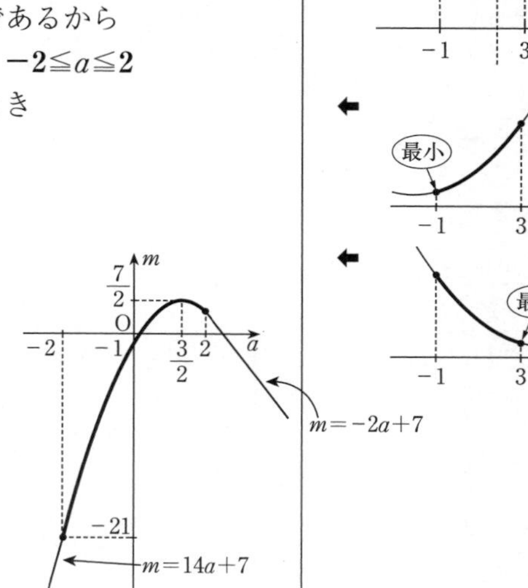

STAGE 2　23　最大・最小の応用

■ 38　最大・最小の応用 ■

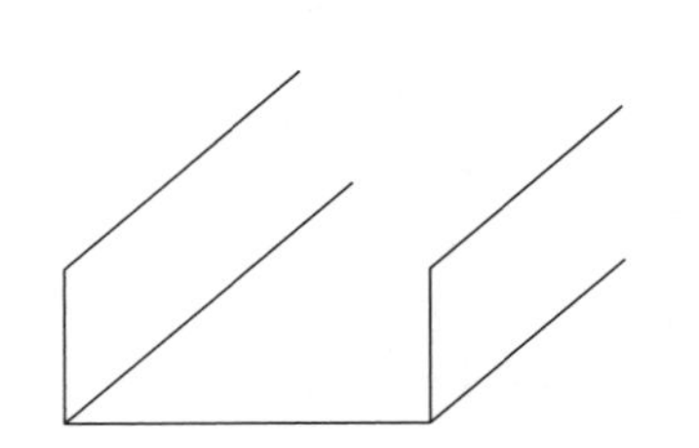

（例）　幅 20cm の金属板を右図のように両端から等しい長さだけ直角に折り曲げて，水を流す溝を作る。断面の面積を最大にするには，端から何 cm のところで折り曲げればよいか。

⇒　端から $x$cm のところで折り曲げたとする。**変数の設定**

溝の底の幅は $(20-2x)$cm になる。

$x>0$，$20-2x>0$ より

$0<x<10$　**変数の変域の確認**

断面の面積を y とすると

$y=x(20-2x)$

$=-2x^2+20x$

$=-2(x-5)^2+50$

y は $x=5$ のとき最大となる。

よって，端から 5cm のところで折り曲げればよい。

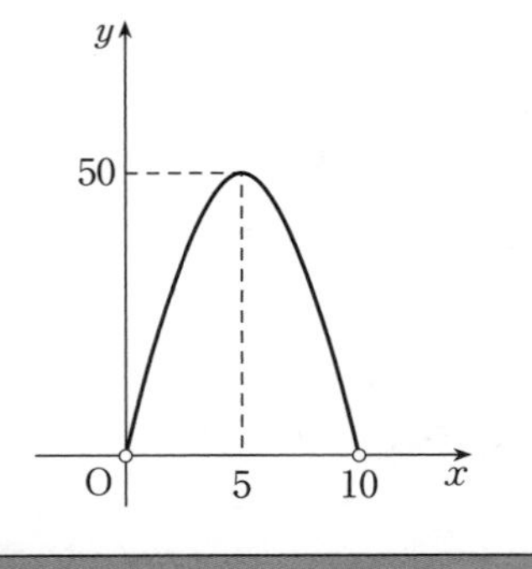

例題 38　**5分・6点**

原価40円のパンをx円で売ると，1日あたりに売り上げる個数が$(400-3x)$個となるとする。1日あたりの利益，つまり(売り上げ)－(原価)が最大になるのは $x=$ アイ 円のときで，そのときの利益は ウエオカ 円である。ただし，xは正の整数とする。

解答

パン1個についての利益が$(x-40)$円で，1日$(400-3x)$個売れるから，1日あたりの利益をyとすると

$$\begin{aligned} y &= (x-40)(400-3x) \\ &= -3x^2+520x-16000 \\ &= -3\left(x-\frac{260}{3}\right)^2+\frac{260^2}{3}-16000 \end{aligned}$$

xのとり得る値の範囲は$x>0$，$400-3x>0$より

$$0<x<\frac{400}{3}$$

$\frac{260}{3}=86.6\cdots$ より，$\frac{260}{3}$に最も近い整数は87。

よって，$x=$**87**（円）で売ったときに利益が最大になり，このとき

$$\begin{aligned} y &= (87-40)(400-3\cdot 87) \\ &= 47\cdot 139 \\ &= \mathbf{6533}\ (\text{円}) \end{aligned}$$

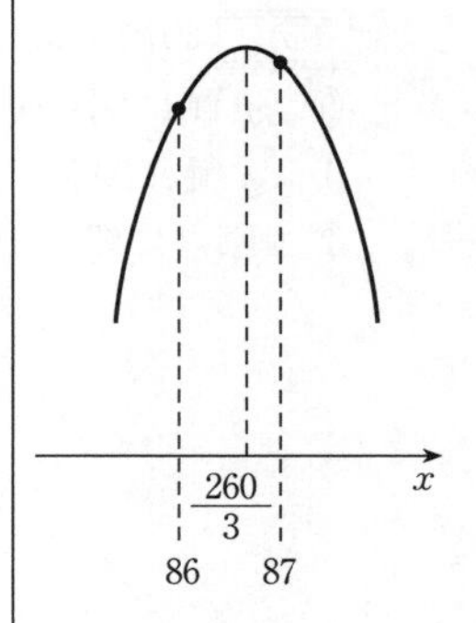

STAGE 2　類　題

類題 34　(3分・8点)

右図は $y=ax^2+bx+c$ のグラフである。

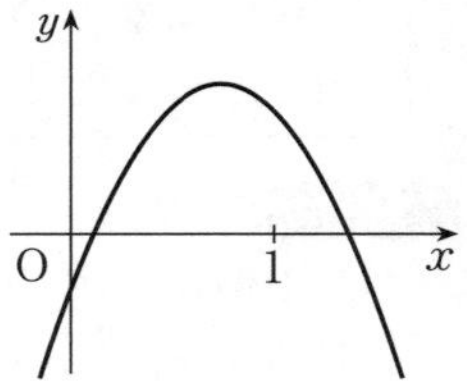

(1)　a の符号は [ア]，b の符号は [イ]，c の符号は [ウ]，b^2-4ac の符号は [エ]，$a+b+c$ の符号は [オ] である。

[ア]～[オ]の解答群(同じものを繰り返し選んでもよい。)

⓪　正　　　①　負

(2)　図の状態から b の値は変えずに a と c の符号だけを変えると，グラフは元のグラフに対して [カ]。

[カ]の解答群

⓪　x 軸に関して対称になる
①　y 軸に関して対称になる
②　原点に関して対称になる

類題 35　　(6分・8点)

放物線 $C: y=\frac{9}{2}x^2+(a-5)x+8$ が，x 軸と異なる2点P，Qで交わるとき

$a<$ [アイ]，[ウエ] $<a$

であり，線分PQの長さが2となる a の値は

$a=$ [オカ]，[キクケ]

である。$a=$ [キクケ] のとき，C の頂点の座標は

$\left(\frac{[コ]}{[サ]}, \frac{[シス]}{[セ]}\right)$

である。

類題 36　　(5分・8点)

2次関数 $y=x^2-6ax+10a^2-2a-8$ のグラフを G とする。G の頂点の座標は

([ア] a，a^2- [イ] $a-$ [ウ])

である。

G が x 軸と異なる2点で交わるような a の値の範囲は

[エオ] $<a<$ [カ]

である。また，G が x 軸の正の部分と異なる2点で交わるような a の値の範囲は

[キ] $<a<$ [ク]

である。

類題　37　（10分・12点）

x の2次関数 $y=x^2-2(a-1)x+2a^2-8a+4$ ……① のグラフの頂点の x 座標が3以上7以下の範囲にあるとする。

このとき，a の値の範囲は [ア] $\leqq a \leqq$ [イ] であり，2次関数①の $3 \leqq x \leqq 7$ における最大値 M は

[ア] $\leqq a \leqq$ [ウ] のとき　$M=$ [エ] a^2- [オカ] $a+$ [キク]

[ウ] $\leqq a \leqq$ [イ] のとき　$M=$ [ケ] a^2- [コサ] $a+$ [シス]

である。

また，2次関数①の $3 \leqq x \leqq 7$ における最小値が6であるならば

$a=$ [セ] $+$ [ソ] $\sqrt{\text{[タ]}}$

であり，最大値 M は

$M=$ [チツ] $-$ [テ] $\sqrt{\text{[ト]}}$

である。

類題 38　（10分・12点）

(1)　ある店では1個200円の商品が40個売れる。この商品はx円値下げすると$3x$個多く売れるとする。売り上げが最大となるのは，$x=$［アイ］円のときで，このとき売り上げは［ウエオカキ］円になる。ただしxは整数とする。

(2)　図のような直角三角形の紙ABCがあり，AB＝6cm，AC＝8cm，∠A＝90°である。この紙から図のように長方形ADEFを切り取り，長方形の面積Sを最大にしたい。AD＝$x$cmとするとAFの長さは

$$\frac{[ク]}{[ケ]}([コ]-x)$$

で表される。Sをxで表すことによってSは$x=$［サ］のとき最大値［シス］をとることがわかる。

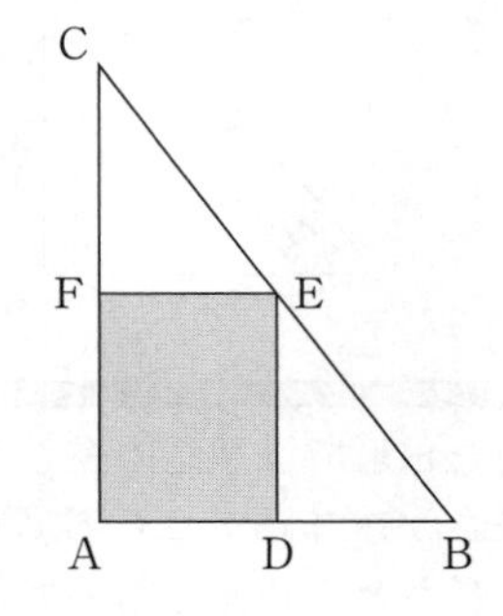

STAGE 1　24　三角比

■39　直角三角形の三角比■

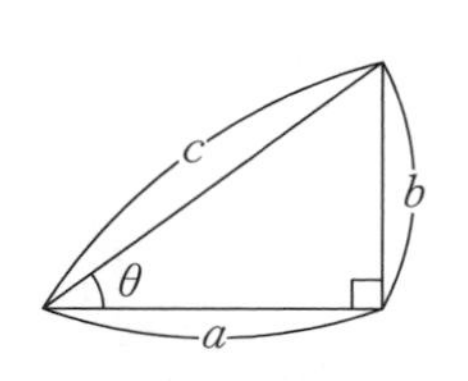

$$\begin{cases} \sin\theta = \dfrac{b}{c} \\ \cos\theta = \dfrac{a}{c} \\ \tan\theta = \dfrac{b}{a} \end{cases} \iff \begin{cases} b = c\sin\theta \\ a = c\cos\theta \\ b = a\tan\theta \end{cases}$$

直角三角形では2辺の長さが与えられると「三平方の定理」を用いてもう1つの辺の長さが求まる。この3辺の長さのうち，2辺の長さから三角比が求まる。また，辺の長さと三角比を用いて他の辺の長さを表すこともできる。

■40　特別な角の三角比■

$\sin\theta$

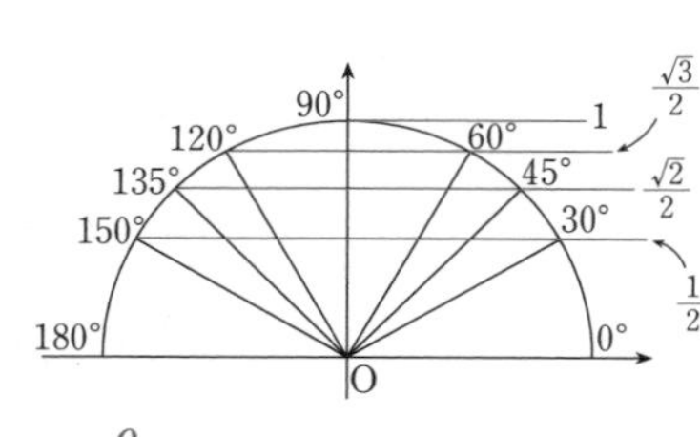

$\cos\theta$

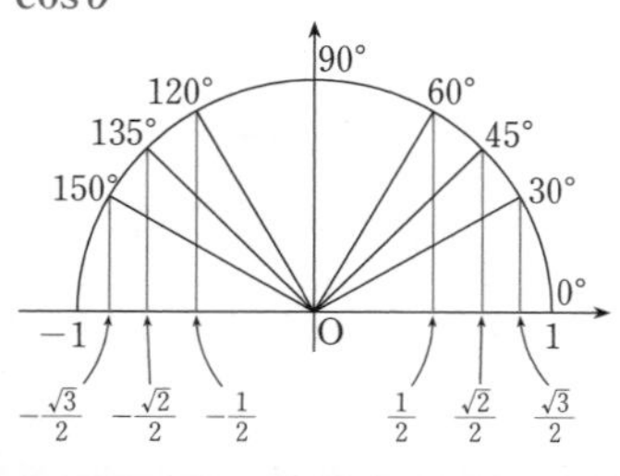

$\tan\theta$

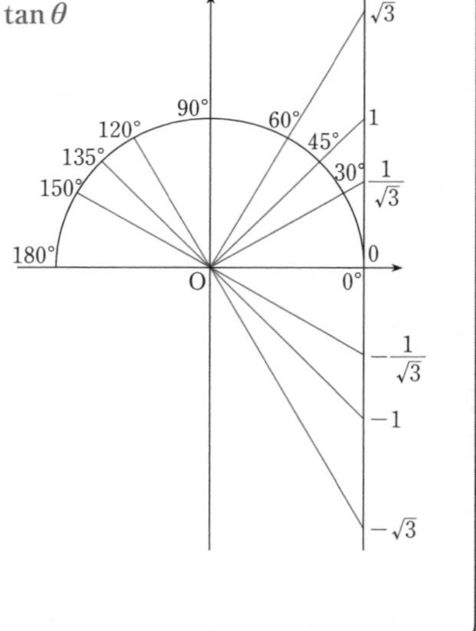

$0^\circ \leqq \theta \leqq 180^\circ$ の範囲における三角比は，座標によって定義される。点(1，0)をAとし，原点Oを中心とする半径1の円(単位円)周上に $\angle \mathrm{AOP} = \theta$ $(0^\circ \leqq \theta \leqq 180^\circ)$ となる点P$(x,\ y)$をとると

$$\sin\theta = y,\quad \cos\theta = x,\quad \tan\theta = \frac{y}{x}$$

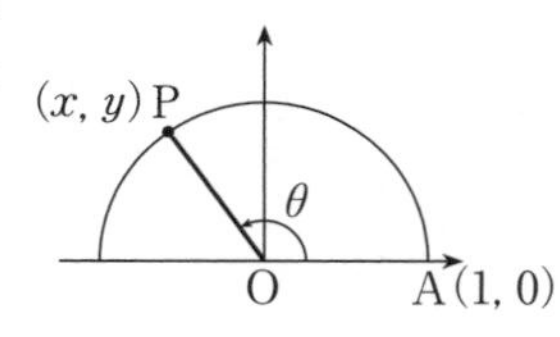

例題 39　2分・6点

△ABC において，AB＝AC＝3，BC＝2 であるとき

$$\cos\angle ABC=\frac{\boxed{ア}}{\boxed{イ}},\ \sin\angle ABC=\frac{\boxed{ウ}\sqrt{\boxed{エ}}}{\boxed{オ}}$$

である。点 C から辺 AB に下ろした垂線と辺 AB との交点を D とすると

$$CD=\frac{\boxed{カ}\sqrt{\boxed{キ}}}{\boxed{ク}}$$ である。

解答

点 A から辺 BC に垂線 AH を引く。

△ABC は AB＝AC の二等辺三角形であるから，H は BC の中点になる。

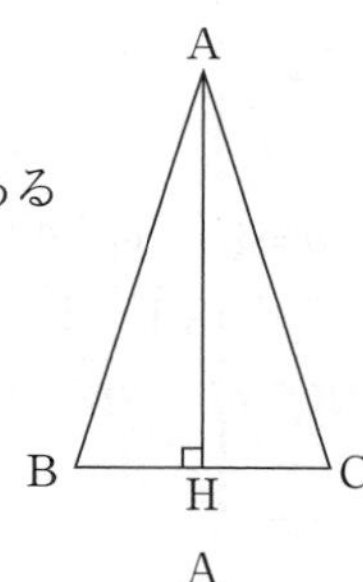

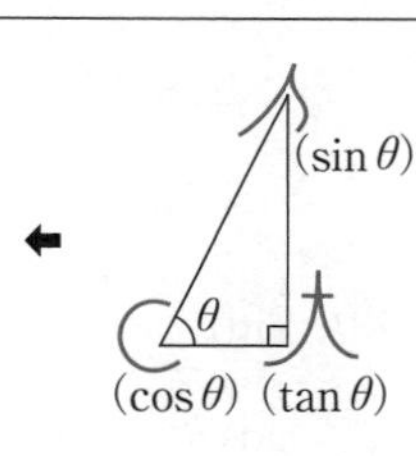

$$\cos\angle ABC=\frac{BH}{AB}=\frac{1}{3}$$

⬅ ∠ABC＝∠ABH

三平方の定理により

$$AH=\sqrt{3^2-1^2}=\sqrt{8}=2\sqrt{2}$$

⬅ $AH^2+BH^2=AB^2$

$$\sin\angle ABC=\frac{AH}{AB}=\frac{2\sqrt{2}}{3}$$

△BCD において

$$CD=BC\sin\angle CBD$$

$$=2\sin\angle ABC=\frac{4\sqrt{2}}{3}$$

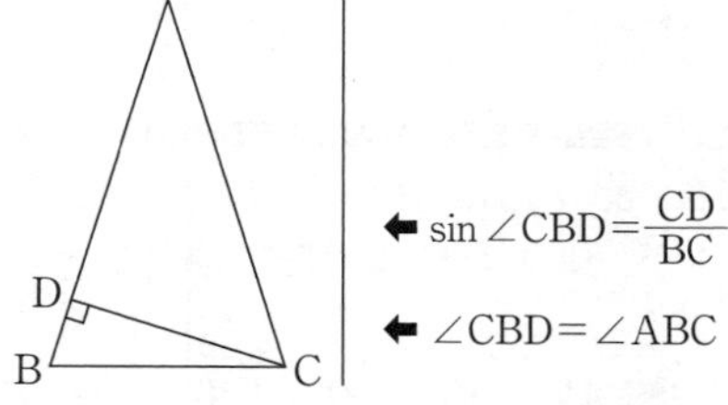

⬅ $\sin\angle CBD=\frac{CD}{BC}$

⬅ ∠CBD＝∠ABC

例題 40　2分・4点

0°≦θ≦180° のとき，$\sin\theta=\frac{1}{2}$ を満たす θ の値は $\boxed{アイ}$°，$\boxed{ウエオ}$°

であり，$\cos\theta=-\frac{1}{2}$ を満たす θ の値は $\boxed{カキク}$° である。

解答

$\sin\theta=\frac{1}{2}$ を満たす θ の値は

30°，150°

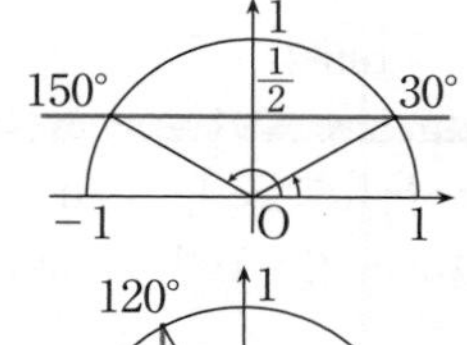

⬅ sinθ は単位円周上の点の y 座標。

$\cos\theta=-\frac{1}{2}$ を満たす θ の値は

120°

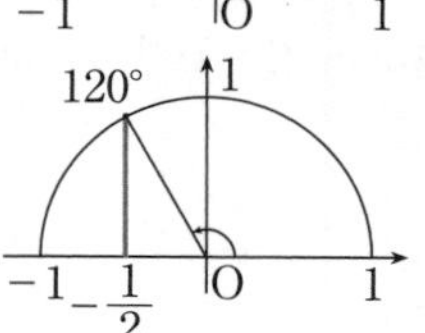

⬅ cosθ は単位円周上の点の x 座標。

STAGE 1　25　三角比の性質

■41　三角比の相互関係■

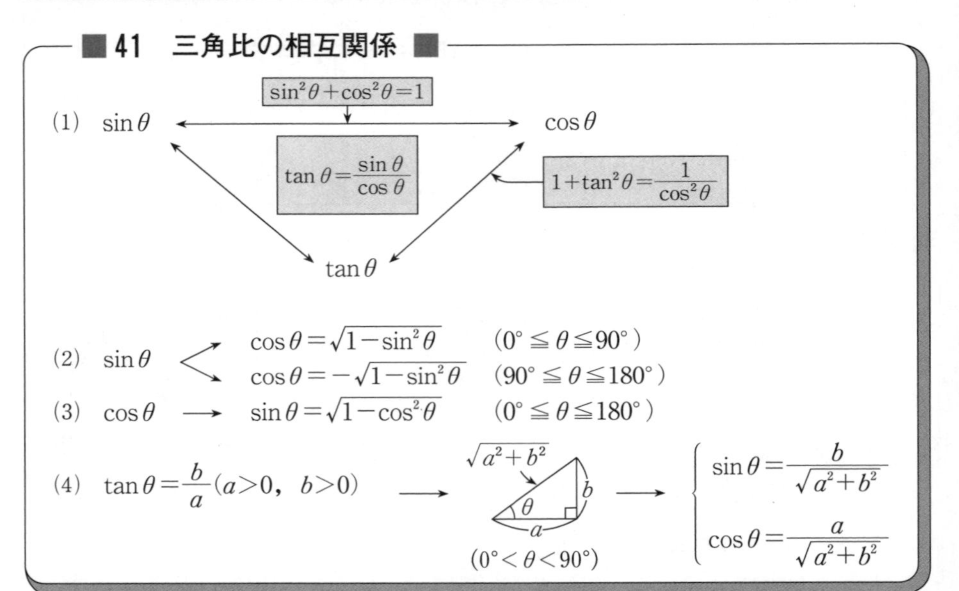

$\sin\theta$，$\cos\theta$，$\tan\theta$ のうち1つが与えられていれば残り2つは(1)の公式を用いて求まるが，(2)または(3)の形で使うことが多い。

■42　$90^\circ-\theta$，$180^\circ-\theta$ の三角比■

$90^\circ-\theta$

$$\begin{cases}\sin(90^\circ-\theta)=\cos\theta\\ \cos(90^\circ-\theta)=\sin\theta\\ \tan(90^\circ-\theta)=\dfrac{1}{\tan\theta}\end{cases}$$

$180^\circ-\theta$

$$\begin{cases}\sin(180^\circ-\theta)=\sin\theta\\ \cos(180^\circ-\theta)=-\cos\theta\\ \tan(180^\circ-\theta)=-\tan\theta\end{cases}$$

$90^\circ-\theta$ の三角比を θ の三角比で表すと sin と cos は入れ替わり，tan は逆数になる。
$180^\circ-\theta$ の三角比を θ の三角比で表すと sin は変化なし。cos，tan は符号が変わる。

例題 41　**2 分・6 点**

(1)　θ が鈍角で $\sin\theta=\dfrac{2\sqrt{5}}{5}$ のとき，$\cos\theta=\dfrac{\boxed{ア}\sqrt{\boxed{イ}}}{\boxed{ウ}}$ である。

(2)　θ が鋭角で $\tan\theta=\dfrac{\sqrt{7}}{3}$ のとき，$\sin\theta=\dfrac{\sqrt{\boxed{エ}}}{\boxed{オ}}$，$\cos\theta=\dfrac{\boxed{カ}}{\boxed{キ}}$ である。

解答

(1)　$90^\circ<\theta<180^\circ$ のとき $\cos\theta<0$ であるから

$$\cos\theta=-\sqrt{1-\sin^2\theta}=-\sqrt{\frac{5}{25}}=-\frac{\sqrt{5}}{5}$$

← $90^\circ<\theta<180^\circ$ のとき $\cos\theta=-\sqrt{1-\sin^2\theta}$

(2)　$\sqrt{3^2+(\sqrt{7})^2}=\sqrt{16}=4$ より

$$\sin\theta=\frac{\sqrt{7}}{4},\quad \cos\theta=\frac{3}{4}$$

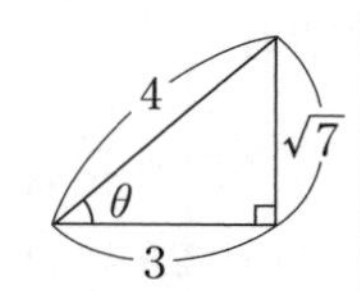

← 直角をはさむ 2 辺の長さを 3，$\sqrt{7}$ として斜辺の長さを求める。

(別解)　$\cos\theta=\sqrt{\dfrac{1}{1+\tan^2\theta}}=\sqrt{\dfrac{9}{16}}=\dfrac{3}{4}$

$$\sin\theta=\sqrt{1-\cos^2\theta}=\frac{\sqrt{7}}{4}$$

例題 42　**2 分・4 点**

(1)　θ が鋭角で $\cos\theta=\dfrac{\sqrt{13}}{6}$ のとき，$\cos(90^\circ-\theta)=\dfrac{\sqrt{\boxed{アイ}}}{\boxed{ウ}}$ である。

(2)　θ が鋭角で $\sin\theta=\dfrac{\sqrt{5}}{3}$ のとき，$\cos(180^\circ-\theta)=\dfrac{\boxed{エオ}}{\boxed{カ}}$ である。

解答

$0^\circ<\theta<90^\circ$ のとき $\sin\theta>0$，$\cos\theta>0$ である。

(1)　$\sin\theta=\sqrt{1-\cos^2\theta}=\sqrt{\dfrac{23}{36}}=\dfrac{\sqrt{23}}{6}$

$$\therefore\quad \cos(90^\circ-\theta)=\sin\theta=\frac{\sqrt{23}}{6}$$

← $\cos(90^\circ-\theta)=\sin\theta$

(2)　$\cos\theta=\sqrt{1-\sin^2\theta}=\sqrt{\dfrac{4}{9}}=\dfrac{2}{3}$

$$\therefore\quad \cos(180^\circ-\theta)=-\cos\theta=-\frac{2}{3}$$

← $\cos(180^\circ-\theta)=-\cos\theta$

STAGE 1　26　正弦定理

■43　外接円の半径■

正弦定理

$$\frac{a}{\sin A}=\frac{b}{\sin B}=\frac{c}{\sin C}=2R$$

（R：外接円の半径）

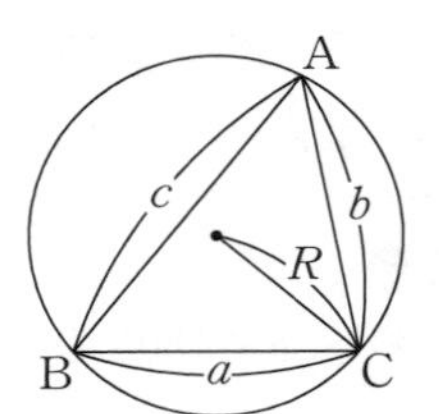

正弦定理を利用する場合

R を求める ……　$R=\dfrac{a}{2\sin A}$

a を求める ……　$a=2R\sin A$

$\sin A$ を求める ……　$\sin A=\dfrac{a}{2R}$

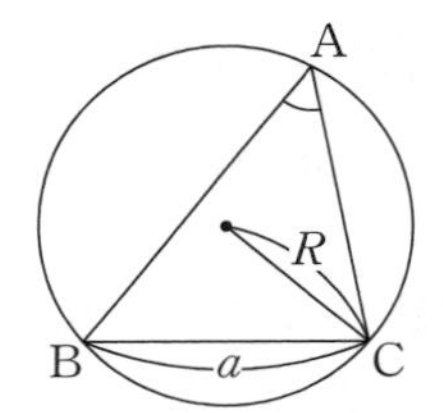

1つの内角と向かい合う辺の長さ，および外接円の半径の間に成り立つ関係式である。外接円の半径を求めるなら，まず正弦定理を使うことを考える。

■44　対辺，対角■

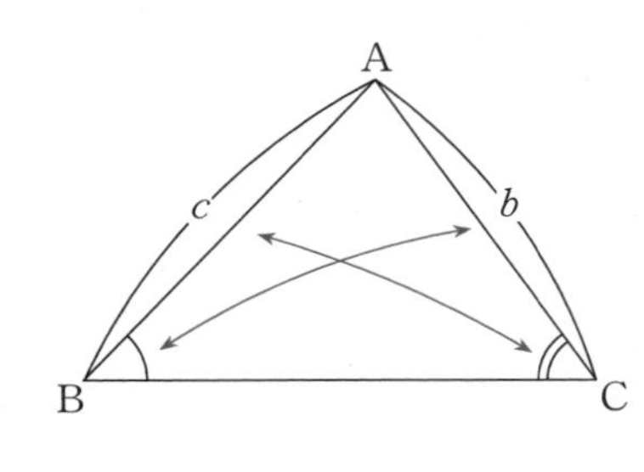

$$\frac{b}{\sin B}=\frac{c}{\sin C}$$

2つの内角とその対辺の長さとの関係式でもある。これらのうち3つが与えられると残り1つを求めることができる。

例題 43　2分・4点

$\mathrm{AC}=3\sqrt{2}$，$\mathrm{BC}=\sqrt{6}$，$\cos B=-\dfrac{\sqrt{6}}{3}$ である△ABC の外接円の半径 R は $\dfrac{\boxed{ア}\sqrt{\boxed{イ}}}{\boxed{ウ}}$ であり，$\sin A=\dfrac{\boxed{エ}}{\boxed{オ}}$ である。

解答

$$\sin B=\sqrt{1-\cos^2 B}=\frac{1}{\sqrt{3}}$$

正弦定理により

$$R=\frac{\mathrm{AC}}{2\sin B}=\frac{3\sqrt{2}}{2}\cdot\sqrt{3}=\mathbf{\frac{3\sqrt{6}}{2}}$$

$$\sin A=\frac{\mathrm{BC}}{2R}=\frac{\sqrt{6}}{2}\cdot\frac{2}{3\sqrt{6}}=\mathbf{\frac{1}{3}}$$

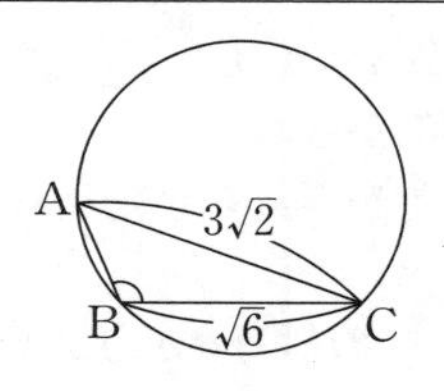

⬅ まず $\sin B$ を求める。

⬅ 外接円の半径は正弦定理を利用する。

例題 44　2分・4点

△ABC において $\mathrm{AB}=4$，$\mathrm{AC}=2\sqrt{3}$，$\sin B=\dfrac{1}{\sqrt{3}}$ であり，∠A は鈍角とする。このとき，$\sin C=\dfrac{\boxed{ア}}{\boxed{イ}}$ である。また，辺 BC 上に $\angle\mathrm{ADC}=60^\circ$ となる点 D をとるとき，$\mathrm{AD}=\dfrac{\boxed{ウ}}{\boxed{エ}}$ である。

解答

正弦定理により

$$\frac{2\sqrt{3}}{\sin B}=\frac{4}{\sin C}$$

$$\therefore\quad \sin C=\frac{2}{\sqrt{3}}\sin B=\mathbf{\frac{2}{3}}$$

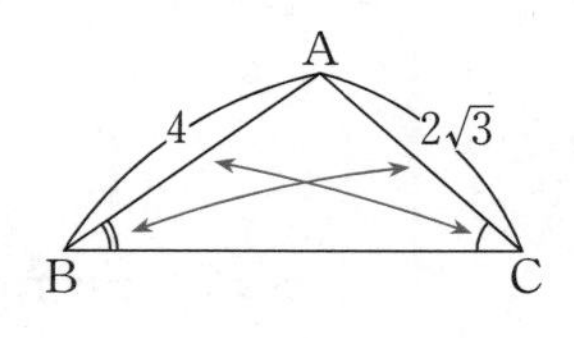

⬅ 2組の対辺，対角の関係。

△ADC に正弦定理を用いて

$$\frac{\mathrm{AD}}{\sin C}=\frac{2\sqrt{3}}{\sin 60^\circ}$$

$$\therefore\quad \mathrm{AD}=\frac{2\sqrt{3}}{\sin 60^\circ}\cdot\sin C$$

$$=4\cdot\frac{2}{3}=\mathbf{\frac{8}{3}}$$

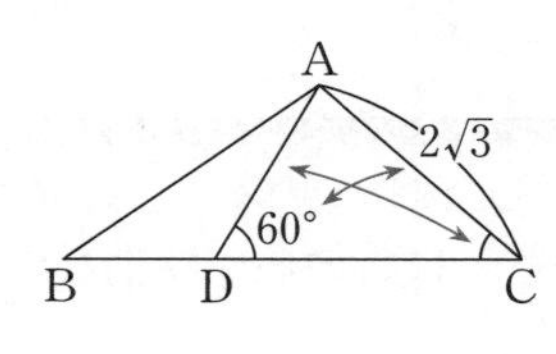

STAGE 1　27　余弦定理

■45　辺の長さを求める■

余弦定理

$$a^2=b^2+c^2-2bc\cos A$$
$$b^2=c^2+a^2-2ca\cos B$$
$$c^2=a^2+b^2-2ab\cos C$$

（2辺とその間の角が与えられた場合）

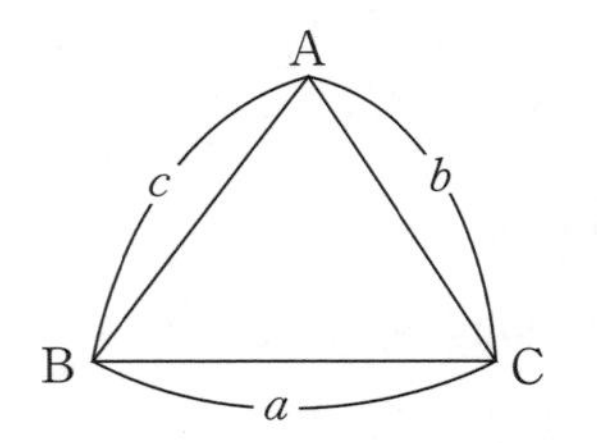

（注）　2辺 b, c と b の対角 θ が与えられた場合

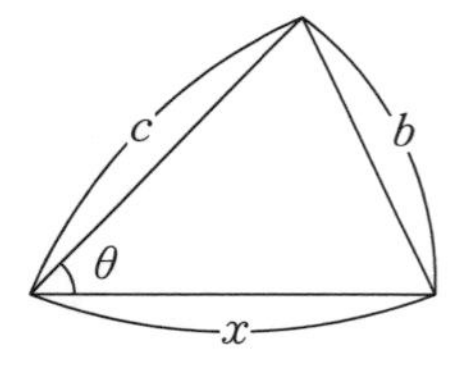

$$b^2=x^2+c^2-2cx\cos\theta$$

（x の2次方程式）

三角形の2辺の長さと1つの角が与えられているとき，余弦定理を用いると残りの辺の長さを求めることができる。このとき，与えられている角の位置によっては，2次方程式を解くことになる。

■46　角の大きさを求める■

a, b, c が与えられているとき，θ または $\cos\theta$ の値を求めるときには，余弦定理を利用する。

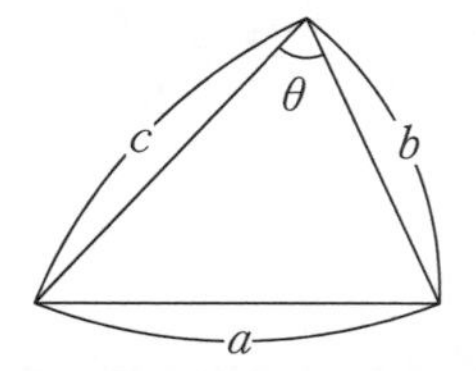

$$\cos\theta=\frac{b^2+c^2-a^2}{2bc}$$

三角形の3辺の長さが与えられているとき，余弦定理を用いると1つの角の cos を求めることができる。さらにこの値が特別な値（■40）であれば，角も求められることになる。

例題 45　3 分・4 点

四角形 ABCD は AB＝5，BC＝4，AD＝3，∠ABC＝60°，

$\cos\angle \mathrm{ADC}=\dfrac{1}{3}$ を満たしている。このとき，AC＝$\sqrt{\boxed{アイ}}$ であり，

CD＝$\boxed{ウ}+\sqrt{\boxed{エオ}}$ である。

解答

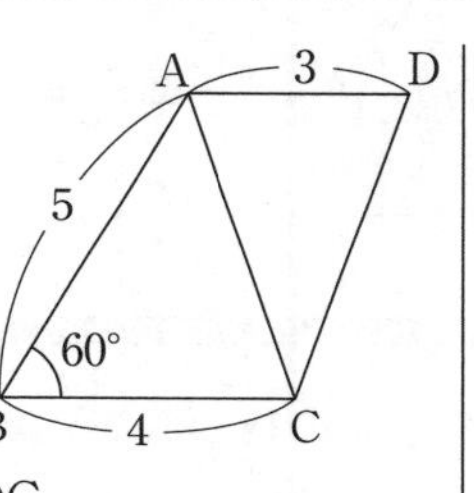

△ABC に余弦定理を用いて

$$\mathrm{AC}^2=5^2+4^2-2\cdot5\cdot4\cdot\cos60^\circ=21$$

$\therefore$　AC＝$\boldsymbol{\sqrt{21}}$

CD＝x とおいて，△ACD に余弦定理を用いると

$$(\sqrt{21})^2=x^2+3^2-2\cdot x\cdot3\cdot\cos\angle \mathrm{ADC}$$

$\therefore$　$x^2-2x-12=0$

$x>0$ より　$x=\boldsymbol{1+\sqrt{13}}$

⬅2 次方程式になる。

例題 46　4 分・6 点

△ABC において，AB＝3，BC＝$\sqrt{7}$，CA＝2 とする。このとき ∠BAC＝$\boxed{アイ}$° である。辺 CA の点 A の側の延長上に点 D を DB＝DC となるようにとると $\cos\angle \mathrm{BAD}=\dfrac{\boxed{ウエ}}{\boxed{オ}}$ であるから，AD＝$\boxed{カ}$ である。

解答

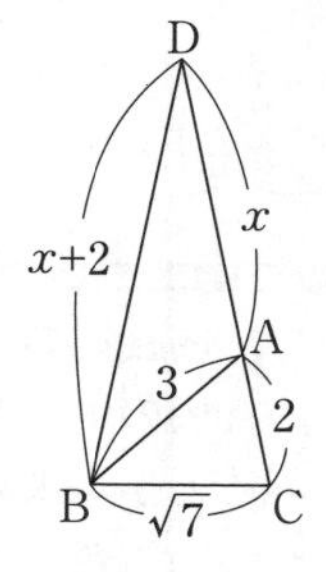

△ABC に余弦定理を用いて

$$\cos\angle \mathrm{BAC}=\frac{3^2+2^2-(\sqrt{7})^2}{2\cdot3\cdot2}=\frac{1}{2}$$

$\therefore$　∠BAC＝**60°**

⬅

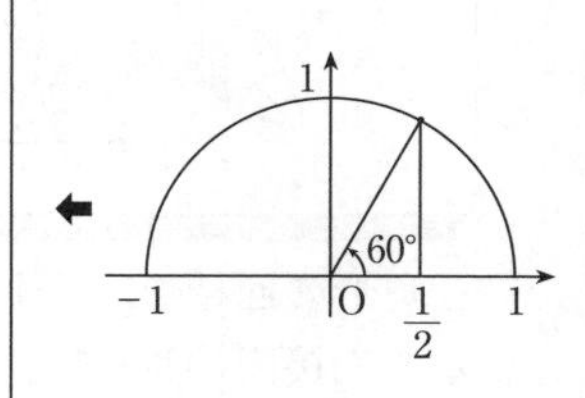

$\cos\angle \mathrm{BAD}=\cos120^\circ=\boldsymbol{-\dfrac{1}{2}}$ であり

AD＝x とおくと，BD＝$x+2$ であるから

△ABD に余弦定理を用いると

$$(x+2)^2=x^2+3^2-2\cdot x\cdot3\cdot\cos120^\circ$$

$\therefore$　$x=\boldsymbol{5}$

⬅x の 1 次方程式。

STAGE 1　28　面　積

■47　三角形の面積■

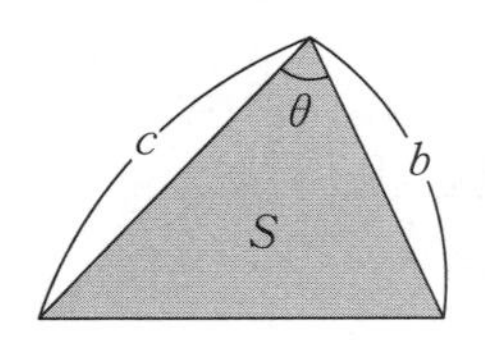

面積 $S=\frac{1}{2}bc\sin\theta$

三角形の面積は $\frac{1}{2}\times$(2辺の積)$\times$(その間の角の sin) で求めることができる。

■48　面積の利用■

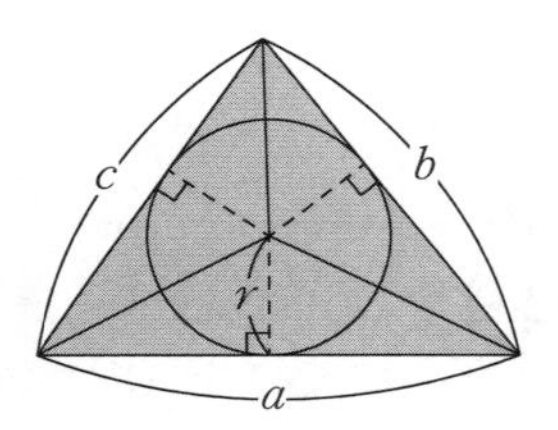

$S=\frac{1}{2}(a+b+c)r$

(r は内接円の半径)

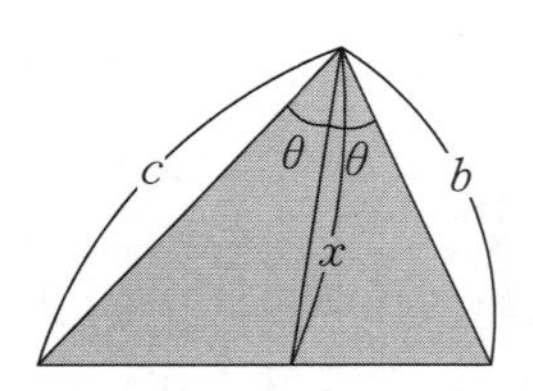

$S=\frac{1}{2}(b+c)x\sin\theta$

(x は角の二等分線の長さ)

三角形の面積を利用して，内接円の半径や角の二等分線の長さを求めることができる。内接円の半径は，内接円の中心と頂点を結んだ3つの三角形の面積の和が全体の三角形の面積に等しいことから求められる。角の二等分線の長さは，角の二等分線によって分けられる2つの三角形の面積の和が全体の三角形の面積に等しいことから求められる。

例題 47　2 分・4 点

△ABC において，AB=8，BC=5，CA=7 とする。このとき，∠B=［アイ］° であり，△ABC の面積は ［ウエ］$\sqrt{［オ］}$ である。

解答

余弦定理により

$$\cos B=\frac{8^2+5^2-7^2}{2\cdot 8\cdot 5}=\frac{1}{2}$$

$$\therefore\quad \angle \mathrm{B}=\mathbf{60}°$$

△ABCの面積は

$$\frac{1}{2}\cdot 8\cdot 5\cdot \sin 60°=\mathbf{10\sqrt{3}}$$

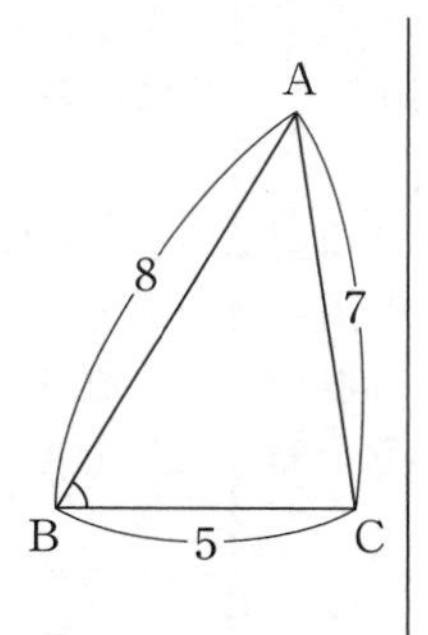

⬅ $S=\frac{1}{2}ca\sin\mathrm{B}$

例題 48　4 分・6 点

△ABC において，AB=8，AC=3，∠A=60° とする。このとき，△ABC の面積は ［ア］$\sqrt{［イ］}$ であり，BC=［ウ］ であるから，△ABC の内接円の半径は $\frac{［エ］\sqrt{［オ］}}{［カ］}$ である。

解答

△ABC の面積は

$$\frac{1}{2}\cdot 8\cdot 3\cdot \sin 60°=\mathbf{6\sqrt{3}}$$

余弦定理により

$$\mathrm{BC}^2=8^2+3^2-2\cdot 8\cdot 3\cdot \cos 60°$$
$$=49$$
$$\therefore\quad \mathrm{BC}=\mathbf{7}$$

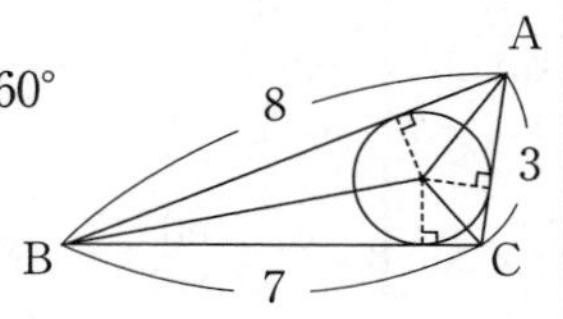

内接円の半径を r とすると

$$\frac{1}{2}(8+7+3)r=6\sqrt{3}$$

$$\therefore\quad r=\frac{\mathbf{2\sqrt{3}}}{\mathbf{3}}$$

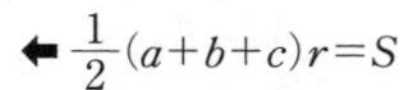

STAGE 1　29　現実事象への応用

■ 49　現実事象への応用 ■

三角比の公式を用いて，測量などに応用することができる。この場合，巻末の三角比の表を利用することになる。

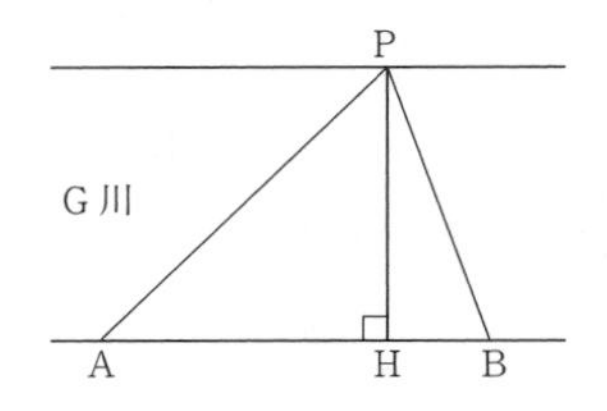

（例）　太郎さんはA地点，花子さんはB地点にいてG川の川幅を測ってみようと思っている。

AB＝50mで，向う岸のP地点に立つ木を目印にすると∠PAB＝35°，∠PBA＝83°である。

このとき

PA＝［ア］，PB＝［イ］

である。点Pから線分ABに垂線PHを下ろすと，G川の川幅は

PH＝［ウ］

であり

AH＝［エ］

である。

［ア］～［エ］の解答群（同じものを繰り返し選んでもよい。）

⓪	31.0	①	32.2	②	32.5	③	33.3	④	45.2
⑤	46.0	⑥	46.9	⑦	55.1	⑧	56.2	⑨	57.0

$$\angle APB = 180° - (35° + 83°) = 62°$$

であるから，△PABに正弦定理を用いると

$$\frac{AP}{\sin 83°} = \frac{BP}{\sin 35°} = \frac{50}{\sin 62°}$$

三角比の表を利用することによって

$$AP = \frac{50}{\sin 62°} \cdot \sin 83° = \frac{50}{0.8829} \cdot 0.9925 \fallingdotseq 56.2 \quad (⑧)$$

$$BP = \frac{50}{\sin 62°} \cdot \sin 35° = \frac{50}{0.8829} \cdot 0.5736 \fallingdotseq 32.5 \quad (②)$$

よって

$$PH = AP \sin 35° \fallingdotseq 56.2 \cdot 0.5736 \fallingdotseq 32.2 \quad (①)$$

$$AH = AP \cos 35° \fallingdotseq 56.2 \cdot 0.8192 \fallingdotseq 46.0 \quad (⑤)$$

例題 49　**2 分・6 点**

以下の問題を解答するにあたっては，必要に応じて巻末の三角比の表を用いてもよい。

太郎さんと花子さんは，キャンプ場のガイドブックにある地図を見ながら，地点 A から山頂 B を見上げる角度について考えている。

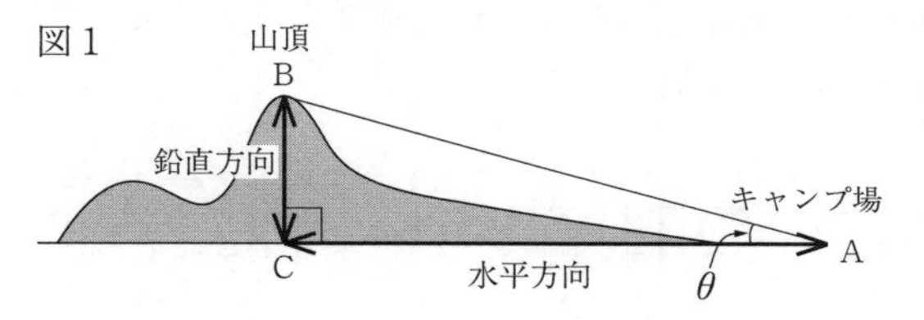

図 1 の θ はちょうど 16° である。しかし，図 1 の縮尺は，水平方向が $\dfrac{1}{100000}$ であるのに対して，鉛直方向は $\dfrac{1}{25000}$ であった。

実際にキャンプ場の地点 A から山頂 B を見上げる角である $\angle$BAC を考えると，$\tan\angle$BAC は ア．イウエ となる。したがって，$\angle$BAC の大きさは オ 。ただし，目の高さは無視して考えるものとする。

オ の解答群

⓪　3° より大きく 4° より小さい　　①　4° より大きく 5° より小さい

②　48° より大きく 49° より小さい　　③　49° より大きく 50° より小さい

④　63° より大きく 64° より小さい　　⑤　64° より大きく 65° より小さい

解答　図 1 において　$\dfrac{\mathrm{BC}}{\mathrm{AC}} = \tan 16^\circ$

実際の AC，BC の長さをそれぞれ b，a とすると，縮尺を考えて $\mathrm{AC} = \dfrac{b}{100000}$，$\mathrm{BC} = \dfrac{a}{25000}$ であるから

$$\frac{\frac{a}{25000}}{\frac{b}{100000}} = \tan 16^\circ \qquad \therefore \quad \frac{a}{b} = \frac{1}{4}\tan 16^\circ$$

よって　$\tan\angle\mathrm{BAC} = \dfrac{a}{b} = \dfrac{1}{4}\tan 16^\circ$

三角比の表より $\tan 16^\circ = 0.2867$ であるから

$$\tan\angle\mathrm{BAC} = \frac{1}{4}\cdot 0.2867 = 0.071675 \fallingdotseq \mathbf{0.072}$$

三角比の表より $\tan 4^\circ = 0.0699$，$\tan 5^\circ = 0.0875$ であるから　$4^\circ < \angle\mathrm{BAC} < 5^\circ$　(**①**)

⬅三角比の表を利用する。

§4 1

STAGE 1 類　題

類題 39　（6分・10点）

$\triangle$ABCにおいて，AB＝AC＝10，$\cos\angle BAC=\dfrac{4}{5}$ とする。点Cから辺ABに下ろした垂線と辺ABとの交点をHとする。このとき

$$AH=\boxed{ア},\ CH=\boxed{イ}$$

であり

$$BC=\boxed{ウ}\sqrt{\boxed{エオ}},\ \sin\angle ACB=\frac{\boxed{カ}\sqrt{\boxed{キク}}}{\boxed{ケコ}}$$

$$\tan\angle ACB=\boxed{サ}$$

である。

類題 40　（3分・6点）

$0^\circ \leqq \theta \leqq 180^\circ$ とする。

(1)　$2\sin\theta-\sqrt{2}=0$ を満たす θ の値は $\boxed{アイ}^\circ$，$\boxed{ウエオ}^\circ$ である。

(2)　$2\cos\theta+\sqrt{3}=0$ を満たす θ の値は $\boxed{カキク}^\circ$ である。

(3)　$\sqrt{3}\tan\theta=1$ を満たす θ の値は $\boxed{ケコ}^\circ$ である。

類題 41　（2分・6点）

(1)　θが鈍角で，$\sin\theta=\frac{\sqrt{7}}{4}$ のとき，$\cos\theta=\frac{\boxed{アイ}}{\boxed{ウ}}$，$\tan\theta=\frac{\boxed{エ}\sqrt{\boxed{オ}}}{\boxed{カ}}$ である。

(2)　θが鋭角で，$\tan\theta=2\sqrt{2}$ のとき，$\sin\theta=\frac{\boxed{キ}\sqrt{\boxed{ク}}}{\boxed{ケ}}$，$\cos\theta=\frac{\boxed{コ}}{\boxed{サ}}$ である。

類題 42　（4分・8点）

右図の直角三角形 ABC において，AD=5，CD=3 とする。

$\cos\angle ADC=\frac{\boxed{ア}}{\boxed{イ}}$ であるから，$\cos\angle ADB=\frac{\boxed{ウエ}}{\boxed{オ}}$，$\sin\angle ADB=\frac{\boxed{カ}}{\boxed{キ}}$ である。さらに，△ABC と△DAC が相似であるとすると，$\sin\angle ABC=\frac{\boxed{ク}}{\boxed{ケ}}$ である。

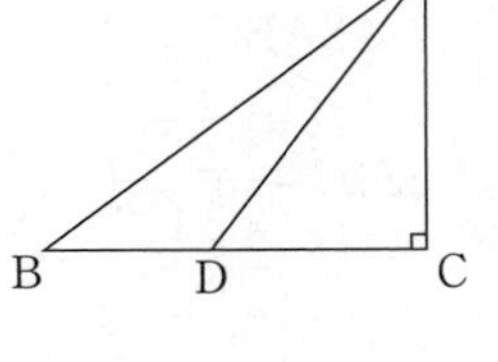

類題 43　（2分・4点）

$\triangle$ABC において，AB=2，BC=$2\sqrt{13}$，$\angle$BAC=120° とする。

$\triangle$ABC の外接円の中心を O とすると OA=OB=$\dfrac{\boxed{ア}\sqrt{\boxed{イウ}}}{\boxed{エ}}$ であるから，

辺 AB の中点を M とすると，OM=$\dfrac{\boxed{オ}\sqrt{\boxed{カ}}}{\boxed{キ}}$ である。

類題 44　（2分・4点）

$\triangle$ABC において，AB=3，BC=2，$\sin A=\dfrac{2}{5}$ とする。このとき，

$\sin C=\dfrac{\boxed{ア}}{\boxed{イ}}$ である。また，辺 AC 上に $\angle$BDC=45° となる点 D をとるとき，

BD=$\dfrac{\boxed{ウ}\sqrt{\boxed{エ}}}{\boxed{オ}}$ である。

類題 45　（4分・8点）

△ABCにおいて，AB＝7，BC＝$4\sqrt{2}$，∠ABC＝45°とする。このとき，CA＝［ア］である。

△ABCの外接円の点Aを含まない弧BC上に，点DをCD＝$\sqrt{10}$となるようにとる。∠ADC＝［イウ］°であるから，AD＝xとするとxは2次方程式

x^2-［エ］$\sqrt{［オ］}x-$［カキ］$=0$ を満たす。

よって，AD＝［ク］$\sqrt{［ケ］}$である。

類題 46　（3分・6点）

右図のような直方体ABCD－EFGHにおいて，AE＝$\sqrt{10}$，AF＝8，AH＝10とする。このとき

EF＝［ア］$\sqrt{［イ］}$

EH＝［ウ］$\sqrt{［エオ］}$

FH＝［カキ］

であるから，cos∠FAH＝$\dfrac{［ク］}{［ケ］}$である。

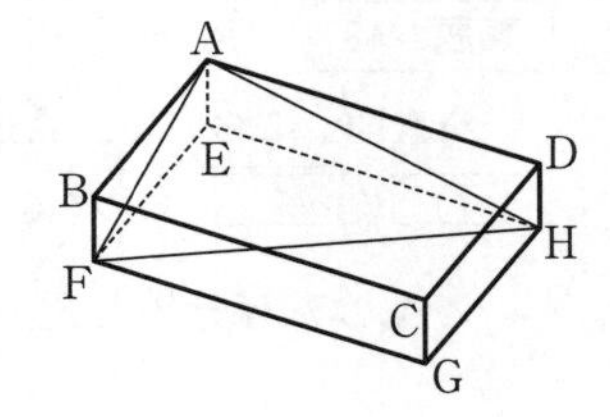

類題 47　(8分・12点)

(1)　△ABC において，$AB=2\sqrt{3}$，$BC=2\sqrt{21}$，$AC=6$ とする。このとき，$\angle BAC=$ アイウ °であり，△ABC の面積は エ $\sqrt{\text{オ}}$ である。

(2)　△ABC において，$BC=4$，$\sin\angle BAC=\dfrac{2}{3}$ とする。△ABC の外接円の中心を O とすると $OB=$ カ である。また，△ABC の外接円の点 A を含まない弧 BC の中点を D とすると，$\sin\angle BOD=\dfrac{\text{キ}}{\text{ク}}$ であるから，△OBD の面積は ケ である。

類題 48　(6分・10点)

△ABC において，$AB=4$，$AC=2$，$\angle A=120°$ とする。△ABC の面積は ア $\sqrt{\text{イ}}$ である。

$\angle A$ の二等分線と辺 BC の交点を D とすると，$AD=\dfrac{\text{ウ}}{\text{エ}}$ である。

また，$BC=$ オ $\sqrt{\text{カ}}$ であるから，△ABC の内接円の半径は キ $\sqrt{\text{ク}}-\sqrt{\text{ケコ}}$ である。

類題　49　　(6分・6点)

以下の問題を解答するにあたっては，必要に応じて巻末の三角比の表を用いてもよい。

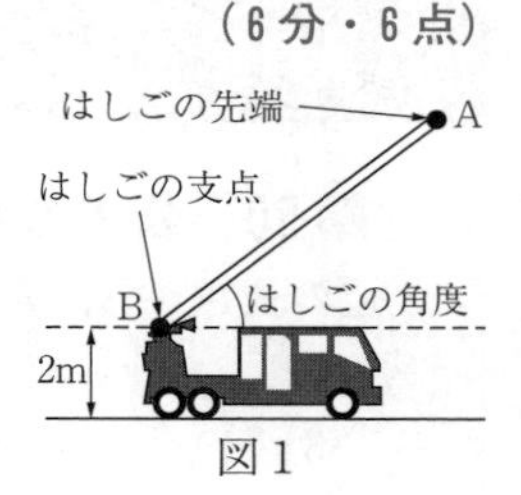

図1

図1のはしご車を考える。はしごの先端をA，はしごの支点をBとするとAB=35mで，はしごの支点Bは地面から2mの高さにある。また，はしごの角度は75°まで大きくすることができる。

(1)　はしごの先端Aの最高到達点の高さは，地面から［アイ］mである。

(2)　図1のはしごは，図2のように，点Cで，ACが鉛直方向になるまで下向きに屈折させることができる。ACの長さは10mである。

図3のように，あるビルにおいて，地面から26mの高さにある位置を点Pとする。障害物のフェンスや木があるため，はしご車をBQの長さが18mとなる場所にとめる。ここで，点Qは，点Pの真下で，点Bと同じ高さにある位置である。

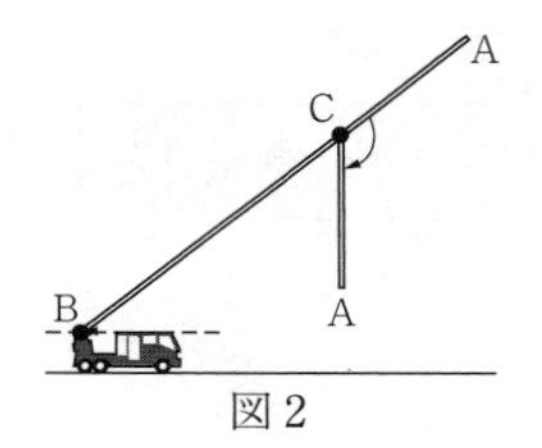

図2

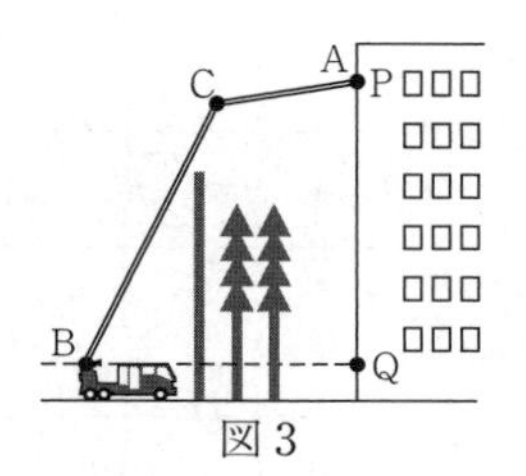

図3

(i)　はしごを点Cで屈折させ，はしごの先端Aが点Pに一致したとすると，∠QBCの大きさはおよそ［ウ］°になる。

［ウ］については，最も適当なものを，次の⓪～⑥のうちから一つ選べ。

⓪　53　①　56　②　59　③　63　④　67　⑤　71　⑥　75

(ii)　はしご車に最も近い障害物はフェンスで，フェンスの高さは7m以上あり，障害物の中で最も高いものとする。フェンスは地面に垂直で2点B，Qの間にあり，フェンスとBQとの交点から点Bまでの距離は6mである。

このとき，次の⓪～⑥のフェンスの高さのうち，図3のように，はしごがフェンスに当たらずに，はしごの先端Aを点Pに一致させることができる最大のものは，［エ］である。

［エ］の解答群

⓪　7m　①　10m　②　13m　③　16m　④　19m　⑤　22m　⑥　25m

STAGE 2　30　三角形の解法 I

■50　公式の活用 I ■

3 辺の長さから，角，面積，外接円の半径などを求める。

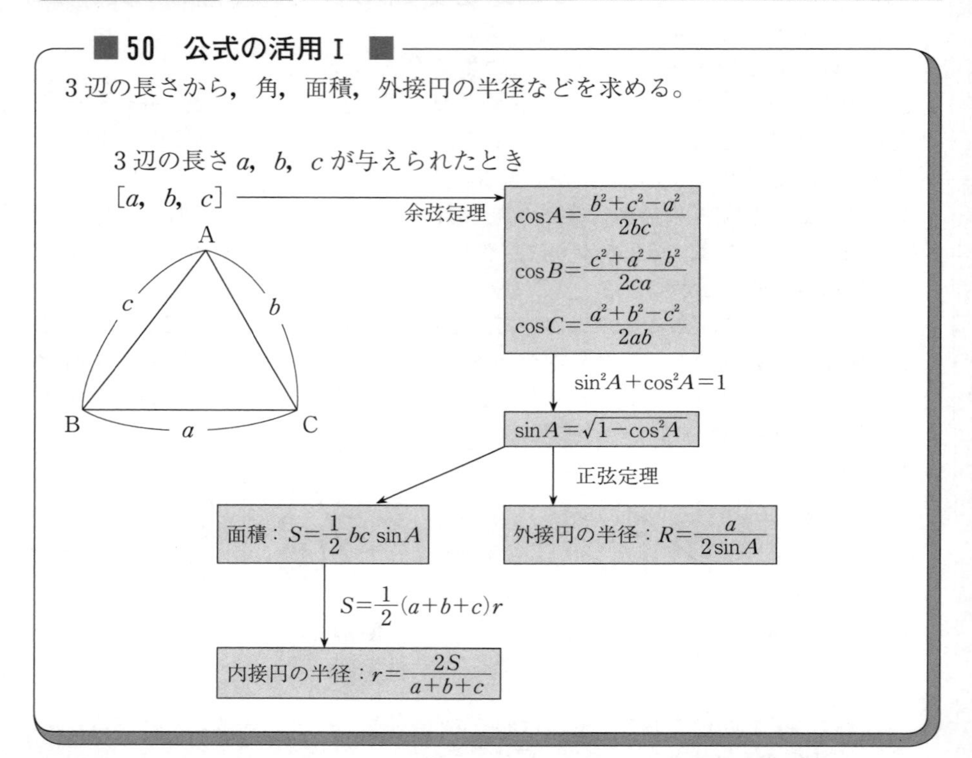

△ABC において，3 辺の長さが与えられたとき，まず，余弦定理を用いて一つの内角の cos の値を求めることができる。その値によっては内角の大きさを求めることができる。

次に cos の値から sin の値を求めれば，面積や外接円の半径を求めることができる。さらに 3 辺の長さと面積から内接円の半径も求めることができる。

例題 50　8分・10点

△ABCにおいて，AB=5，BC=7，CA=6とする。このとき

$$\cos\angle BAC=\frac{\boxed{ア}}{\boxed{イ}},\quad \sin\angle BAC=\frac{\boxed{ウ}\sqrt{\boxed{エ}}}{\boxed{オ}}$$

であり，△ABCの面積は $\boxed{カ}\sqrt{\boxed{キ}}$ である。また，△ABCの内接円の半径は $\dfrac{\boxed{ク}\sqrt{\boxed{ケ}}}{\boxed{コ}}$ である。

解答

余弦定理により

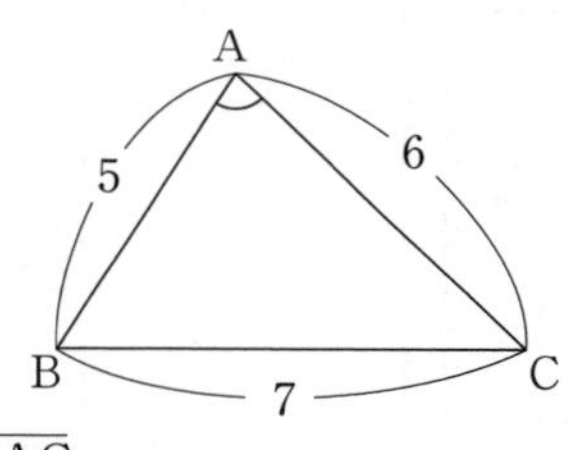

$$\cos\angle BAC=\frac{6^2+5^2-7^2}{2\cdot6\cdot5}=\mathbf{\frac{1}{5}}$$

← $\cos A=\dfrac{b^2+c^2-a^2}{2bc}$

$$\sin\angle BAC=\sqrt{1-\cos^2\angle BAC}=\sqrt{1-\left(\frac{1}{5}\right)^2}=\mathbf{\frac{2\sqrt{6}}{5}}$$

← $\sin\theta=\sqrt{1-\cos^2\theta}$

△ABCの面積を S とすると

$$S=\frac{1}{2}\cdot6\cdot5\cdot\sin\angle BAC=15\cdot\frac{2}{5}\sqrt{6}=\mathbf{6\sqrt{6}}$$

← $S=\dfrac{1}{2}bc\sin A$

△ABCの内接円の半径を r とすると

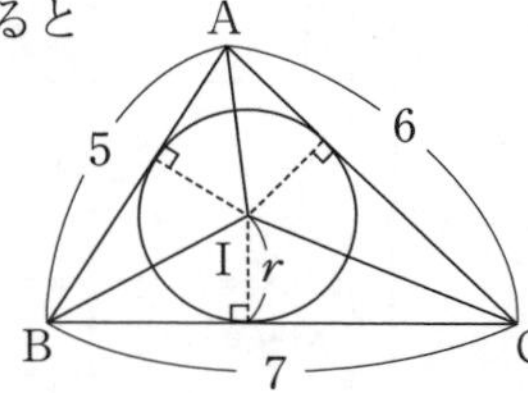

$$S=\frac{1}{2}(5+7+6)r$$

$$\therefore\quad r=\frac{S}{9}=\mathbf{\frac{2\sqrt{6}}{3}}$$

← 内接円の中心をIとすると
△ABC
=△IAB+△IBC+△ICA

STAGE 2　31　三角形の解法Ⅱ

■51　公式の活用Ⅱ■

2辺の長さと1つの角の三角比から，残りの辺，角の三角比，面積，外接円の半径などを求める。

(1)　**2辺と1角の sin の値が与えられたとき**

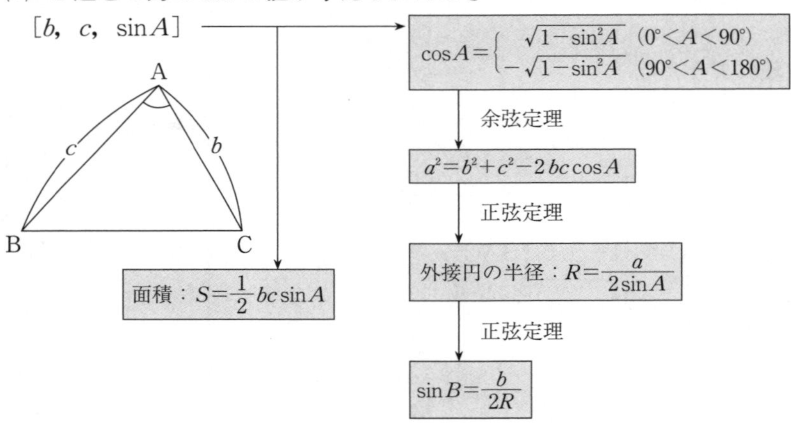

(2)　**2辺と1角の cos の値が与えられたとき**

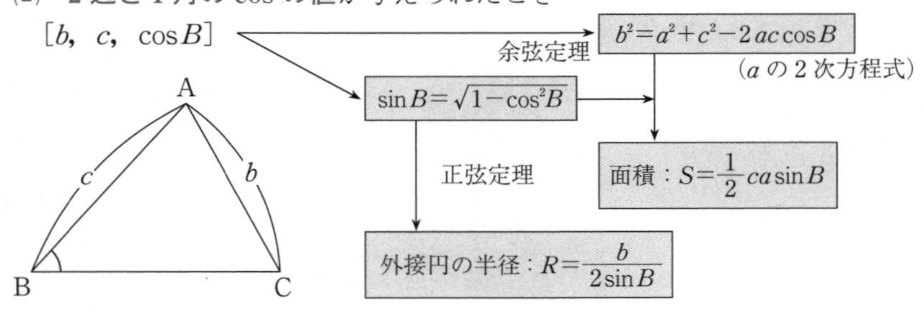

△ABC において，AB，AC の長さと $\sin A$ の値が与えられたとき，まず，△ABC の面積を求めることができる。次に $\cos A$ の値を求めておくと，余弦定理を用いて BC の長さを求めることができる。さらに，正弦定理を用いると外接円の半径，$\sin B$ の値などを求めることができる。

例題 51　10分・12点

△ABCにおいて，AC=7，BC=9，AB<AC，$\cos B=\dfrac{2}{3}$とする。このとき，$\sin B=\dfrac{\sqrt{\fbox{ア}}}{\fbox{イ}}$，AB=$\fbox{ウ}$である。△ABCの外接円の半径は$\dfrac{\fbox{エオ}\sqrt{\fbox{カ}}}{\fbox{キク}}$であり，$\sin A=\dfrac{\fbox{ケ}\sqrt{\fbox{コ}}}{\fbox{サ}}$，$\cos A=\dfrac{\fbox{シス}}{\fbox{セ}}$である。また，△ABCの面積は$\fbox{ソ}\sqrt{\fbox{タ}}$である。

解答

$$\sin B=\sqrt{1-\cos^2 B}=\sqrt{\frac{5}{9}}=\frac{\sqrt{5}}{3}$$

⬅ $\sin B=\sqrt{1-\cos^2 B}$

AB$=x$とおくと，余弦定理により

$$7^2=x^2+9^2-2\cdot x\cdot 9\cdot\cos B$$

$$\therefore\quad x^2-12x+32=0$$

$$\therefore\quad (x-4)(x-8)=0$$

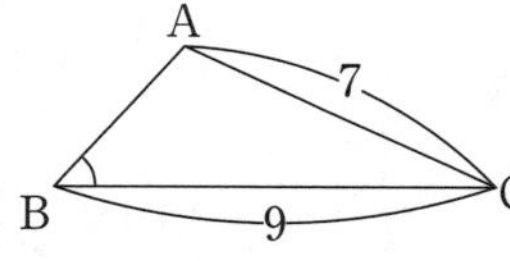

⬅ 余弦定理で2次方程式を作る。

AB<ACより$x<7$であるから

$$\text{AB}=x=\mathbf{4}$$

外接円の半径をRとすると，正弦定理により

$$R=\frac{7}{2\sin B}=\frac{21}{2\sqrt{5}}=\frac{\mathbf{21\sqrt{5}}}{\mathbf{10}}$$

⬅ 外接円の半径は正弦定理。

さらに，正弦定理により

$$\frac{9}{\sin A}=2\cdot\frac{21\sqrt{5}}{10}$$

$$\therefore\quad \sin A=\frac{\mathbf{3\sqrt{5}}}{\mathbf{7}}$$

⬅ 先に$\cos A$を求めてから
$\sin A=\sqrt{1-\cos^2 A}$
で求めてもよい。

余弦定理により

$$\cos A=\frac{4^2+7^2-9^2}{2\cdot 4\cdot 7}=\mathbf{-\frac{2}{7}}$$

⬅ $\cos A=\pm\sqrt{1-\sin^2 A}$
$=\pm\dfrac{2}{7}$
$\text{AB}^2+\text{AC}^2=65$
$<81=\text{BC}^2$ より
$90^\circ<A<180^\circ$ から
$\cos A<0$
$\therefore\quad \cos A=-\dfrac{2}{7}$
としてもよい。

また，△ABCの面積は

$$\frac{1}{2}\cdot 4\cdot 9\cdot\sin B=\mathbf{6\sqrt{5}}$$

§4 2

STAGE 2　32　円と三角形

■52　円の性質■

(1)

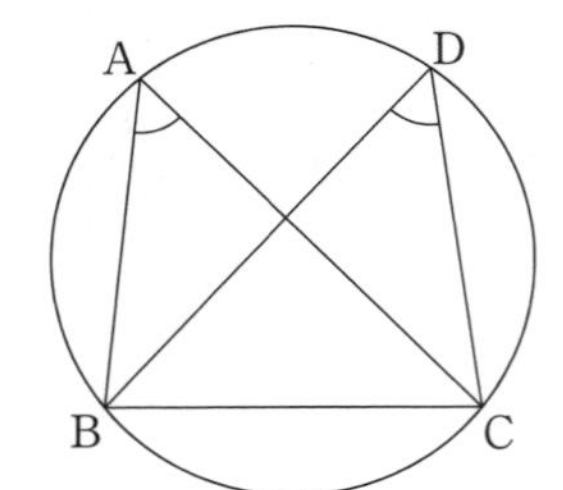

同じ弧 $\overset{\frown}{BC}$ に対する円周角の大きさは等しい。

$\angle BAC = \angle BDC$

(2)

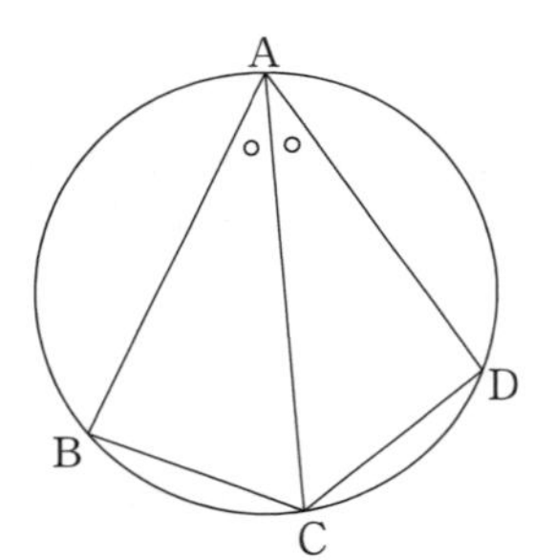

等しい円周角に対する弧および弦の長さは等しい。

$\angle BAC = \angle DAC$ のとき

$\overset{\frown}{BC} = \overset{\frown}{DC}$，$BC = DC$

(3)

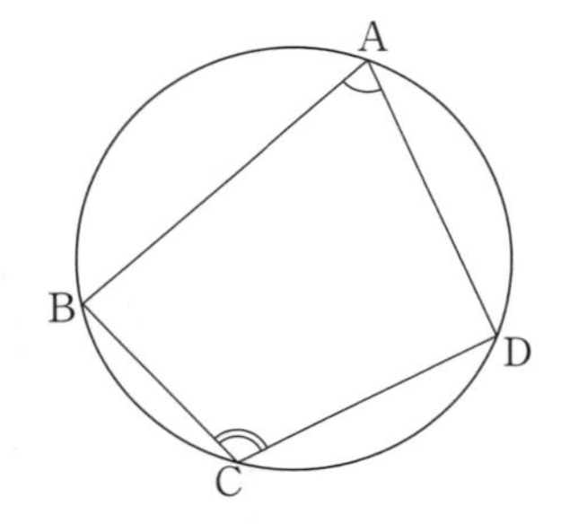

円に内接する四角形において，向かい合う内角の和は 180°。

$\angle BAD + \angle BCD = 180°$

例題 52　**10 分・12 点**

△ABC は鋭角三角形であり，AB＝6，AC＝$3\sqrt{5}$，∠C＝60° とする。△ABC の外接円 O の半径は ［ア］$\sqrt{［イ］}$ である。外接円 O の点 B を含まない弧 AC 上に点 D があるとき

$$\sin\angle ADC=\frac{\sqrt{［ウエ］}}{［オ］},\quad \cos\angle ADC=\frac{［カキ］}{［ク］}$$

である。さらに，AD＝CD とすると AD＝［ケ］$\sqrt{［コ］}$ であり，△ADC の面積は $\dfrac{［サ］\sqrt{［シス］}}{［セ］}$ である。

解答

外接円の半径を R とすると，正弦定理により

$$R=\frac{6}{2\sin 60^\circ}=\frac{6}{\sqrt{3}}=\mathbf{2\sqrt{3}}$$

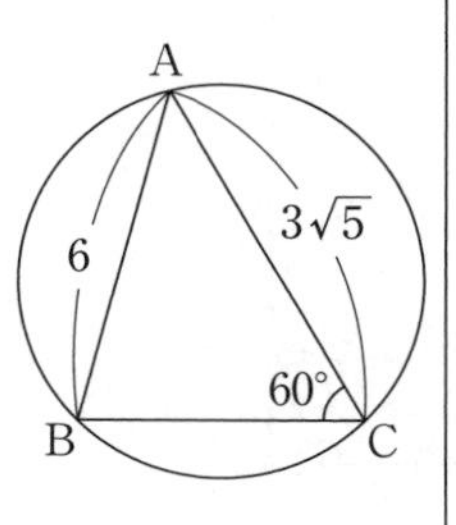

△ACD の外接円の半径も $2\sqrt{3}$ であるから，△ACD に正弦定理を用いて

⬅ 円 O は△ACD の外接円でもある。

$$\sin\angle ADC=\frac{AC}{2R}=\frac{3\sqrt{5}}{4\sqrt{3}}=\frac{\sqrt{15}}{4}$$

∠ABC＜90° より　∠ADC＞90°

⬅ ∠ABC＋∠ADC＝180°

よって

$$\cos\angle ADC=-\sqrt{1-\left(\frac{\sqrt{15}}{4}\right)^2}=\mathbf{-\frac{1}{4}}$$

AD＝CD＝x とおくと，余弦定理により

$$x^2+x^2-2\cdot x\cdot x\cdot\cos\angle ADC=(3\sqrt{5})^2$$

$$\therefore\ \frac{5}{2}x^2=45 \qquad \therefore\ x^2=18$$

$x>0$ より

$$x=3\sqrt{2} \qquad \therefore\ AD=\mathbf{3\sqrt{2}}$$

△ADC の面積は

$$\frac{1}{2}\cdot(3\sqrt{2})^2\sin\angle ADC=\mathbf{\frac{9\sqrt{15}}{4}}$$

STAGE 2　33　内接円

■53　内接円■

△ABC の内接円の中心を I とする。

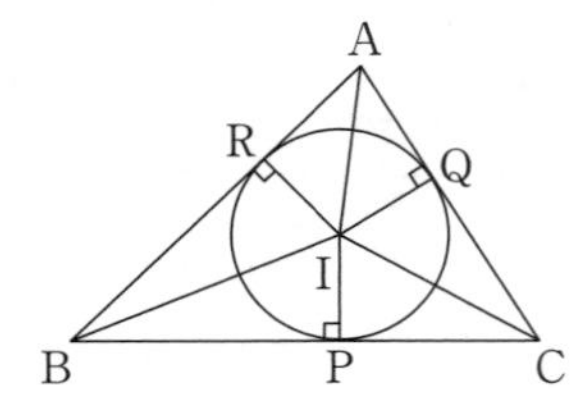

三角形の各辺と内接円との接点を P，Q，Rとすると

$$\begin{cases} AQ=AR \\ BP=BR \\ CP=CQ \end{cases}$$

が成り立つ。

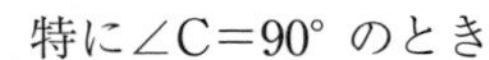

特に∠C＝90° のとき

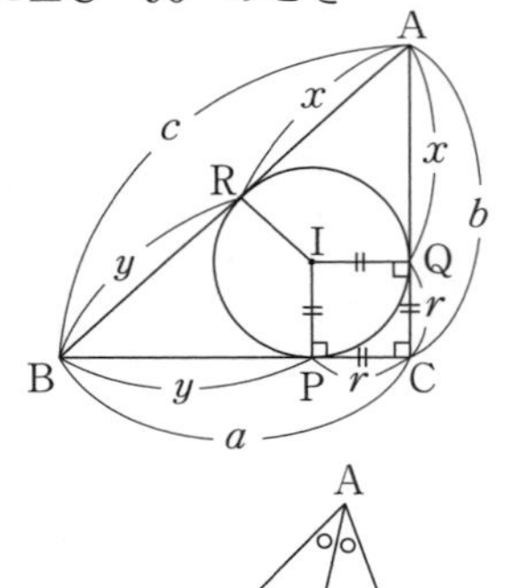

CP＝CQ＝r（内接円の半径）となり

$$\begin{cases} r+y=a \\ r+x=b \\ x+y=c \end{cases} \quad \text{から} \quad r=\frac{1}{2}(a+b-c)$$

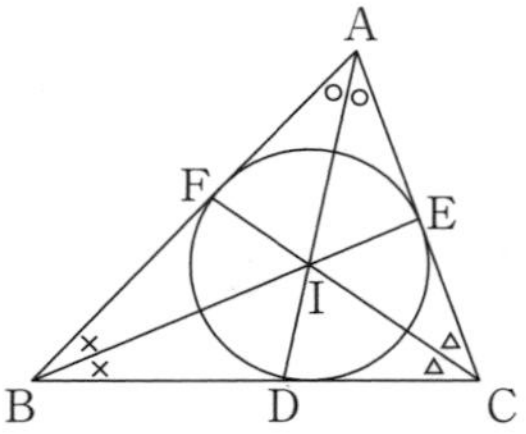

内心 I は 3 つの内角の二等分線の交点である。

$$\begin{cases} \angle BAD=\angle CAD \\ \angle CBE=\angle ABE \\ \angle ACF=\angle BCF \end{cases}$$

角の二等分線の性質から

BD：DC＝AB：AC

右図において，△API と△AQI は合同な三角形である。
したがって，AP＝AQ，∠PAI＝∠QAI となる。
また，内接円の中心(内心 I)が角の二等分線であることに注目すると，右図のような定理(■93 参照)を使うこともできる。

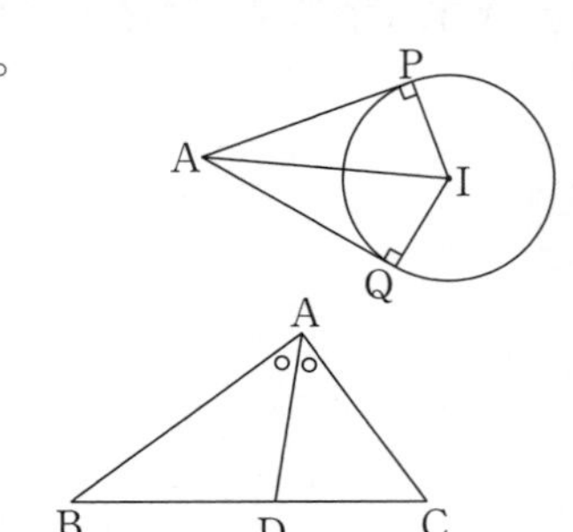

例題 53　6分・8点

△ABCをAB=3, BC=4, CA=5である直角三角形とする。△ABCの内接円の中心をOとし，円Oが3辺BC, CA, ABと接する点をそれぞれP, Q, Rとする。このとき，OP=OR=［ア］である。

また，$QR=\dfrac{［イ］\sqrt{［ウ］}}{［エ］}$であり，$\sin\angle QPR=\dfrac{［オ］\sqrt{［カ］}}{［キ］}$である。

解答

四角形ORBPは正方形になる。

内接円の半径をrとすると

$$BP=BR=r$$

であるから

$$AQ=AR=3-r$$
$$CQ=CP=4-r$$

AC=AQ+CQより

$$(3-r)+(4-r)=5$$

$$\therefore\ r=1\qquad \therefore\ OP=OR=\mathbf{1}$$

△ABCに注目して

$$\cos A=\frac{AB}{AC}=\frac{3}{5}$$

AQ=AR=2より，△AQRに余弦定理を用いて

$$QR^2=2^2+2^2-2\cdot2\cdot2\cos A$$
$$=\frac{16}{5}$$

$$\therefore\ QR=\frac{4}{\sqrt{5}}=\mathbf{\frac{4\sqrt{5}}{5}}$$

△PQRに正弦定理を用いると

$$2\cdot1=\frac{QR}{\sin\angle QPR}$$

$$\therefore\ \sin\angle QPR=\frac{QR}{2}=\frac{\frac{4}{5}\sqrt{5}}{2}=\mathbf{\frac{2\sqrt{5}}{5}}$$

⬅ ∠B=∠OPB
=∠ORB=90°
OP=ORより四角形OPBRは正方形。

⬅ △ABCの面積を利用して
$\frac{1}{2}(3+4+5)r=\frac{1}{2}\cdot3\cdot4$
から$r=1$を求めてもよい。

⬅ 円Oは△PQRの外接円。

STAGE 2 34 空間図形の解法

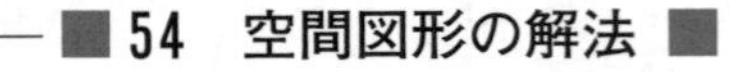

■ 54　空間図形の解法 ■

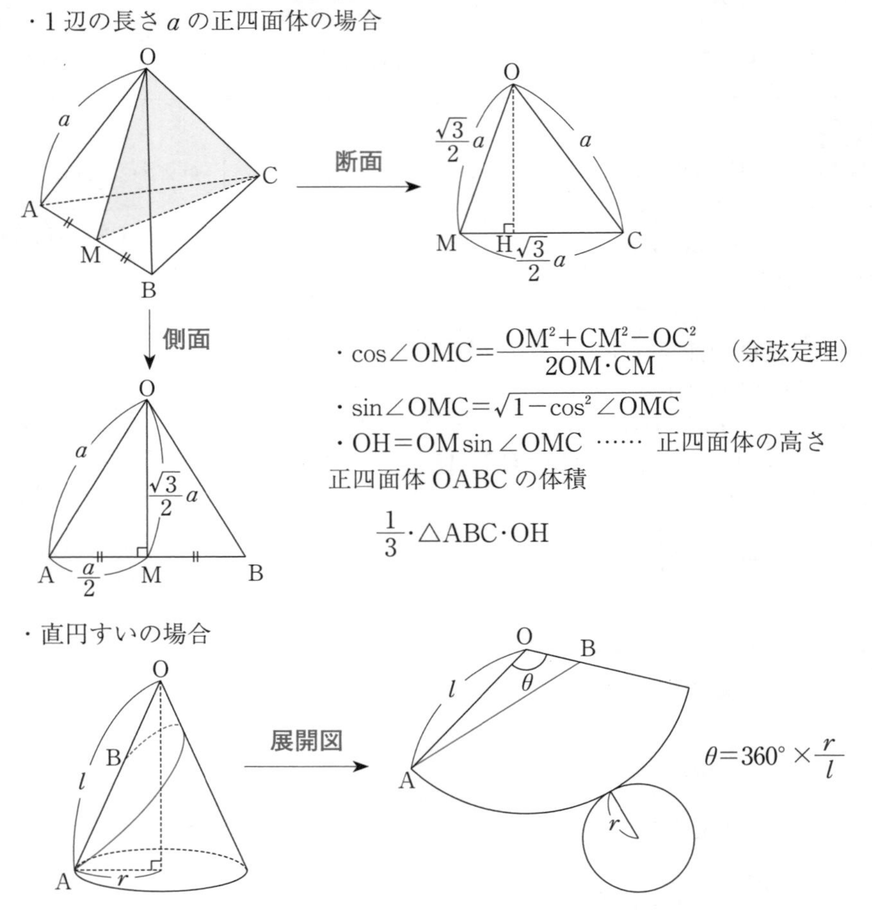

・$\cos\angle OMC=\dfrac{OM^2+CM^2-OC^2}{2OM\cdot CM}$　（余弦定理）

・$\sin\angle OMC=\sqrt{1-\cos^2\angle OMC}$

・$OH=OM\sin\angle OMC$ …… 正四面体の高さ

正四面体 OABC の体積

$\dfrac{1}{3}\cdot\triangle ABC\cdot OH$

$\theta=360°\times\dfrac{r}{l}$

側面上の A から B までの最短距離 $\Longrightarrow$ $AB^2=OA^2+OB^2-2OA\cdot OB\cos\theta$
（△OAB に余弦定理）

空間図形において，線分の長さ，体積，表面上の距離などを求める場合，側面や底面，または，断面や展開図などを描いて平面図形で考えることになる。

例題 54　**10 分・15 点**

　△ABC において，AB=4，BC=5，CA=$\sqrt{21}$ とする。このとき，∠ABC=［アイ］° であり，△ABC の面積は［ウ］$\sqrt{［エ］}$ である。

　△ABC の外接円の中心を O とすると，円 O の半径は $\sqrt{［オ］}$ である。△ABC を底面とする三角錐 PABC において，PO は点 P から底面 ABC に下ろした垂線であるとする。tan∠PAO=3 であるとき，PO=［カ］$\sqrt{［キ］}$ であり，三角錐 PABC の体積は［ク］$\sqrt{［ケコ］}$，△PAB の面積は［サ］$\sqrt{［シス］}$ である。

解答

余弦定理により

$$\cos\angle ABC=\frac{4^2+5^2-(\sqrt{21})^2}{2\cdot 4\cdot 5}=\frac{1}{2}$$

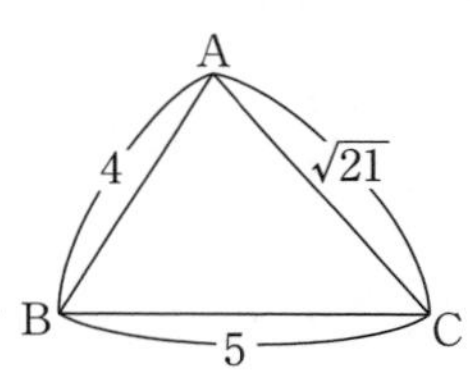

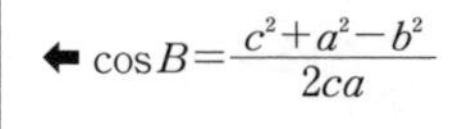

∴　∠ABC=**60°**

△ABC の面積は

$$\frac{1}{2}\cdot 4\cdot 5\cdot \sin 60^\circ=\mathbf{5\sqrt{3}}$$

⬅ $\cos 60^\circ=\frac{1}{2}$，$\sin 60^\circ=\frac{\sqrt{3}}{2}$

外接円の半径を R とすると，正弦定理により

$$R=\frac{\sqrt{21}}{2\sin 60^\circ}=\frac{\sqrt{21}}{\sqrt{3}}=\mathbf{\sqrt{7}}$$

△PAO は∠POA=90° の直角三角形であるから

$$PO=AO\tan\angle PAO=\mathbf{3\sqrt{7}}$$

⬅ AO=R

よって，三角錐 PABC の体積は

$$\frac{1}{3}\cdot 5\sqrt{3}\cdot 3\sqrt{7}=\mathbf{5\sqrt{21}}$$

⬅ $\frac{1}{3}\cdot$△ABC$\cdot$PO

△PBO と△PAO は合同であり

$$PA=PB=\sqrt{(\sqrt{7})^2+(3\sqrt{7})^2}=\sqrt{70}$$

⬅ PO共通
∠POA=∠POB(=90°)
OA=OB(=R)

であるから，点 P から辺 AB に下ろした垂線を PH とすると，三平方の定理により

$$PH=\sqrt{(\sqrt{70})^2-2^2}=\sqrt{66}$$

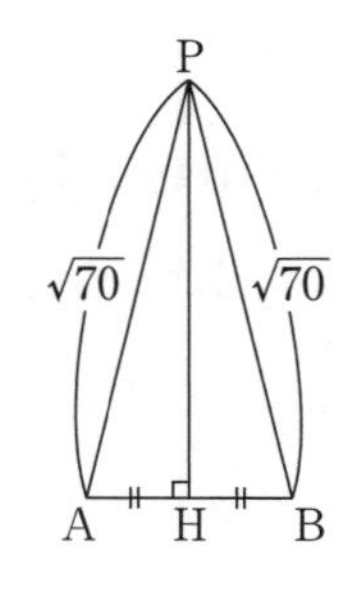

⬅ H は辺 AB の中点。

よって，△PAB の面積は

$$\frac{1}{2}\cdot 4\cdot\sqrt{66}=\mathbf{2\sqrt{66}}$$

STAGE 2　類　題

類題　50　（8分・12点）

$\triangle$ABC において，AB＝8，BC＝10，CA＝12 とする。このとき

$$\cos\angle ABC=\frac{\boxed{\text{ア}}}{\boxed{\text{イ}}},\quad \sin\angle ABC=\frac{\boxed{\text{ウ}}\sqrt{\boxed{\text{エ}}}}{\boxed{\text{オ}}}$$

であり，$\triangle$ABC の外接円の半径は $\dfrac{\boxed{\text{カキ}}\sqrt{\boxed{\text{ク}}}}{\boxed{\text{ケ}}}$ である。

また，$\triangle$ABC の面積は $\boxed{\text{コサ}}\sqrt{\boxed{\text{シ}}}$ であるから，内接円の半径は $\sqrt{\boxed{\text{ス}}}$ である。

類題　51　（6分・10点）

$\triangle$ABC において，AB＝$2\sqrt{3}$，AC＝3，$\sin C=\dfrac{1}{\sqrt{3}}$，AC＜BC とする。このとき，$\triangle$ABC の外接円の半径は $\boxed{\text{ア}}$ であり，$\angle$ABC＝$\boxed{\text{イウ}}^\circ$ である。

また，BC＝$\boxed{\text{エ}}+\sqrt{\boxed{\text{オ}}}$ であり，$\triangle$ABC の面積は

$$\frac{\boxed{\text{カ}}\sqrt{3}+\boxed{\text{キ}}\sqrt{\boxed{\text{ク}}}}{2}$$

である。

類題　52　（10分・12点）

$\triangle$ABC において，AB＝5，BC＝$2\sqrt{3}$，CA＝$4+\sqrt{3}$ とする。このとき，$\cos\angle BAC=\dfrac{\boxed{\text{ア}}}{\boxed{\text{イ}}}$ であり，$\triangle$ABC の面積は $\dfrac{\boxed{\text{ウエ}}+\boxed{\text{オ}}\sqrt{\boxed{\text{カ}}}}{2}$ である。

点 B を通り辺 CA に平行な直線と $\triangle$ABC の外接円との交点のうち，点 B と異なる点を D とするとき，AD＝$\boxed{\text{キ}}\sqrt{\boxed{\text{ク}}}$，$\cos\angle ABD=\dfrac{\boxed{\text{ケ}}}{\boxed{\text{コ}}}$ であるから，BD＝$\boxed{\text{サ}}-\sqrt{\boxed{\text{シ}}}$ である。

類題 53　（8分・10点）

△ABCにおいて，AB＝AC＝5，BC＝6 とする。△ABCの内接円をOとし，円Oが3辺AB，BC，CAと接する点をそれぞれP，Q，Rとする。このとき，BP＝［ア］，cos∠PBQ＝$\dfrac{\boxed{イ}}{\boxed{ウ}}$ であるから，PQ＝$\dfrac{\boxed{エ}\sqrt{\boxed{オ}}}{\boxed{カ}}$ である。

また，sin∠QPR＝$\dfrac{\boxed{キ}\sqrt{\boxed{ク}}}{\boxed{ケ}}$ である。

類題 54　（8分・8点）

右図のような直円錐があり，線分BCは底面の直径であり，AB＝AC＝6，BC＝4 である。

母線AB上に AD＝2 となる点Dをとり，点Bから点Dまで円錐の側面に沿って糸を1回転させて巻きつける。ただし，糸の長さは最短になるようにする。

このとき，糸の長さは ［ア］$\sqrt{\boxed{イウ}}$ である。円すいの側面において，糸で分けられる2つの部分のうち，点Aを含む側の面積は ［エ］$\sqrt{\boxed{オ}}$ である。また，糸と母線ACとの交点をEとすると，

AE＝$\dfrac{\boxed{カ}}{\boxed{キ}}$ である。

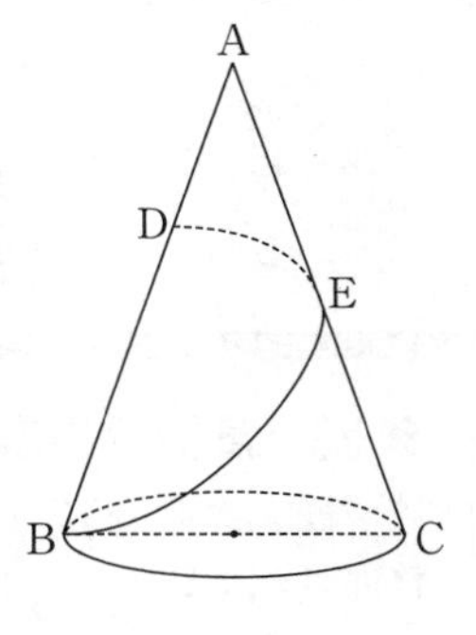

STAGE 1　35　代表値

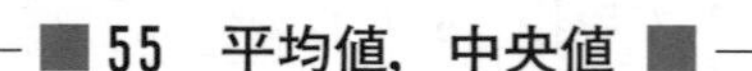

■ 55　平均値，中央値 ■

n 個のデータ x_1，x_2，……，x_n の**平均値** $\overline{x}$ は　$\overline{x}=\dfrac{1}{n}(x_1+x_2+\cdots\cdots+x_n)$

データを値の大きさの順に並べたとき，中央の位置にくる値を**中央値**(メジアン)という。データが偶数個の場合は，中央の 2 つの値の平均値をいう。

[5 個のデータ]

データ：40，64，38，72，62　　**平均値** ……　$\dfrac{40+64+38+72+62}{5}=55.2$

⇓ **大きさの順に並べる**

38，40，<u>62</u>，64，72

↑**中央値**

[6 個のデータ]

データ：68，42，71，48，68，66　　**平均値** ……　$\dfrac{68+42+71+48+68+66}{6}$

$=60.5$

⇓ **大きさの順に並べる**

42，48，<u>66</u>，<u>68</u>，68，71

$\dfrac{66+68}{2}=67$ …… **中央値**

■ 56　度数分布表，最頻値 ■

度数が最大であるデータの値を**最頻値**(モード)という。データが度数分布表に整理されているときは，度数が最大である階級の階級値をいう。

[30 人の通学時間]

階級（分） 以上～未満	階級値 （分）	度数 （人）
0～10	5	1
10～20	15	4
20～30	25	6
30～40	35	8
40～50	45	7
50～60	55	4
合計		30

[ヒストグラム]

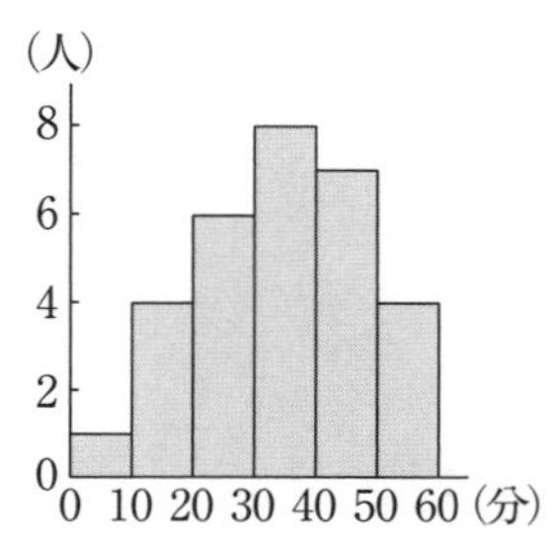

最頻値(モード) …… 35 分

例題 55　**2 分・4 点**

次のデータは，学生 10 人の 20 点満点の単語テストの結果である。

10，6，8，20，15，17，12，20，16，a

平均値が 14 点であるとき $a=$［アイ］である。また，中央値が 14 点のとき $a=$［ウエ］である。

解答

平均値が 14 点であるから

$$\frac{1}{10}(10+6+8+20+15+17+12+20+16+a)=14$$

$\therefore\ \ a=\mathbf{16}$

また，15 点以上が 5 人いることから，中央値が 14 点であるとき $12<a<15$ であって

$$\frac{a+15}{2}=14 \qquad \therefore\ \ a=\mathbf{13}$$

← 平均点からの差を計算してもよい。

← データを大きさの順に並べると
6，8，10，12，a，15，16，17，20，20

§5 1

例題 56　**3 分・6 点**

次の表は 20 人があるゲームをしたときの得点と人数をまとめたものである。

得点（点）	0	2	4	6	8	10	計
人数（人）	1	x	3	5	y	2	20

得点の平均値が 5.8 点のとき，$x=$［ア］，$y=$［イ］である。このとき，中央値は［ウ］であり，最頻値は［エ］である。

解答

$1+x+3+5+y+2=20$ より $x+y=9$ ……①

平均値は $\dfrac{0\cdot1+2x+4\cdot3+6\cdot5+8y+10\cdot2}{20}=5.8$

$\therefore\ \ x+4y=27$ ……②

①，②より　$x=\mathbf{3}$，$y=\mathbf{6}$

よって，得点の低い方から 10 番目と 11 番目はともに 6 点であるから

中央値は　**6**

最頻値は　**8**

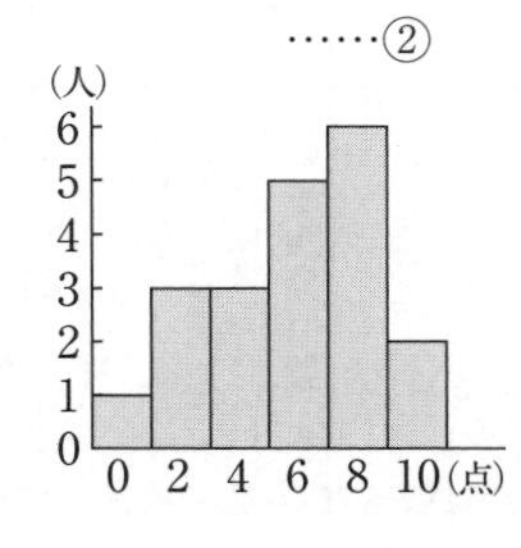

← 中央値は得点の低い方から 10 番目と 11 番目の平均値。

STAGE 1　36　四分位数と箱ひげ図

■57　四分位数■

データを値の大きさの順に並べたとき，4 等分する位置にくる値を**四分位数**という。値の小さい方から，**第 1 四分位数**（Q_1），**第 2 四分位数**（Q_2），**第 3 四分位数**（Q_3）という。第 2 四分位数は**中央値**である。

（例）　9 個のデータ 10，14，5，21，19，8，13，14，18 の場合

データを小さい方から順に並べる。

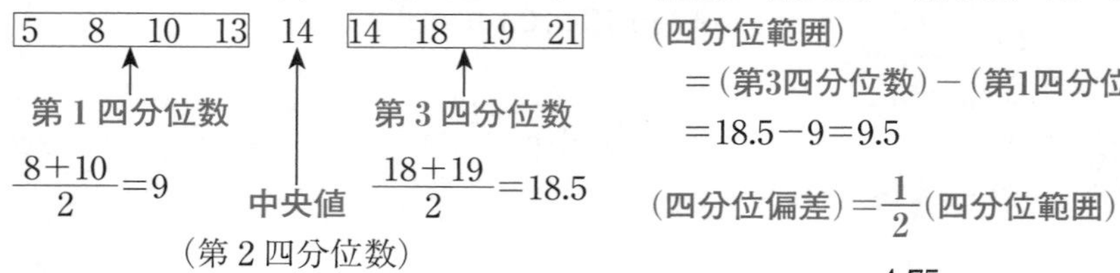

（範囲）＝**（最大値）**－**（最小値）**$=21-5=16$

（四分位範囲）

＝**（第3四分位数）**－**（第1四分位数）**

$=18.5-9=9.5$

（四分位偏差）$=\frac{1}{2}$**（四分位範囲）**

$=4.75$

（例）　6 個のデータ 11，14，5，13，8，10 の場合

データを小さい方から順に並べる。

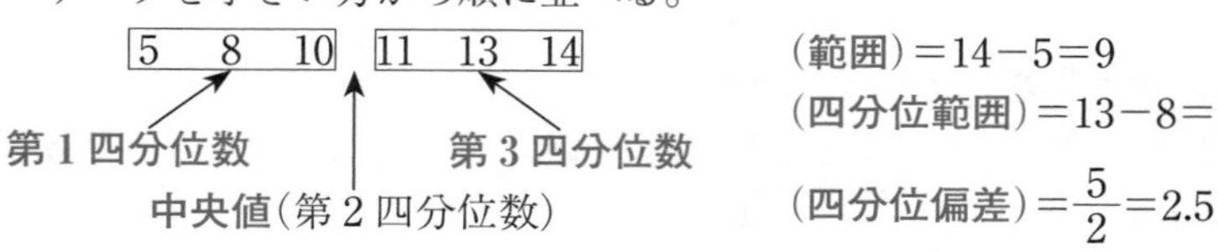

$\frac{10+11}{2}=10.5$

（範囲）$=14-5=9$

（四分位範囲）$=13-8=5$

（四分位偏差）$=\frac{5}{2}=2.5$

■58　箱ひげ図■

データの最小値，第 1 四分位数，中央値，第 3 四分位数，最大値を，箱と線（ひげ）で表したものを箱ひげ図という。

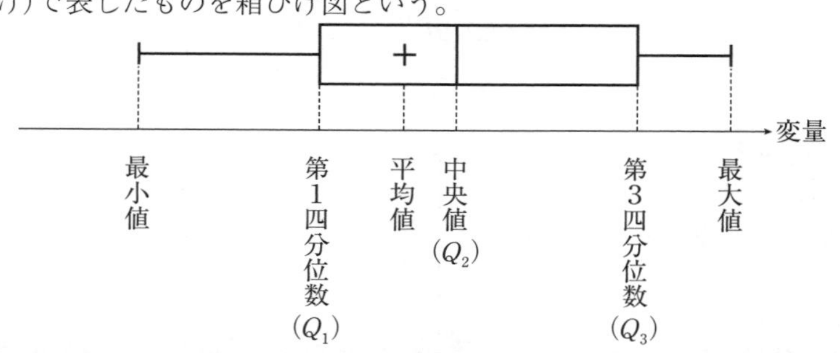

平均値を書き入れない場合もある。

例題 57　3 分・6 点

大きさの順に並べられた 10 個のデータ

12，15，a，24，b，29，32，36，c，41

がある。平均値が 27.5，中央値が 28，四分位範囲が 16 であるとき

$a=$ アイ ，$b=$ ウエ ，$c=$ オカ

である。

解答

データの個数が 10 個であるから，左から 5 番目と 6 番目のデータの平均値が中央値であり

$$\frac{b+29}{2}=28 \quad \therefore \quad b=\mathbf{27}$$

第 1 四分位数は a，第 3 四分位数は 36 であり，
四分位範囲が 16 であるから　$36-a=16$　$\therefore$　$a=\mathbf{20}$
平均値が 27.5 であるから

$$\frac{1}{10}(12+15+20+24+27+29+32+36+c+41)$$
$$=27.5 \quad \therefore \quad c=\mathbf{39}$$

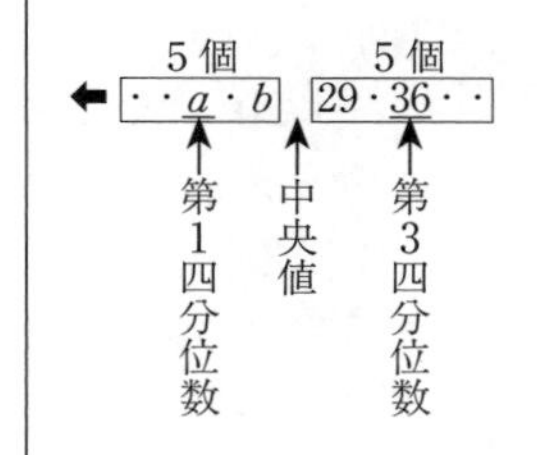

§5 1

例題 58　4 分・7 点

11 個のデータ x_1，x_2，……，x_{11} はすべて異なる整数であり，
$x_1<x_2<\cdots\cdots<x_{11}$ である。

この 11 個のデータの箱ひげ図が下図のようになったとする。

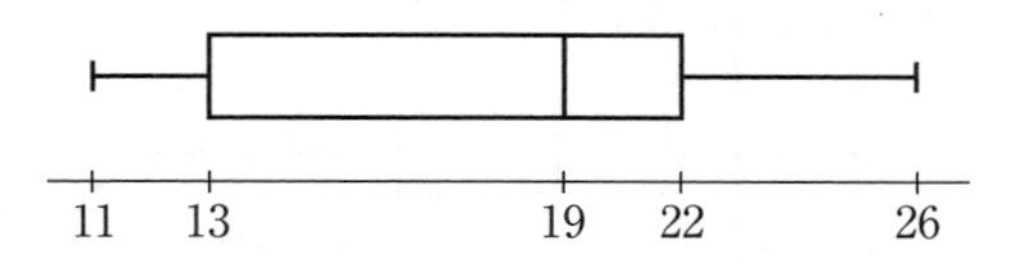

このとき，$x_1=$ アイ ，$x_3=$ ウエ ，$x_6=$ オカ ，$x_9=$ キク ，$x_{11}=$ ケコ
であり，x_{10} のとり得る値の最大値は サシ ，最小値は スセ である。

解答

x_1 は最小値　**11**，　x_3 は第 1 四分位数　**13**
x_6 は中央値　**19**，　x_9 は第 3 四分位数　**22**
x_{11} は最大値　**26**
$x_9<x_{10}<x_{11}$ より　x_{10} の最大値は **25**，最小値は **23**

← $x_2=12$
$14\leqq x_4<x_5\leqq 18$
$x_7=20$
$x_8=21$

STAGE 1　37　外れ値と箱ひげ図 

■59　外れ値■

データの中で，他の値から極端に離れた値がある場合，そのような値を**外れ値**という。次のような値を外れ値とする。

{(第1四分位数)−1.5×(四分位範囲)}以下の値

{(第3四分位数)+1.5×(四分位範囲)}以上の値

(例)　次の15個のデータを考える。

20，13，29，35，23，21，4，46，27，25，19，23，34，3，29

データを大きさの順に並べる。

3，4，13，⑲，20，21，23，㉓，25，27，29，㉙，34，35，46

このとき，四分位数は外れ値を含むすべてのデータで考える。

中央値(第2四分位数)　$Q_2=23$

第1四分位数　$Q_1=19$

第3四分位数　$Q_3=29$

四分位範囲　$Q_3-Q_1=29-19=10$

$Q_1-1.5(Q_3-Q_1)=19-1.5\times10=4$

$Q_3+1.5(Q_3-Q_1)=29+1.5\times10=44$

外れ値は，4以下の値3，4と44以上の値46の3個ある。

外れ値の基準はいくつかある。

■60　箱ひげ図■

上のデータの箱ひげ図は，次のようになる。

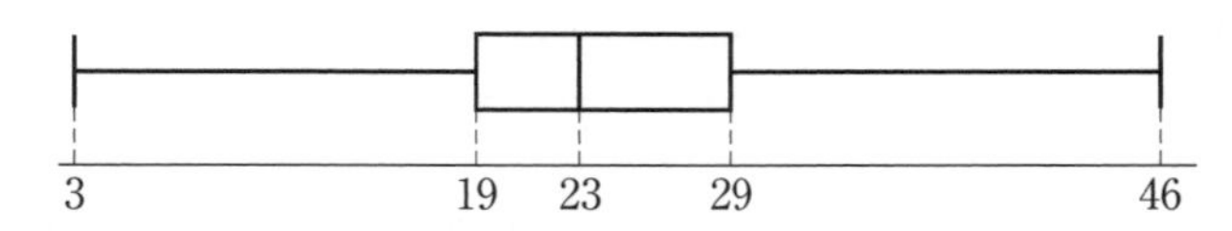

外れ値がある場合，外れ値を○で示すことがある。このとき，上のデータの箱ひげ図は，次のようになる。

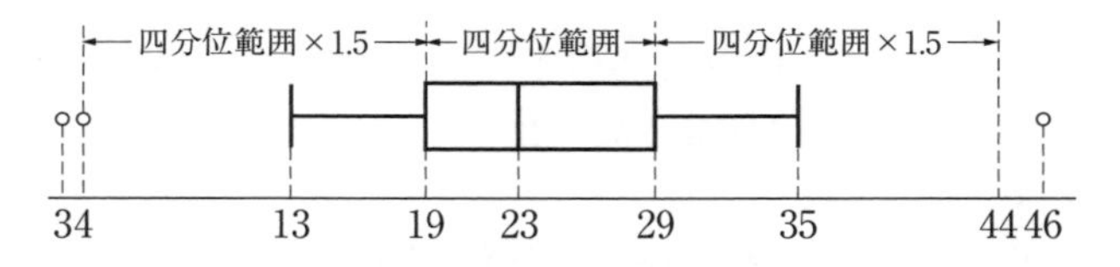

例題 59　3分・2点

次のような13個のデータがある。

16, 20, 24, 5, 15, 19, 22, 36, 3, 15, 18, 35, 22

このデータの外れ値は［ア］個ある。

解答　データを小さい順に並べると

3, 5, <u>15</u>, <u>15</u>, 16, 18, ⑲, 20, 22, <u>22</u>, <u>24</u>, 35, 36

中央値は19，第1四分位数(Q_1)は $\dfrac{15+15}{2}=15$,

第3四分位数(Q_3)は $\dfrac{22+24}{2}=23$ であるから

$$Q_1-1.5\times(Q_3-Q_1)=15-1.5\times8=3$$

$$Q_3+1.5\times(Q_3-Q_1)=23+1.5\times8=35$$

よって，外れ値は3，35，36の3個ある。

← Q_1 は小さい方から3番目と4番目の平均値。
← Q_3 は大きい方から3番目と4番目の平均値。
← 3以下の値と35以上の値。

例題 60　3分・3点

次のような14個のデータがある。

8, 11, 13, 3, 9, 11, 2, 18, 12, 1, 8, 17, 11, 10

外れ値を＊で示すとき，このデータの箱ひげ図は［ア］である。

［ア］については，最も適当なものを，次の⓪～④のうちから一つ選べ。

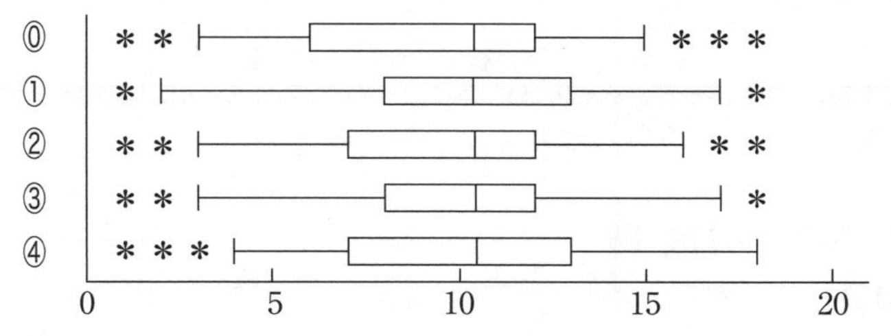

解答　データを小さい順に並べると

1, 2, 3, ⑧, 8, 9, <u>10</u>, <u>11</u>, 11, 11, ⑫, 13, 17, 18

中央値は $\dfrac{10+11}{2}=10.5$，第1四分位数(Q_1)は8,

第3四分位数(Q_3)は12であるから

$$Q_1-1.5\times(Q_3-Q_1)=8-1.5\times4=2$$

$$Q_3+1.5\times(Q_3-Q_1)=12+1.5\times4=18$$

よって，外れ値は1，2，18であり，箱ひげ図は　**③**

← Q_1 は小さい方から4番目の値。
← Q_3 は大きい方から4番目の値。
← 外れ値は2以下の値と18以上の値。

§5 1

STAGE 1　38　分散と標準偏差

■61　分散と標準偏差■

n 個のデータ：x_1，x_2，……，x_n について

平均値：$\overline{x}=\dfrac{1}{n}(x_1+x_2+\cdots\cdots+x_n)$

偏差：$x_1-\overline{x}$，$x_2-\overline{x}$，……，$x_n-\overline{x}$

分散：$s^2=\dfrac{1}{n}\{(x_1-\overline{x})^2+(x_2-\overline{x})^2+\cdots\cdots+(x_n-\overline{x})^2\}$ ……（偏差）^{2} の平均

$=\dfrac{1}{n}(x_1{}^2+x_2{}^2+\cdots\cdots+x_n{}^2)-(\overline{x})^2$ ……（2乗の平均）−（平均の2乗）

標準偏差：$s=\sqrt{\dfrac{1}{n}\{(x_1-\overline{x})^2+(x_2-\overline{x})^2+\cdots\cdots+(x_n-\overline{x})^2\}}$ …… $\sqrt{(分散)}$

（例）

得点	2	4	6	8	10	計
人数	1	5	9	3	2	20

⇓

偏差	−4	−2	0	2	4
(偏差)^2	16	4	0	4	16
人数	1	5	9	3	2

（平均値）$=\dfrac{1}{20}(2\cdot1+4\cdot5+6\cdot9+8\cdot3+10\cdot2)$
$=6$

（分散）＝（偏差）^{2}の平均
$=\dfrac{1}{20}(16\cdot1+4\cdot5+0\cdot9+4\cdot3+16\cdot2)=4$

（標準偏差）$=\sqrt{4}=2$

分散や標準偏差はデータの散らばりの度合いを表す。

■62　平均と分散■

（例）　（分散）＝（2乗の平均）−（平均の2乗）　（分散の計算は2通りある）

得点	2	4	6	8	10	計
人数	1	5	9	3	2	20

⇓

(得点)^2	4	16	36	64	100
人数	1	5	9	3	2

（平均値）$=\dfrac{1}{20}(2\cdot1+4\cdot5+6\cdot9+8\cdot3+10\cdot2)$
$=6$

（2乗の平均）$=\dfrac{1}{20}(4\cdot1+16\cdot5+36\cdot9+64\cdot3+100\cdot2)$
$=40$

（分散）＝（2乗の平均）−（平均の2乗）$=40-6^2=4$

（標準偏差）$=\sqrt{4}=2$

例題 61　**3 分・6 点**

次のデータは，学生 6 人のテストの結果である。

11，18，14，12，20，9

平均値は ［アイ］ であり，分散は ［ウエ］ である。その後，採点にミスがあることがわかり，18 点は 17 点，9 点は 10 点であった。このとき，標準偏差はミスがわかる前と比較すると ［オ］。

［オ］ の解答群

⓪ 増加する　① 減少する　② 変化しない

解答

平均値は $\frac{1}{6}(11+18+14+12+20+9)=\mathbf{14}$

偏差はそれぞれ -3，4，0，-2，6，-5 であるから

← 平均値を引く。

分散は $\frac{1}{6}\{(-3)^2+4^2+0^2+(-2)^2+6^2+(-5)^2\}=\mathbf{15}$

18 点が 17 点，9 点が 10 点になるとデータの散らばりは小さくなるから，標準偏差は減少する（**①**）。

← 標準偏差はミスがわかる前が $\sqrt{15}$
わかった後は
$\sqrt{\frac{37}{3}}\ (<\sqrt{15})$

例題 62　**3 分・6 点**

右の度数分布表は 10 人のテストの結果である。

点数の平均値が 3.4 であるとき，$a=$［ア］，$b=$［イ］ であり，標準偏差は ［ウ］.［エ］ である。

点数	0	2	4	6
人数	1	a	b	2

解答

人数は 10 人であるから　$1+a+b+2=10$　$\therefore\ a+b=7$

平均値が 3.4 であるから　$0\cdot1+2a+4b+6\cdot2=3.4\cdot10$

$\therefore\ a+2b=11$

よって　$\mathbf{a=3}$，$\mathbf{b=4}$

点数の 2 乗の平均は　$\frac{1}{10}(0^2+2^2\cdot3+4^2\cdot4+6^2\cdot2)=14.8$

よって，標準偏差は

$\sqrt{14.8-3.4^2}=\sqrt{3.24}=\mathbf{1.8}$

← $\sqrt{(2乗の平均)-(平均)^2}$

STAGE 1　39　散布図と相関係数

■63　散布図■

2つの変量の間の関係を見やすくするために座標上の点で表した図。

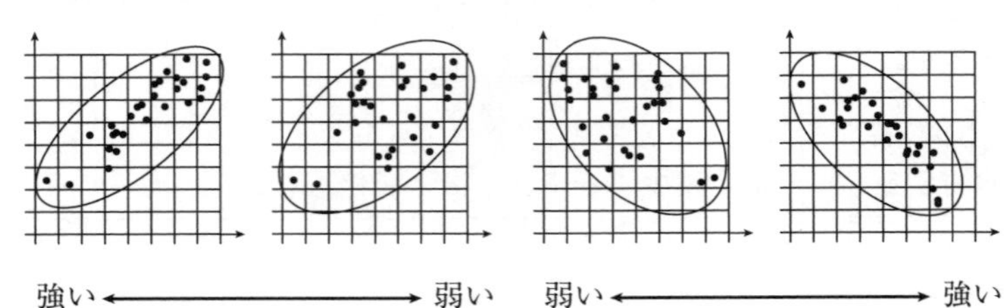

■64　相関係数■

2つの変量 x, y のデータを $(x_1,\ y_1)$，$(x_2,\ y_2)$，……，$(x_n,\ y_n)$ とする。x，y の平均値を $\overline{x}$，$\overline{y}$ として

共分散　$s_{xy}=\dfrac{1}{n}\{(x_1-\overline{x})(y_1-\overline{y})+(x_2-\overline{x})(y_2-\overline{y})+\cdots\cdots+(x_n-\overline{x})(y_n-\overline{y})\}$ …… 偏差の積の平均値

x，y の標準偏差 s_x，s_y とすると

$$s_x=\sqrt{\frac{1}{n}\{(x_1-\overline{x})^2+(x_2-\overline{x})^2+\cdots\cdots+(x_n-\overline{x})^2\}}$$

$$s_y=\sqrt{\frac{1}{n}\{(y_1-\overline{y})^2+(y_2-\overline{y})^2+\cdots\cdots+(y_n-\overline{y})^2\}}$$

相関係数　$r=\dfrac{s_{xy}}{s_xs_y}$

$-1\leqq r\leqq 1$ であり

r が1に近い　…… 強い正の相関関係がある

r が-1に近い …… 強い負の相関関係がある

相関係数の計算において，分子，分母を n 倍して

$$r=\frac{(x_1-\overline{x})(y_1-\overline{y})+(x_2-\overline{x})(y_2-\overline{y})+\cdots\cdots+(x_n-\overline{x})(y_n-\overline{y})}{\sqrt{(x_1-\overline{x})^2+(x_2-\overline{x})^2+\cdots\cdots+(x_n-\overline{x})^2}\sqrt{(y_1-\overline{y})^2+(y_2-\overline{y})^2+\cdots\cdots+(y_n-\overline{y})^2}}$$

で求めることもできる。

例題 63　3分・6点

右の表は同じ種類の5本の木の太さ x(cm) と高さ y(m) を測定した結果と散布図である。

x	31	29	25	34	26
y	16	a	10	b	12

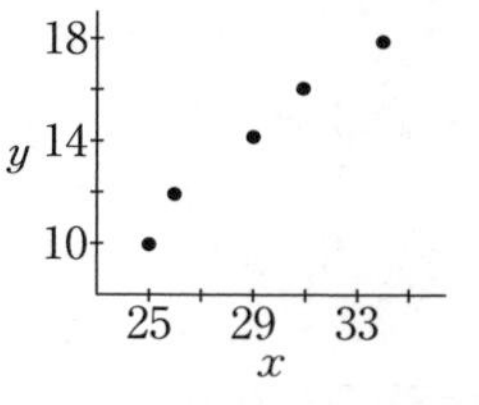

$a=$［アイ］，$b=$［ウエ］

であり，変量 x と変量 y の間には［オ］の相関関係がある。

［オ］の解答群

⓪ 強い正　① 弱い正

② 強い負　③ 弱い負

解答　散布図から

$a=\mathbf{14}$，$b=\mathbf{18}$

x と y の間には，強い正の相関関係がある（⓪）。

← 各点の x，y の値は，左下から
(25, 10)，(26, 12)，(29, 14)，(31, 16)，(34, 18)
← $r=0.98\cdots$ となる。

例題 64　4分・6点

次の表は2つの変量 x，y のデータと平均値 $\overline{x}$，$\overline{y}$ についてまとめたものである。

番号	x	y	$x-\overline{x}$	$y-\overline{y}$	$(x-\overline{x})^2$	$(y-\overline{y})^2$	$(x-\overline{x})(y-\overline{y})$
1	2	2	−2	0	4	0	0
2	7	1	3	−1	9	1	−3
3	4	3	0	1	0	1	0
4	5	1	1	−1	1	1	−1
5	2	3	−2	1	4	1	−2
平均値	4	2	0	0	3.6	0.8	A

共分散Aの値は［アイ］.［ウ］である。また，相関係数 r を小数第1位まで求めると $r=$［エオ］.［カ］である。ただし，$\sqrt{2}=1.4$ とする。

解答

共分散Aの値は　$\frac{1}{5}(0-3+0-1-2)=\mathbf{-1.2}$

← 共分散 s_{xy} は偏差の積の平均。

相関係数は　$\frac{-1.2}{\sqrt{3.6}\sqrt{0.8}}=\frac{-1.2}{1.2\sqrt{2}}$

$=-\frac{1}{\sqrt{2}}=-\frac{\sqrt{2}}{2}=-\frac{1.4}{2}=\mathbf{-0.7}$

← 相関係数 $r=\frac{s_{xy}}{s_x s_y}$

STAGE 1　40　変量の変換

■65　平均値・分散・標準偏差■

変量 x のデータの平均値を $\overline{x}$，分散を $s_x{}^2$，標準偏差を s_x とする。
変量 y を

$$y=ax+b \quad (a \neq 0) \qquad \cdots\cdots(*)$$

で定め，y のデータの平均値を $\overline{y}$，分散を $s_y{}^2$，標準偏差を s_y とすると

$$\overline{y}=a\overline{x}+b,\ s_y{}^2=a^2s_x{}^2,\ s_y=|a|s_x$$

変量 x，y の n 個のデータを

$$y_1=ax_1+b,\ y_2=ax_2+b,\ \cdots\cdots,\ y_n=ax_n+b$$

とすると

$$\overline{y}=\frac{1}{n}(y_1+y_2+\cdots\cdots+y_n)=\frac{1}{n}\{a(x_1+x_2+\cdots\cdots+x_n)+nb\}=a\overline{x}+b$$

$$s_y{}^2=\frac{1}{n}\{(y_1-\overline{y})^2+(y_2-\overline{y})^2+\cdots\cdots+(y_n-\overline{y})^2\}$$

$$=\frac{1}{n}\{(ax_1-a\overline{x})^2+(ax_2-a\overline{x})^2+\cdots\cdots+(ax_n-a\overline{x})^2\}=a^2s_x{}^2$$

■66　共分散・相関係数■

変量 x と z の共分散を s_{xz}，相関係数を r_{xz} とする。
変量 y を(＊)で定めるとき

y と z の共分散　$s_{yz}=as_{xz}$

y と z の相関係数　$r_{yz}=\dfrac{a}{|a|}r_{xz}$

変数 x，z のデータを

$$(x_1,\ z_1),\ (x_2,\ z_2),\ \cdots\cdots,\ (x_n,\ z_n)$$

とする。

$$s_{yz}=\frac{1}{n}\{(y_1-\overline{y})(z_1-\overline{z})+(y_2-\overline{y})(z_2-\overline{z})+\cdots\cdots+(y_n-\overline{y})(z_n-\overline{z})\}$$

$$=\frac{1}{n}\cdot a\{(x_1-\overline{x})(z_1-\overline{z})+(x_2-\overline{x})(z_2-\overline{z})+\cdots\cdots+(x_n-\overline{x})(z_n-\overline{z})\}=as_{xz}$$

$$r_{yz}=\frac{s_{yz}}{s_ys_z}=\frac{as_{xz}}{|a|s_xs_z}=\frac{a}{|a|}\cdot\frac{s_{xz}}{s_xs_z}=\frac{a}{|a|}r_{xz}$$

例題 65　**2 分・6 点**

ある都市の最高気温のデータがある。この都市では，温度の単位として摂氏(℃)と華氏(°F)が使われている。華氏での温度は摂氏での温度を $\frac{9}{5}$ 倍し，32 を加えると得られる。

この都市の最高気温について，摂氏での平均値を X，華氏での平均値を Y とすると，$Y=$ [ア] $X+$ [イ] である。摂氏での標準偏差を U，華氏での標準偏差を V とすると，$V=$ [ウ] U である。

[ア] ～ [ウ] の解答群(同じものを繰り返し選んでもよい。)

⓪　32　①　64　②　$\frac{5}{9}$　③　$\frac{9}{5}$　④　$\frac{25}{81}$　⑤　$\frac{81}{25}$

解答

摂氏，華氏を単位とする最高気温を，それぞれ x，y とすると $y=\frac{9}{5}x+32$ であるから

平均値について　……　$Y=\frac{9}{5}X+32$　(**③**，**⓪**)

標準偏差について　……　$V=\frac{9}{5}U$　(**③**)

例題 66　**2 分・6 点**

スキージャンプは，飛距離 D(m)から得点 X が決まり，空中姿勢から得点 Y が決まる。得点 X は，飛距離 D から次の計算式によって算出される。

$$X=1.80\times(D-125.0)+60.0$$

・X の分散は，D の分散の [ア] 倍である。
・X と Y の共分散は，D と Y の共分散の [イ] 倍である。
・X と Y の相関係数は，D と Y の相関係数の [ウ] 倍である。

[ア] ～ [ウ] の解答群(同じものを繰り返し選んでもよい。)

⓪　-125　①　-1.80　②　1　③　1.80
④　3.24　⑤　3.60　⑥　60.0

解答

X の分散は，D の分散の $1.80^2=3.24$ 倍になる。　(**④**)
X と Y の共分散は，D と Y の共分散の 1.80 倍になる。　(**③**)
X と Y の相関係数は，D と Y の相関係数に等しい。(**②**)

STAGE 1 類 題

類題 55 (4分・8点)

次のデータは，10人の10点満点のテストの結果であり，平均値は7点であった。

10，4，8，6，8，5，9，7，6，a

このとき，a=[ア] であり，中央値は [イ].[ウ] 点である。

さらに，別の5人が同じテストを受け，次の結果を得た。

6，9，6，3，5

合計15人の平均値は [エ].[オ] 点であり，中央値は [カ].[キ] 点である。

類題 56 (4分・10点)

次の表は，生徒40人の10点満点のテストの結果をまとめたものである。

得点（点）	5	6	7	8	9	10	計
人数（人）	x	3	5	10	y	8	40

(1) 得点の最頻値が9点のみであるとき，xが取り得る最も大きい値は x=[ア] であり，このとき y=[イウ] であるから，中央値は [エ].[オ] 点である。

(2) 得点の中央値が8.5点であるとき x=[カ]，y=[キク] であり，このとき，平均値は [ケ].[コ] 点である。

類題 57 (3分・6点)

大きさの順に並べた9個のデータがある。

20，25，a，32，b，40，c，51，56

平均値と中央値がともに37，四分位偏差が10のとき

a=[アイ]，　b=[ウエ]，　c=[オカ]

である。

類題　58　　（4分・8点）

次の表は，ある年の三つの都市の各月の平均気温のデータである。

月	1	2	3	4	5	6	7	8	9	10	11	12	平均値
東京　（℃）	4.7	5.4	8.4	13.9	18.4	21.5	25.2	26.7	22.9	17.3	12.3	7.4	15.3
ロンドン（℃）	3.6	4.1	5.6	7.9	11.1	14.3	16.1	15.9	13.7	10.7	6.4	4.4	9.5
シドニー（℃）	22.3	22.4	21.5	18.9	15.6	13.4	12.4	13.4	15.3	17.7	19.6	21.5	17.8

東京の第1四分位数は［ア］.［イ］℃，中央値は［ウエ］.［オ］℃，第3四分位数は［カキ］.［ク］℃である。

三つの都市のデータの箱ひげ図は次のようになった。次の⓪～②のうち，東京の箱ひげ図は［ケ］である。

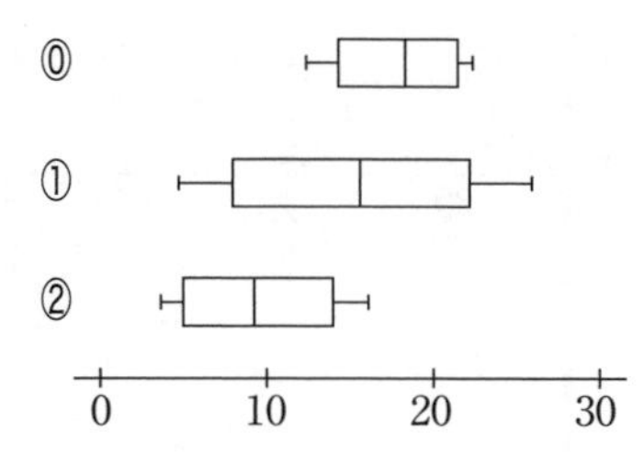

三つの都市のうち，中央値が一番大きいのは［コ］であり，四分位範囲が最も大きいのは［サ］，中央値が平均値より小さいのは［シ］である。

［コ］～［シ］の解答群(同じものを繰り返し選んでもよい。)

⓪　東京　　①　ロンドン　　②　シドニー

類題　59　　（3分・6点）

次のデータは，ある店における20日間のコーヒーの売り上げ数である。

86，84，83，75，66，63，62，59，58，56，
56，54，54，54，53，52，49，46，43，40

このデータにおいて，中央値は［アイ］.［ウ］，四分位範囲は［エオ］.［カ］であり，外れ値は［キ］である。

［キ］の解答群

⓪　40　　①　40，43　　②　40，86　　③　40，84，86
④　86　　⑤　84，86　　⑥　83，84，86　　⑦　40，83，84，86

§5 1

類題 60　　(3分・4点)

次のデータは，ある店における19日間のメロンパンの売り上げ数である。

10, 18, 20, 27, 33, 34, 34, 35, 37, 41,

42, 43, 44, 44, 46, 47, 52, 65, 67

このデータにおいて，外れ値は [ア] 個ある。また，このデータの箱ひげ図は [イ] である。ただし，外れ値を＊で示している。

[イ] については，最も適当なものを，次の⓪～④のうちから一つ選べ。

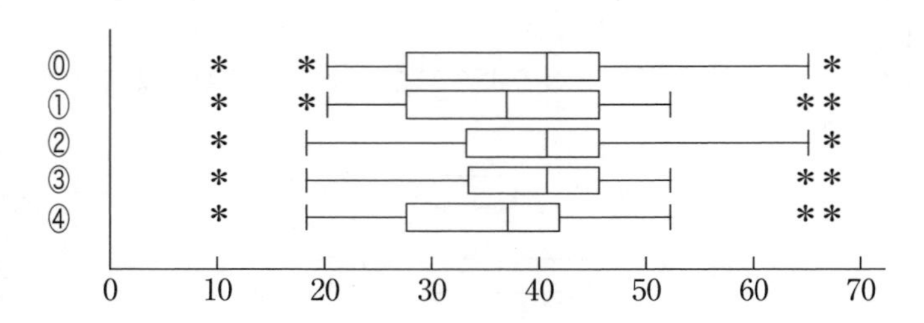

類題 61　　(3分・6点)

次のデータは，ある商品の5日間の販売数(個)である。

1日目	2日目	3日目	4日目	5日目
50	70	40	30	10

平均値は [アイ], 分散は [ウエオ] である。次の6日目に40個の販売があった。このとき，6日目を加えた6日間の標準偏差は最初の5日間の標準偏差と比べて [カ]。

[カ] の解答群

⓪　増加する　　①　減少する　　②　変化しない

類題　62　　（4分・8点）

右の表は，学生10人の単語テストの得点をまとめたものである。表のf，xfの合計を利用すると

$a=$ ア ，$b=$ イ

であるから，$c=$ ウエオ である。よって，10人の得点の平均値は カ . キ であり，標準偏差は ク . ケ である。

点（x）	人数（f）	xf	x^2f
2	a		
4	3	12	48
6	b		
8	2	16	128
計	10	54	c

類題　63　　（2分・6点）

次のデータは，10人の英語と数学のテストの結果である。

	1	2	3	4	5	6	7	8	9	10
英語	40	68	72	40	82	70	55	72	58	60
数学	36	52	63	58	80	48	70	42	76	42

英語と数学の得点の散布図は ア である。

このとき，英語と数学の得点の相関係数は イ である。

ア については，最も適当なものを，次の⓪～③のうちから一つ選べ。

⓪

数学

英語

①

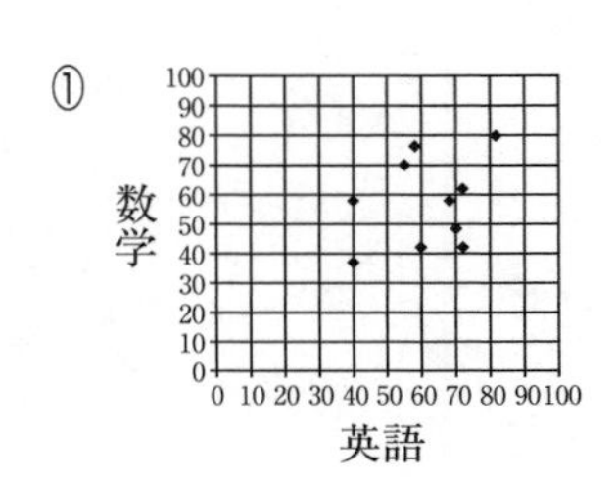

②

数学

英語

③

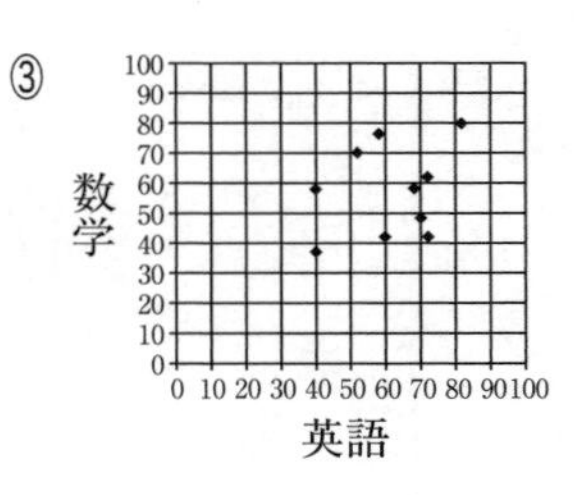

イ については，最も適当なものを，次の⓪～④のうちから一つ選べ。

⓪　-0.9　　①　-0.3　　②　0　　③　0.3　　④　0.9

類題 64　(4分・12点)

次の表は，8人の2回のテストの結果 x，y と，平均値 $\overline{x}$，$\overline{y}$ についてまとめたものである。

	x	y	$x-\overline{x}$	$y-\overline{y}$	$(x-\overline{x})^2$	$(y-\overline{y})^2$	$(x-\overline{x})(y-\overline{y})$
1	38	34	5	-2	25	4	-10
2	18	32	-15	-4	225	16	60
3	38	44	5	8	25	64	40
4	32	36	-1	0	1	0	0
5	26	30	-7	-6	49	36	42
6	42	44	9	8	81	64	72
7	28	32	-5	-4	25	16	20
8	42	36	9	0	81	0	0
合計	264	288	0	0	512	200	224

x の平均値 $\overline{x}$ は [アイ]，y の平均値 $\overline{y}$ は [ウエ] であり，x の標準偏差 s_x は [オ]，y の標準偏差 s_y は [カ]，x と y の共分散 s_{xy} は [キク] である。

したがって，x と y の相関係数 r は

$$r=\frac{s_{xy}}{s_x s_y}=\boxed{ケ}.\boxed{コ}$$

である。

類題　65　（2分・6点）

n 個の数値 x_1, x_2, ……, x_n $(n \geqq 2)$ からなるデータ X の平均値を $\overline{x}$, 分散を s^2 $(s>0)$, 標準偏差を s とする。各 x_i に対して

$$x_i' = \frac{x_i - \overline{x}}{s} \quad (i=1,\ 2,\ \cdots\cdots,\ n)$$

と変換した x_1', x_2', ……, x_n' をデータ X' とする。

・X の偏差 $x_1-\overline{x}$, $x_2-\overline{x}$, ……, $x_n-\overline{x}$ の平均値は [ア] である。

・X' の平均値は [イ] である。

・X' の標準偏差は [ウ] である。

[ア] ～ [ウ] の解答群(同じものを繰り返し選んでもよい。)

⓪ 0　① 1　② -1　③ $\overline{x}$　④ s

⑤ $\dfrac{1}{s}$　⑥ s^2　⑦ $\dfrac{1}{s^2}$　⑧ $\dfrac{\overline{x}}{s}$

類題　66　（2分・4点）

変量 X, Y から X', Y' を次の式によって定義する。

$$X' = aX + b,\quad Y' = cY + d$$

ただし, a, b, c, d は定数であり, $ac \neq 0$ とする。

・X' と Y' の共分散は, X と Y の共分散の [ア] 倍である。

・X' と Y' の相関係数は, X と Y の相関係数の [イ] 倍である。

[ア], [イ] の解答群

⓪ 1　① a　② a^2　③ ac　④ $\dfrac{ac}{|ac|}$

⑤ b　⑥ b^2　⑦ bd　⑧ $|bd|$

STAGE 2 41 ヒストグラムと箱ひげ図

■67 ヒストグラムと箱ひげ図■

ヒストグラムの山の位置と，箱ひげ図の箱の位置がほぼ対応している。
ヒストグラムの山のすその部分が，箱ひげ図のひげに対応している。

(1) データが右に偏っている場合

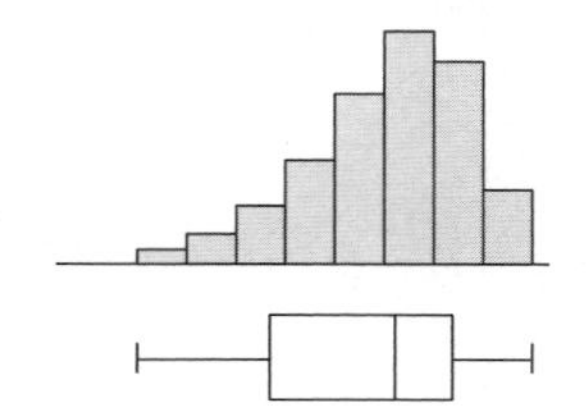

(平均値)＜(中央値)

(2) データが左に偏っている場合

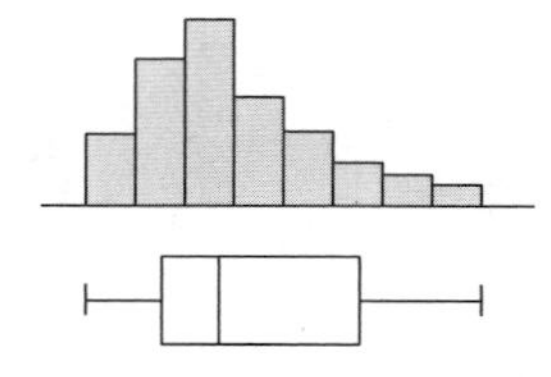

(平均値)＞(中央値)

(3) データが偏っていない場合

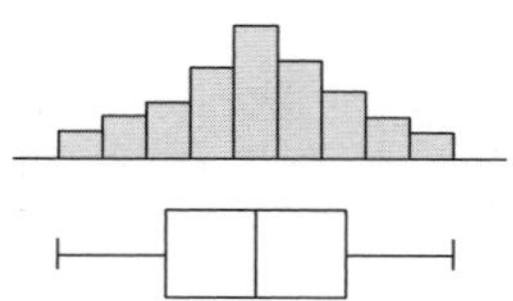

最頻値が中央値と近い場合

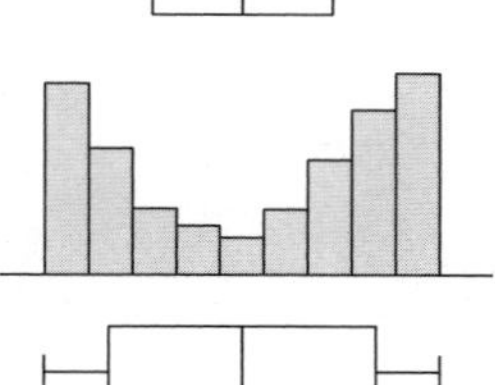

最頻値が中央値と遠い場合
四分位範囲は広くなる。

(注) ヒストグラムの形状が対称であれば，箱ひげ図も中央値を中心に対称になる。ヒストグラムが偏っていれば，偏っている方向とは逆方向にひげが長くなる。

例題 67　**3 分・4 点**

四つの組で 100 点満点のテストを行い，各組の成績は次のようになった。

組	人数	平均値	中央値	標準偏差
A	20	54.0	49.0	20.0
B	30	64.0	70.0	15.0
C	30	70.0	72.0	10.0
D	20	60.0	63.0	24.0

各組の点数に基づいたヒストグラム，箱ひげ図は次のいずれかである。

C 組のヒストグラムは [ア]，箱ひげ図は [イ] である。

D 組のヒストグラムは [ウ]，箱ひげ図は [エ] である。

[ア] ～ [エ] については，最も適当なものを，次の⓪～⑦のうちから一つずつ選べ。

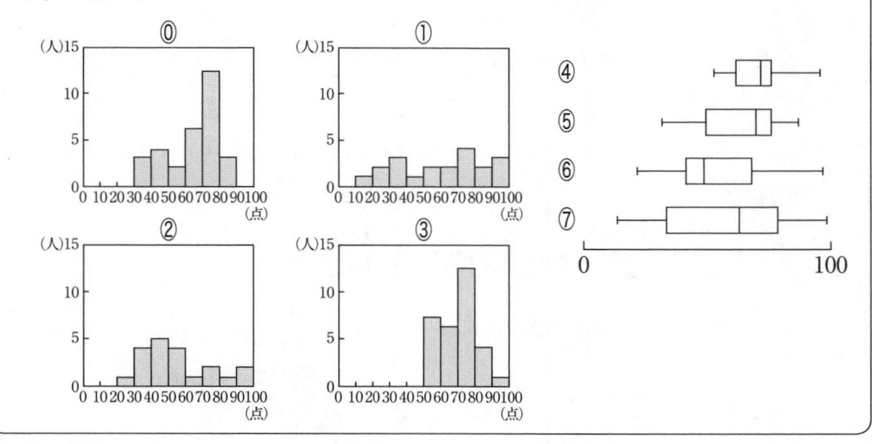

解答

・ヒストグラムについて

各組の人数を考えると

人数　20 人 …… ①，②　　30 人 …… ⓪，③

⓪と③では平均値，中央値ともに③の方が大きく，データの散らばりが小さい。

①と②では平均値，中央値ともに①の方が大きい。

・箱ひげ図について

中央値の小さい方から　⑥，⑦，⑤，④

よって　C 組のヒストグラム …… **③**，箱ひげ図 …… **④**

D 組のヒストグラム …… **①**，箱ひげ図 …… **⑦**

	ヒストグラム	箱ひげ図
A	②	⑥
B	⓪	⑤

STAGE 2　42　データの相関

■68　分散，標準偏差，共分散，相関係数の求め方■

（例）　2つの変量 x，y のデータが与えられる。

$(x,\ y)=(36,\ 48),\ (51,\ 46),\ (57,\ 71),\ (32,\ 65),\ (34,\ 50)$

⇓　表にまとめる

番号	x	y	$x-\overline{x}$	$(x-\overline{x})^2$	$y-\overline{y}$	$(y-\overline{y})^2$	$(x-\overline{x})(y-\overline{y})$
1	36	48	−6	36	−8	64	48
2	51	46	9	81	−10	100	−90
3	57	71	15	225	15	225	225
4	32	65	−10	100	9	81	−90
5	34	50	−8	64	−6	36	48
合計	210	280	0	506	0	506	141
平均値	42	56	0	101.2	0	101.2	28.2

↑ $\overline{x}$　↑ $\overline{y}$　↑ x の分散 (s_x)　↑ y の分散 (s_y)　↑ x と y の共分散 (s_{xy})

相関係数 r は

$$r=\frac{s_{xy}}{\sqrt{s_x}\sqrt{s_y}}=\frac{28.2}{\sqrt{101.2}\sqrt{101.2}}=\frac{28.2}{101.2}$$

$$=0.278\cdots\fallingdotseq 0.28 \Longleftarrow \frac{141}{\sqrt{506}\sqrt{506}}$$ で求めてもよい。

上のデータにもう一つのデータ $(x,\ y)=(42,\ 56)$ を加えると（平均値と同じ値）

番号	x	y	$x-\overline{x}$	$(x-\overline{x})^2$	$y-\overline{y}$	$(y-\overline{y})^2$	$(x-\overline{x})(y-\overline{y})$
⋮	⋮	⋮	⋮	⋮	⋮	⋮	⋮
6	42	56	0	0	0	0	0
合計	252	336	0	506	0	506	141
平均値	42	56	0	84.3⋯	0	84.3⋯	23.5

$\overline{x}$，$\overline{y}$ は変化しない　分散は減少する　共分散は減少する

相関係数は $\dfrac{23.5}{\sqrt{84.3\cdots}\sqrt{84.3\cdots}}=\dfrac{141}{\sqrt{506}\sqrt{506}}=0.278\cdots\fallingdotseq 0.28$ で変化しない。

例題 68　**6分・8点**

右の表はあるクラス10人について，漢字の「読み」と「書き取り」の得点である。「読み」の得点の標準偏差Aの値は［アイ］.［ウ］点，「書き取り」の得点の標準偏差Bの値は［エ］.［オ］点であり，「読み」の得点と「書き取り」の得点の相関係数 r の値は［カ］を満たす。

番号	読み（点）	書き取り（点）
1	67	72
2	42	62
3	59	64
4	68	76
5	49	60
6	53	65
7	77	64
8	48	52
9	77	70
10	40	55
平均値	58.0	64.0
標準偏差	A	B

［カ］の解答群

⓪　$-0.8 \leqq r \leqq -0.6$
①　$-0.3 \leqq r \leqq -0.1$
②　$0.1 \leqq r \leqq 0.3$
③　$0.6 \leqq r \leqq 0.8$

解答

読みの得点を x，書き取りの得点を y，その平均値をそれぞれ $\overline{x}$，$\overline{y}$ とすると

番号	x	y	$x-\overline{x}$	$(x-\overline{x})^2$	$y-\overline{y}$	$(y-\overline{y})^2$	$(x-\overline{x})(y-\overline{y})$
1	67	72	9	81	8	64	72
2	42	62	−16	256	−2	4	32
3	59	64	1	1	0	0	0
4	68	76	10	100	12	144	120
5	49	60	−9	81	−4	16	36
6	53	65	−5	25	1	1	−5
7	77	64	19	361	0	0	0
8	48	52	−10	100	−12	144	120
9	77	70	19	361	6	36	114
10	40	55	−18	324	−9	81	162
合計	580	640	0	1690	0	490	651
平均値	58.0	64.0	0	169	0	49	65.1

Aの値は　$\sqrt{169}=\mathbf{13.0}$　　Bの値は　$\sqrt{49}=\mathbf{7.0}$

$r=\dfrac{65.1}{13\cdot 7}=0.715\cdots$ より，$0.6 \leqq r \leqq 0.8$　（**③**）

⬅ 偏差 $x-\overline{x}$，$y-\overline{y}$ が同じ符号になっているものが多いからやや強い正の相関関係があることがわかる。

⬅ 散布図は

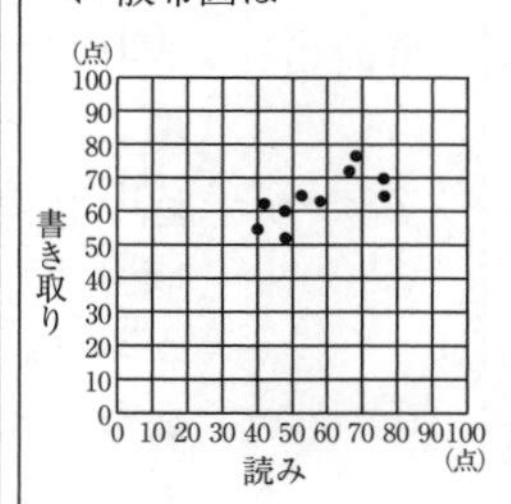

§5
2

STAGE 2　43　正誤問題

■69　正誤問題■

データの分析で用いられる用語の意味，およびヒストグラム，箱ひげ図，散布図などから読み取ることができる内容について，正誤を判定する。

（例）　99 個の観測値からなるデータがある。四分位数について述べた記述で，どのようなデータでも成り立つものを，次の⓪～⑤のうちから二つ選べ。

⓪　平均値は第 1 四分位数と第 3 四分位数の間にある。

①　四分位範囲は標準偏差より大きい。

②　中央値より小さい観測値の個数は 49 個である。

③　最大値に等しい観測値を 1 個削除しても第 1 四分位数は変わらない。

④　第 1 四分位数より小さい観測値と，第 3 四分位数より大きい観測値とをすべて削除すると，残りの観測値の個数は 51 個である。

⑤　第 1 四分位数より小さい観測値と，第 3 四分位数より大きい観測値とをすべて削除すると，残りの観測値からなるデータの範囲はもとのデータの四分位範囲に等しい。

99 個のデータを小さい(大きくない)ものから順に並べると，四分位数は次のようになる。

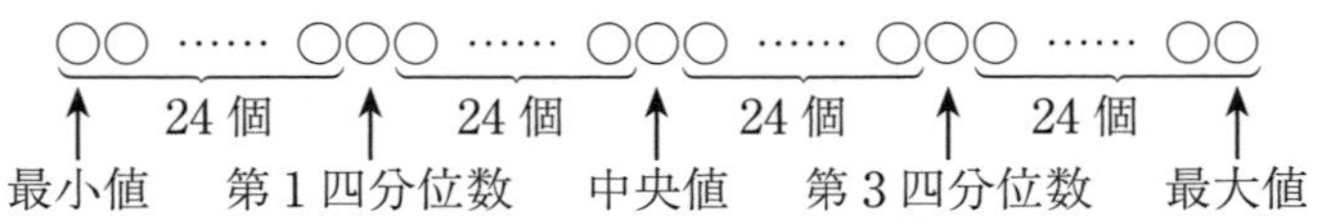

⓪，① … 成り立つとはいえない。平均値と標準偏差は，四分位数から読み取ることはできない。

② ……… 成り立つとはいえない。49 番目の値が中央値と等しいこともある。

③ ……… 成り立つ。98 個のデータにおいて，第 1 四分位数は小さいものから 25 番目の値である。

④ ……… 成り立つとはいえない。24 番目の値が第 1 四分位数に等しいこともある。また，大きいものから 24 番目の値が第 3 四分位数に等しいこともある。

⑤ ……… 成り立つ。データの範囲と四分位範囲の求め方は，次のとおり。

(範囲)＝(最大値)－(最小値)

(四分位範囲)＝(第 3 四分位数)－(第 1 四分位数)

したがって，成り立つものは　**③，⑤**

例題 69　3分・3点

生徒100人に対し，100点満点のテストを2回行った。

表1は，1回目のテストの得点と2回目のテストの得点の標準偏差と共分散の値であり，図1は，この2つのテストの得点の散布図と箱ひげ図である。また，図1の散布図の点は重なっていることもある。

表 1

	標準偏差	共分散
1回目の得点	8.4	25.0
2回目の得点	5.2	

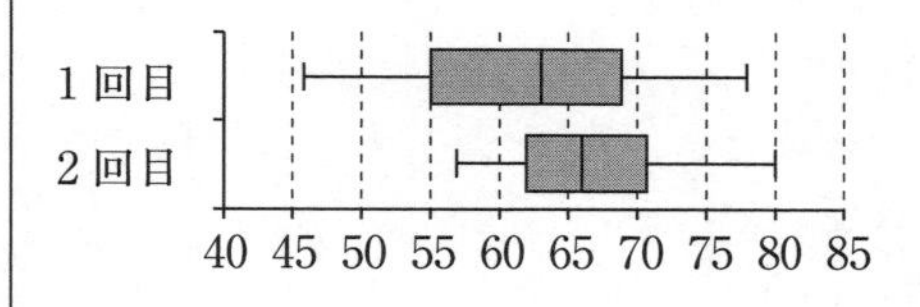

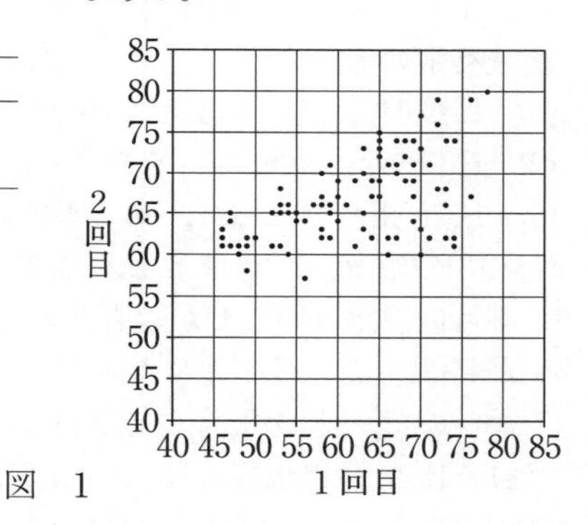

図 1

表1および図1から読み取れることとして，次の⓪～④のうち，**正しくないもの**は ア と イ である。

ア ， イ の解答群(解答の順序は問わない。)

⓪　四分位範囲は，2回目の得点のほうが小さい。

①　表1から1回目の得点と2回目の得点の相関係数を計算すると，0.65以上になる。

②　1回目の得点が55点未満であった生徒は全員，1回目の得点より2回目の得点のほうが高い。

③　2回目の得点が70点以上であった生徒は，25人以上いる。

④　2回目の得点が1回目の得点より10点以上高い生徒は全員，1回目の得点が55点未満である。

解答　⓪ …… 箱ひげ図から，正しい。

① …… 正しくない。相関係数は0.57…<0.65

② …… 散布図から，正しい。

③ …… 散布図から，正しい。

④ …… 正しくない。散布図から $y \geqq x+10$ を満たす点は22個あるが，このうち $x<55$ である点は17個である。

よって，正しくないものは　①，④

⬅ $\dfrac{25.0}{8.4\cdot5.2}=0.57\cdots$

⬅ 1回目の得点を x，2回目の得点を y とする。

STAGE 2　44　仮説検定

■70　仮説検定■

ある集団に関する主張が正しいかどうかを，仮説を立てて，データをもとに判断する手法を**仮説検定**という。

仮説検定の考え方

(1)　仮説 H_1 が正しいかどうかを判断したいとする。

(2)　H_1 と反する仮説 H_0 を立てる。

(3)　H_0 が正しいとして，ある事象が起こる確率を計算する。

(4)　(3)の確率が，基準となる確率（5％または1％）より小さいとき，起こる可能性が低いことが起きたので H_0 は正しくないと考えて，H_1 が正しいと判断する。基準となる確率より大きいとき，H_0 を否定することはできないので，H_1 が正しいとは判断できない。

（注）　H_0 を**帰無仮説**，H_1 を**対立仮説**という。

（例）　あるコインを30回投げたところ，表が22回出た。このとき，このコインは表が出やすいと判断してよいかどうかを調べたい。

仮説検定の考え方により，仮説 H_1 と H_1 に反する仮説 H_0 を立てる。

H_1：このコインは表が出やすい。

H_0：このコインの表裏の出る確率はともに $\frac{1}{2}$ である。

H_0が正しいとする。表裏の出る確率が $\frac{1}{2}$ であるコインを30回投げて，表の出た回数を記録する実験を100セット行ったところ，次の表のようになった。

表の回数	9	10	11	12	13	14	15	16	17	18	19	20	21	22	23	計
度数	1	3	6	8	11	13	14	15	11	7	6	2	1	1	1	100

この表から，表が22回以上出たのは $1+1=2$ 回であるから，その相対度数は $\frac{2}{100}=0.02$ である。

(i)　基準となる確率を5％とする。0.02は0.05より小さいので，起こる確率が低いことが起こったと考えて，H_0 は正しくないと考える。よって，H_1 は正しいとして，このコインは表が出やすいと判断する。

(ii)　基準となる確率を1％とする。0.02は0.01より大きいので，H_0 は否定できないので，このコインは表が出やすいとは判断できない。

例題 70　3分・4点

ある飲料メーカーで，新しく開発した商品Aと他社の商品Bを比較するために，40人の消費者に味覚テストを行ったところ，26人から「Aの方がおいしい」との回答を得た。

この結果から，「Aの方がおいしい」と判断してよいか，仮説検定の考え方を用いて調べよう。

なお，次の表は，表裏の出る確率が $\frac{1}{2}$ のコインを40回投げて，表の出た回数を記録する実験を100セット行ったときの結果である。この結果を利用してよい。

表の回数	13	14	15	16	17	18	19	20	21	22	23	24	25	26	27	計
度数	1	2	3	5	6	10	14	15	13	9	8	6	4	2	2	100

基準となる確率を5％とすると［ア］。
基準となる確率を1％とすると［イ］。

［ア］，［イ］の解答群(同じものを繰り返し選んでもよい。)
⓪　Aの方がおいしいと判断できる
①　Aの方がおいしいとは判断できない

解答

仮説 H_1 を

H_1：Aの方がおいしい

とし，仮説 H_0 を

H_0：A，Bそれぞれをおいしいと答える人の割合が等しい

とする。

← H_1 と反する仮説を立てる。

H_0 が正しいとする。表を利用すると「Aの方がおいしい」と回答する人が26人以上になる相対度数は

$$\frac{2+2}{100}=\frac{4}{100}=0.04$$

0.04は0.05よりは小さく，0.01よりは大きいので，基準となる確率を5％とすると

Aの方がおいしいと判断できる。(⓪)

基準となる確率を1％とすると

Aの方がおいしいとは判断できない。(①)

§5 2

STAGE 2　類　　題

類題 67　　　　（4分・8点）

次のA〜Dの四つのヒストグラムに対応する箱ひげ図は，Aは［ア］，Bは［イ］，Cは［ウ］，Dは［エ］である。

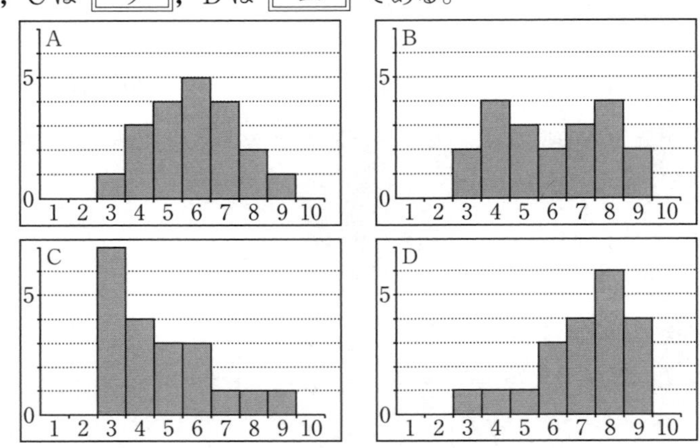

また，上のB，C，Dのヒストグラムから読み取ることができる中央値と平均値の大小関係について，次の⓪〜③のうち，最も適当なものは，Bは［オ］，Cは［カ］，Dは［キ］である。

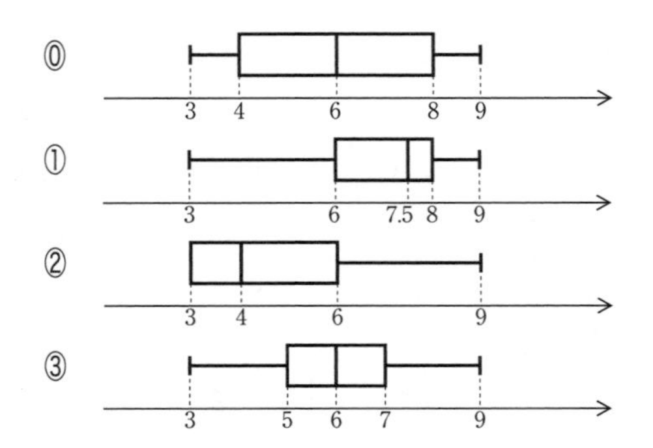

［オ］〜［キ］の解答群（同じものを繰り返し選んでもよい。）

⓪　（中央値）＞（平均値）　　①　（中央値）＜（平均値）

②　（中央値）＝（平均値）　　③　中央値と平均値の大小はわからない

類題 68　（8分・8点）

次の表は，高校のあるクラブに入部した10人の生徒について，右手と左手の握力（単位kg）を測定した結果である。測定は5人ずつの二つのグループについて行われた。ただし，表中の数値はすべて正確な値であり，四捨五入されていないものとする。

第1グループ

番号	右手(kg)	左手(kg)
1	32	34
2	31	34
3	48	40
4	44	40
5	50	42
平均値	41.0	38.0

第2グループ

番号	右手(kg)	左手(kg)
6	49	50
7	40	34
8	43	45
9	42	38
10	51	43
平均値	45.0	42.0

10人全員について，右手の握力の平均値は［アイ］.［ウ］kg，分散は［エオ］.［カ］，左手の握力の平均値は［キク］.［ケ］kg，分散は［コサ］.［シ］である。また，右手の握力と左手の握力の共分散は，［スセ］.［ソ］であるから，相関係数rは［タ］を満たす。

［タ］の解答群

⓪　$-0.9 \leqq r \leqq 0.7$　①　$-0.6 \leqq r \leqq -0.3$　②　$-0.2 \leqq r \leqq 0.2$

③　$0.3 \leqq r \leqq 0.6$　④　$0.7 \leqq r \leqq 0.9$

類題 69　（4分・4点）

ある変量 u について, 467日の期間Aと284日の期間Bにおけるデータがある。これを U のデータと呼ぶ。図1および図2は, 期間A, 期間Bにおける U のデータのヒストグラムおよび箱ひげ図である。期間Aにおける中央値は0.0584であり, 期間Bにおける中央値は0.0252であった。

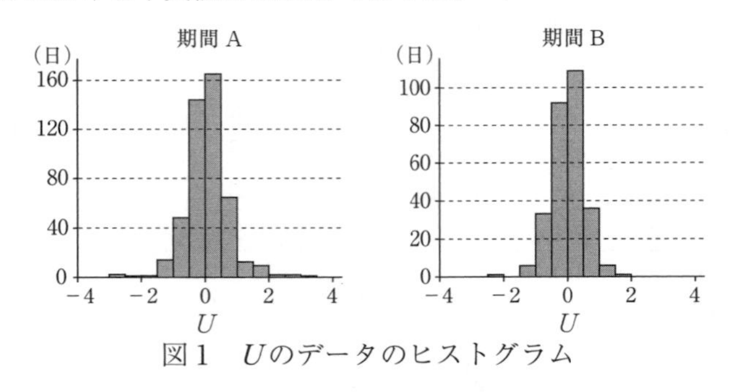

図1　Uのデータのヒストグラム

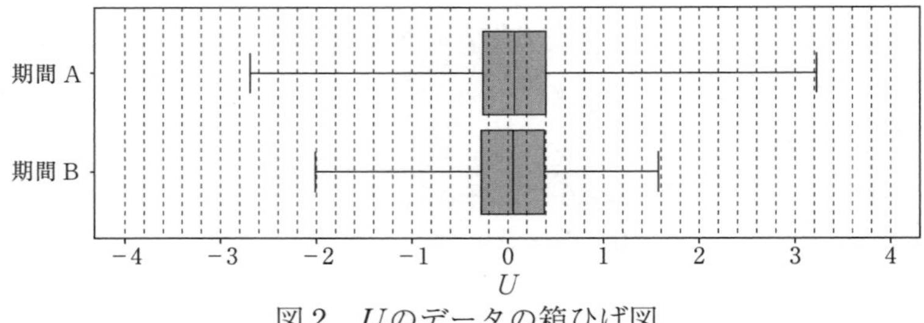

図2　Uのデータの箱ひげ図

図1および図2から U のデータについて読み取れることとして, 次の⓪～⑥のうち, 正しいものは［ア］と［イ］である。

［ア］, ［イ］の解答群（解答の順序は問わない。）

⓪　期間Aにおける最大値は, 期間Bにおける最大値より小さい。
①　期間Aにおける第1四分位数は, 期間Bにおける第1四分位数より小さい。
②　期間Aにおける四分位範囲と期間Bにおける四分位範囲の差は0.2より大きい。
③　期間Aにおける範囲は, 期間Bにおける範囲より小さい。
④　期間A, 期間Bの両方において, 四分位範囲は中央値の絶対値の8倍より大きい。
⑤　期間Aにおいて, 第3四分位数は度数が最大の階級に入っている。
⑥　期間Bにおいて, 第1四分位数は度数が最大の階級に入っている。

類題 70　（3分・6点）

太郎さんと花子さんはP空港の利便性について考えている。

太郎：P空港を利用した30人に，P空港は便利だと思うかどうかをたずねたとき，どのくらいの人が「便利だと思う」と回答したら，P空港の利用者全体のうち便利だと思う人の方が多いとしてよいのかな。
花子：例えば，20人だったらどうかな。

二人は，30人のうち20人が「便利だと思う」と回答した場合に，「P空港は便利だと思う人の方が多い」といえるかどうかを，次の**方針**で考えることにした。

方針

・“P空港の利用者全体のうちで「便利だと思う」と回答する割合と，「便利だと思う」と回答しない割合が等しい”という仮説をたてる。
・この仮説のもとで，30人抽出したうちの20人以上が「便利だと思う」と回答する確率が5%未満であれば，その仮説は誤っていると判断し，5%以上であれば，その仮説は誤っているとは判断しない。

次の**実験結果**は，30枚の硬貨を投げる実験を1000回行ったとき，表が出た枚数ごとの回数の割合を示したものである。

実験結果

表の枚数	0〜7	8	9	10	11	12	13	14	15	16	17
割合	0.0%	0.1%	0.8%	3.2%	5.8%	8.0%	11.2%	13.8%	14.4%	14.1%	9.8%
表の枚数	18	19	20	21	22	23	24	25	26	27〜30	
割合	8.8%	4.2%	3.2%	1.4%	1.0%	0.0%	0.1%	0.0%	0.1%	0.0%	

実験結果を用いると，30枚の硬貨のうち20枚以上が表となった割合は［ア］.［イ］%である。これを，30人のうち20人以上が「便利だと思う」と回答する確率とみなし，**方針**に従うと，「便利だと思う」と回答する割合と，「便利だと思う」と回答しない割合が等しいという仮説は［ウ］，P空港は便利だと思う人の方が［エ］。

［ウ］の解答群

⓪　誤っていると判断され　　①　誤っているとは判断されず

［エ］の解答群

⓪　多いといえる　　①　多いとはいえない

STAGE 1　45　場合の数

■ 71　要素の個数 ■

(1)　**和集合の要素の個数**

(i)　$n(A\cup B)=n(A)+n(B)-n(A\cap B)$

(ii)　$n(A\cup B\cup C)=n(A)+n(B)+n(C)$
$-n(A\cap B)-n(B\cap C)-n(C\cap A)$
$+n(A\cap B\cap C)$

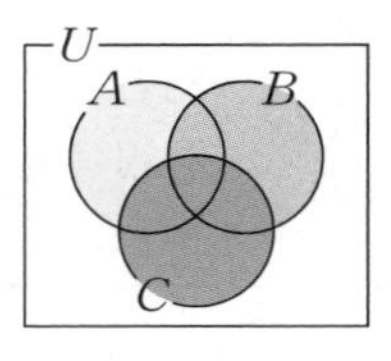

(2)　**補集合の要素の個数**

$n(\overline{A})=n(U)-n(A)$

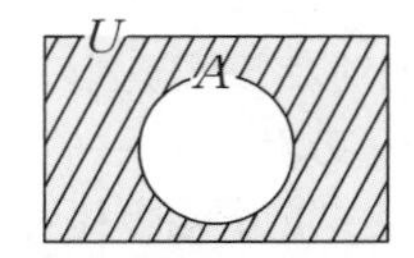

$n(A)$ は集合 A に含まれる要素の個数のこと。

■ 72　和の法則，積の法則 ■

(1)　**和の法則**

事柄 A の起こり方が a 通り，事柄 B の起こり方が b 通りある。A と B が同時には起こらないとき，A，B のいずれかが起こる場合の数は，$a+b$ 通りある。

(2)　**積の法則**

事柄 A の起こり方が a 通りあり，そのおのおのの場合について，事柄 B の起こり方が b 通りあるとすると，A，B がともに起こる場合の数は ab 通りある。

(例)　1，2，3，4 の 4 個の数字から 3 個を選んで並べてできる 3 桁の数の中で 320 より大きい数字の総数は

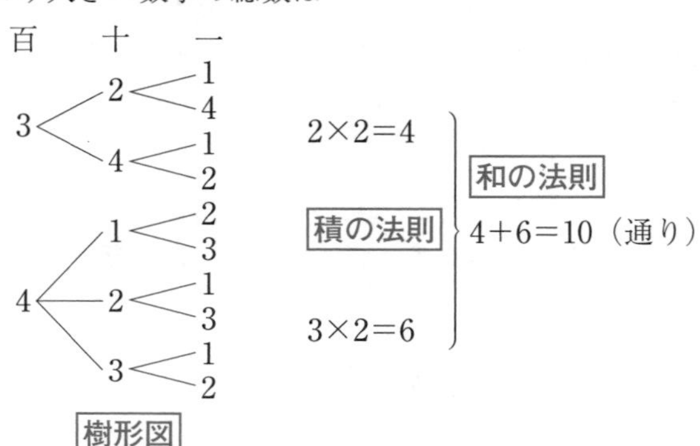

例題 71　**4 分・5 点**

540 以下の自然数のうち，2 でも 3 でも割り切れないものは アイウ 個ある。さらに，540 との最大公約数が 1 であるものは エオカ 個ある。

解答　2 の倍数は　$540\div2=270$（個）
3 の倍数は　$540\div3=180$（個）
6 の倍数は　$540\div6=90$（個）
よって，2 でも 3 でも割り切れないものは
$540-(270+180-90)=\mathbf{180}$（個）
$540=2^2\cdot3^3\cdot5$ より，540 との最大公約数が 1 であるものは，2 でも 3 でも 5 でも割り切れないもの。
5 の倍数は　$540\div5=108$（個）
10 の倍数は　$540\div10=54$（個）
15 の倍数は　$540\div15=36$（個）
30 の倍数は　$540\div30=18$（個）
よって
$540-(270+180+108-90-54-36+18)=\mathbf{144}$（個）

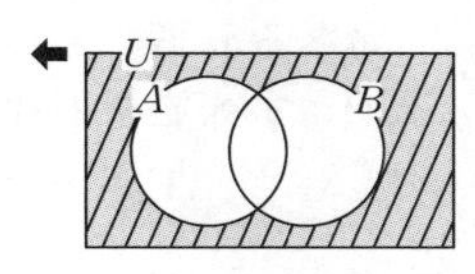

$U=\{1,\ 2,\ \cdots,\ 540\}$
A：2 の倍数
B：3 の倍数
$A\cap$B：6 の倍数

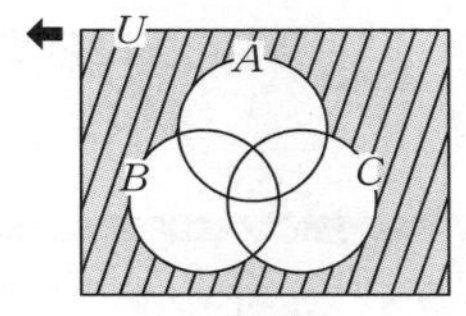

C：5 の倍数
$A\cap C$：10 の倍数
$B\cap C$：15 の倍数
$A\cap B\cap C$：30 の倍数

例題 72　**3 分・4 点**

A，B，B，C，C，D，D の 7 文字の中から 3 文字選んで並べるとき，A を含むような並べ方は アイ 通りある。また，並べ方は全部で ウエ 通りある。

解答
左端が A の場合，$3\cdot3=9$（通り）ある。
中央が A の場合も右端が A の場合も同じであるから
$9\cdot3=\mathbf{27}$（通り）
A を含まない場合，左端が B のときは，8 通りある。
左端が C のときも，D のときも同じであるから
$8\cdot3=24$（通り）
A を含む場合と合わせて
$27+24=\mathbf{51}$（通り）

← A の位置で分ける。
A □ □
$3\times3=9$
（積の法則）

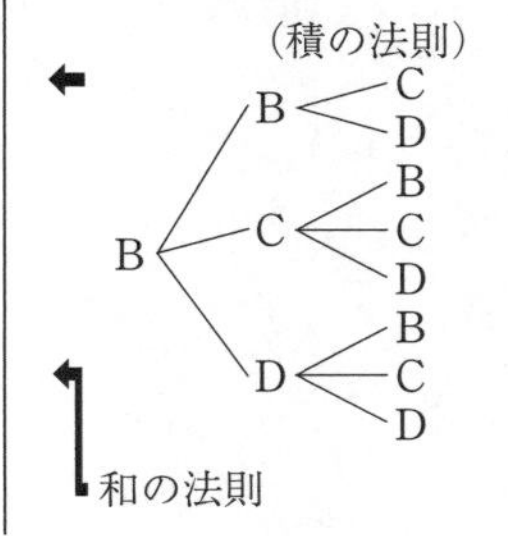

STAGE 1　46　順　列

■73　順　列■

異なる n 個のものを並べるとき

(1)　**すべてを1列に並べる並べ方**

$${}_n\mathrm{P}_n = n! = n\cdot(n-1)\cdots\cdots2\cdot1 \text{（通り）}$$

(2)　**r 個を取り出して1列に並べる並べ方**

$${}_n\mathrm{P}_r = \underbrace{n\cdot(n-1)\cdots\cdots(n-r+1)}_{r\text{個}} = \frac{n!}{(n-r)!} \text{（通り）}$$

(3)　**同じものを使うことを許して r 個を1列に並べる並べ方（重複順列）**

$$n^r \text{（通り）}$$

順列は，1つずつ順に並べるときに1番目が何通り，2番目が何通り，……と順に考えていき，それらをかけあわせて（積の法則）求めることになる。

■74　同じものを含む順列■

a が p 個，b が q 個，c が r 個の合計 n 個のものを1列に並べる順列の総数

全体で n 個 $\Longrightarrow$ $n!$ 通り

$$\overbrace{\underbrace{a\cdots\cdots a}_{p\text{ 個}},\quad \underbrace{b\cdots\cdots b}_{q\text{ 個}},\quad \underbrace{c\cdots\cdots c}_{r\text{ 個}}}$$ の順列

p 個 ⇓ $p!$ 通り　　q 個 ⇓ $q!$ 通り　　r 個 ⇓ $r!$ 通り

$$\frac{n!}{p!q!r!} \text{（通り）}$$

$$(p+q+r=n)$$

同じものを含む場合の順列は，すべてを異なるものと考えた順列の総数の中で同じものを並び替えたものを1通りに換算するため同じものの順列で割ることになる。

例題 73　3分・6点

1, 2, 3, 4, 5, 6 の6個の数字を用いてできる4桁の数は，各位の数に同じ数字を用いてもよい場合は［アイウエ］通りあり，同じ数字を用いない場合は［オカキ］通りある。また同じ数字を用いない場合で，4000以上の偶数は［クケ］通りある。

解答

6個の数字を用いてできる4桁の数は

同じ数字を使ってもよい場合は　$6^4=\mathbf{1296}$（通り）

同じ数字を使わない場合は　${}_6P_4=6\cdot5\cdot4\cdot3=\mathbf{360}$（通り）

また，4000以上の偶数は一の位が偶数であるから，千の位が4か6の場合は，一の位は2通りあり，千の位が5の場合，一の位は3通りある。百，十の位は残りの数字を用いればよいから

$$(2\cdot2+1\cdot3)\cdot4\cdot3=\mathbf{84}\text{（通り）}$$

← 重複順列

← 順列

← 千の位が偶数か奇数かで分ける。

4○○●
5○○●
6○○●
（●は偶数）

例題 74　3分・6点

Aが3個，Bが2個，Cが2個の合計7文字を1列に並べる並べ方は［アイウ］通りあり，このうち，2個のBが隣り合う並べ方は［エオ］通りある。また，7文字から6文字を選んで1列に並べる並べ方は［カキク］通りある。

解答

すべての並び方は　$\dfrac{7!}{3!2!2!}=\mathbf{210}$（通り）

このうち2個のBが隣り合うものは，2個のBを1個と考えて

$$\frac{6!}{3!2!}=\mathbf{60}\text{（通り）}$$

また，7文字から6文字選ぶ場合は，A, B, Cの各個数が(3, 2, 1), (3, 1, 2), (2, 2, 2)の場合があるから

$$\frac{6!}{3!2!}+\frac{6!}{3!2!}+\frac{6!}{2!2!2!}=60+60+90$$
$$=\mathbf{210}\text{（通り）}$$

← 同じものを含む順列。

← A, A, A, (BB), C, C

← A, B, Cを何個ずつ使うかで分ける。

AAABBC
AAABCC
AABBCC

STAGE 1　47　組合せ

■75　組合せ■

異なる n 個のものから r 個を取り出す組合せの総数は

$$ {}_nC_r=\frac{{}_nP_r}{r!}=\frac{n(n-1)\cdots\cdots(n-r+1)}{r(r-1)\cdots\cdots1} \text{（通り）}$$

${}_nC_r$ については

$$ {}_nC_r={}_nC_{n-r},\quad {}_nC_0={}_nC_n=1$$

が成り立つ。

異なる n 個のものから r 個を取り出して並べる順列が ${}_nP_r$ 通りであり，r 個を取り出す組合せが ${}_nC_r$ 通りである。1つの組合せについて $r!$ 通りの順列があるから

$$ {}_nC_r\times r!={}_nP_r$$

異なる n 個のものから r 個選ぶとき，r が $n-r$ より大きい数なら，残りの $n-r$ 個を選ぶと考えて，${}_nC_{n-r}$ で計算すればよい。

■76　図形への応用■

(1)　円周上の6個の点を結んでできる

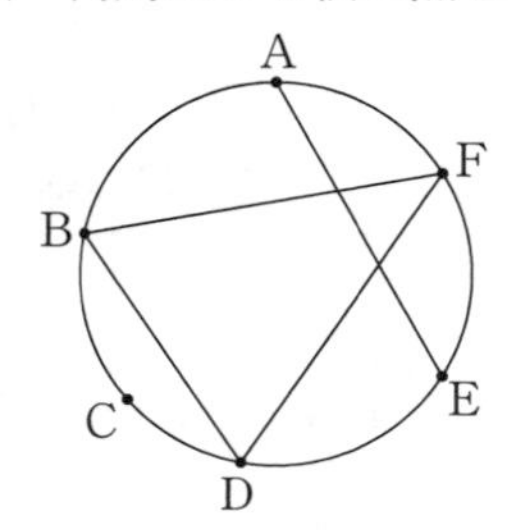

線分の本数　……　${}_6C_2=\dfrac{6\cdot5}{2\cdot1}=15$（本）

三角形の個数　……　${}_6C_3=\dfrac{6\cdot5\cdot4}{3\cdot2\cdot1}=20$（個）

(2)　3本と4本の2組の平行線でできる平行四辺形の個数

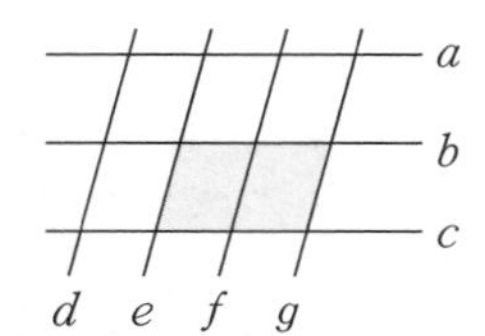

$ {}_3C_2 \times {}_4C_2={}_3C_1\cdot{}_4C_2=3\cdot\dfrac{4\cdot3}{2\cdot1}=18$（個）

（a，b，c から2つ選ぶ）（d，e，f，g から2つ選ぶ）

点や直線を選ぶことで図形の個数を数えることができる。

例題 75　**3 分・6 点**

1 から 9 までの数字が一つずつ書いてあるカードが，それぞれ 1 枚ずつ合計 9 枚ある。この中から 3 枚のカードを取り出す方法は [アイ] 通りあり，このうち，2 枚が偶数，1 枚が奇数であるような取り出し方は [ウエ] 通りあり，少なくとも 1 枚が偶数である取り出し方は [オカ] 通りある。

解答

9 枚から 3 枚を選ぶ方法は　${}_9C_3=\dfrac{9\cdot8\cdot7}{3\cdot2\cdot1}=\mathbf{84}$（通り）

4 枚の偶数から 2 枚，5 枚の奇数から 1 枚選ぶ方法は

$${}_4C_2\cdot{}_5C_1=\frac{4\cdot3}{2\cdot1}\cdot5=\mathbf{30}\text{（通り）}$$

← 偶数 2，4，6，8
奇数 1，3，5，7，9

奇数 3 枚を選ぶ方法は　${}_5C_3={}_5C_2=\dfrac{5\cdot4}{2\cdot1}=10$（通り）

← ${}_nC_r={}_nC_{n-r}$

であるから，少なくとも 1 枚が偶数である取り出し方は

$84-10=\mathbf{74}$（通り）

例題 76　**3 分・6 点**

(1)　正八角形の対角線の本数は [アイ] 本であり，正八角形の頂点を結んでできる三角形は [ウエ] 個ある。

(2)　4 本の平行線が他の 5 本の平行線と交わるとき，その中に平行四辺形は [オカ] 個ある。

解答

(1)　8 個の頂点から 2 個を選ぶ方法は　${}_8C_2=28$（通り）
このうち，正八角形の辺となる 8 通りを除いて，対角線の本数は

$28-8=\mathbf{20}$（本）

また，三角形は 8 個の頂点から 3 個を選ぶと 1 つ定まるから

${}_8C_3=\mathbf{56}$（個）

(2)　4 本の中から 2 本，5 本の中から 2 本選ぶと平行四辺形が 1 つ定まるから

${}_4C_2\cdot{}_5C_2=6\cdot10=\mathbf{60}$（個）

←
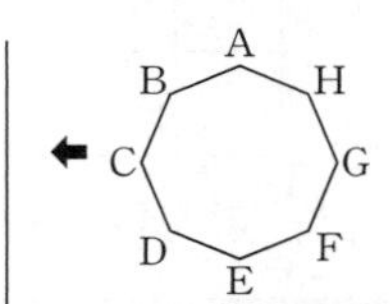

A〜H（8 文字）から 2 つまたは 3 つ選ぶ。

←
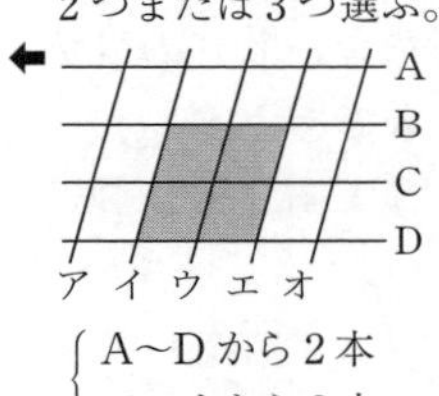

{ A〜D から 2 本
　ア〜オから 2 本
選ぶ。

STAGE 1　48　場合の数の応用

■77　組分け■

6 人をグループ分けする。

(1)　A，B　2 組に分ける分け方　$\Longrightarrow$　2^6-2（通り）

(2)　3 人ずつ A，B の 2 組に分ける分け方　$\Longrightarrow$　${}_6C_3$（通り）

(3)　3 人ずつ 2 組に分ける分け方　$\Longrightarrow$　$\dfrac{{}_6C_3}{2}$（通り）

(4)　2 人ずつ A，B，C の 3 組に分ける分け方　$\Longrightarrow$　${}_6C_2\cdot{}_4C_2$（通り）

(5)　2 人ずつ 3 組に分ける分け方　$\Longrightarrow$　$\dfrac{{}_6C_2\cdot{}_4C_2}{3!}$（通り）

(1)は人数の決まっていない 2 組に分ける場合であり，各人が A か B かの 2 通りを選び，一方に片寄る 2 通りを除く。

(2)，(3)はまず 6 人から A に入る 3 人を選ぶと残り 3 人は B に入る。A，B の区別がないと，同じ 3 人ずつの組分けは同じ分け方と考える。

(4)，(5)も(2)，(3)と同様。

■78　最短経路■

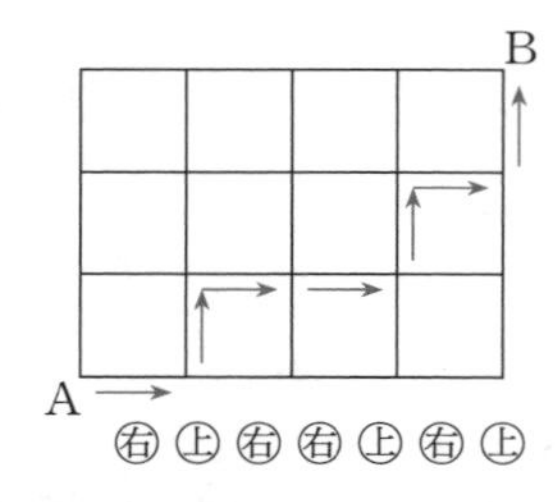

A から B への最短経路の本数

$\Longrightarrow$　2 種類の文字の並び方に対応

→を㊨，↑を㊤とすると

㊨ 4 個，㊤ 3 個の並び方

$\dfrac{7!}{4!3!}=35$（通り）

1 つの最短経路を 2 種類の文字の並び方に対応させることができるので，同じ文字を含む順列の計算で場合の数を求めることができる。また，次のように考えることもできる。

㊨ 4 個，㊤ 3 個の並び方を

① ② ③ ④ ⑤ ⑥ ⑦

の 7 か所から㊨を入れる 4 か所，または㊤を入れる 3 か所を選ぶと考えて

$${}_7C_4={}_7C_3=\frac{7\cdot6\cdot5}{3\cdot2\cdot1}=35\text{（通り）}$$

例題 77　3分・6点

4組の夫婦，合計8名の男女がいる。この8名を4名ずつの二つのグループに分ける分け方は［アイ］通りある。このとき，どの夫婦も別のグループに分かれる分け方は［ウ］通りある。また，この8名を，それぞれ2名以上の二つのグループに分ける分け方は全部で［エオカ］通りある。

解答

4名ずつ2組に分ける分け方は　$\dfrac{{}_8C_4}{2}=\mathbf{35}$（通り）

各夫婦を（A，a），（B，b），（C，c），（D，d）とすると，Aと同じ組に入る人の選び方が2^3通りあるから　**8**（通り）

また，8名を2組に分けるとき

2名，6名に分ける場合　${}_8C_2=28$（通り）

3名，5名に分ける場合　${}_8C_3=56$（通り）あるから

$35+28+56=\mathbf{119}$（通り）

⬅8人を2組に分ける分け方。

⬅（A，○，○，○）
　　↑　↑　↑
　　B　C　D
　　か　か　か
　　b　c　d

⬅各組の人数で分ける。

例題 78　3分・6点

右図のような格子状の道がある。AからBへ行く最短経路は［アイ］通りである。このうち，Cを通る経路は［ウエ］通りあり，CまたはDを通る経路は［オカ］通りある。

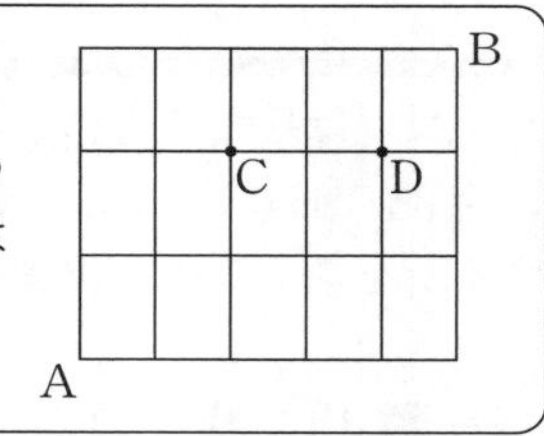

解答

㊨5個と㊤3個の並び方の総数を求めて

$$\frac{8!}{5!3!}=\mathbf{56}\text{（通り）}$$

このうち，Cを通る経路は㊨2個と㊤2個に続いて，㊨3個と㊤1個を並べる並び方の総数を求めて

$$\frac{4!}{2!2!}\cdot\frac{4!}{3!}=\mathbf{24}\text{（通り）}$$

Dを通る経路および，CとDの両方とも通る経路は，それぞれ　$\dfrac{6!}{2!4!}\cdot2=30$（通り），$\dfrac{4!}{2!2!}\cdot2=12$（通り）

よって，CまたはDを通る経路は

$24+30-12=\mathbf{42}$（通り）

⬅2種類の文字の並び方に対応。

⬅
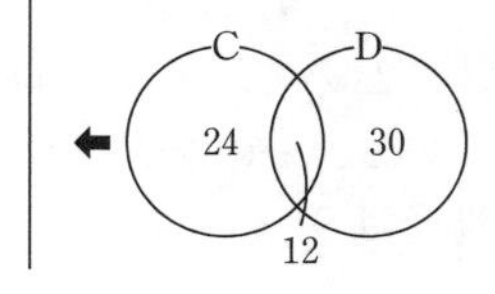

STAGE 1　49　サイコロの確率

■ 確　率 ■

事象 A の確率　$P(A)=\dfrac{n(A)}{n(U)}=\dfrac{\text{事象 }A\text{ の起こる場合の数}}{\text{起こりうるすべての場合の数}}$　(Uは全事象)

和事象の確率　$P(A\cup B)=P(A)+P(B)-P(A\cap B)$　(加法定理)

特に，A，B が排反事象のとき(A，B が同時に起こらないとき)

$P(A\cup B)=P(A)+P(B)$

余事象の確率　$P(\overline{A})=1-P(A)$

■79　サイコロ 2 個の確率 ■

サイコロ2個を投げるときの確率

⟹　右のような表を作る。

確率は　$\dfrac{\text{該当するマス目の個数}}{36}$

	1	2	3	4	5	6
1						
2						
3						
4						
5						
6						

サイコロは異なるものと考える。サイコロ2個を投げる場合，すべての場合の数は $6^2=36$ (通り)である。この中で，ある事象が起こる場合の数は，表を書いて該当する所を数えるのが視覚的でかつ堅実。

■80　サイコロ 3 個の確率 ■

サイコロ3個を投げるときの確率

⟹　(1)　**積の法則で計算**

(2)　**余事象から計算**

(3)　**組合せの書き出しから計算**

組合せ　$(a,\ a,\ a)$ …… 1通り

$(a,\ a,\ b)$ …… 3通り

$(a,\ b,\ c)$ …… $3!=6$ 通り

サイコロ3個ではすべての場合の数 $6^3=216$ (通り)を表に書くことはできない。そこで，考える事象によって，上の(1)，(2)，(3)のような計算方法で求める。

(3)において，サイコロはすべて区別するので，1の目が3つ出る場合は1通りしかないが，1の目が2つ，2の目が1つ出る場合は3通りあり，1，2，3の目が出る場合は $3!$ 通りある。

例題 79　3分・6点

2個のサイコロを投げて出る目の数の積について，一の位の数を n とする。

$n=5$ となる確率は $\dfrac{\boxed{\text{ア}}}{\boxed{\text{イウ}}}$，$n=8$ となる確率は $\dfrac{\boxed{\text{エ}}}{\boxed{\text{オ}}}$ であり，

$n=\boxed{\text{カ}}$ となる確率は0である。

解答　2つの数字の積を表に記入すると

	1	2	3	4	5	6
1	1	2	3	4	⑤	6
2	2	4	6	△8	10	12
3	3	6	9	12	⑮	△18
4	4	△8	12	16	20	24
5	⑤	10	⑮	20	㉕	30
6	6	12	△18	24	30	36

⬅ 表を書く。

$n=5$ になるのは，表の○の5通りで　$\dfrac{5}{36}$

⬅ 5と奇数の積。

$n=8$ になるのは，表の△の4通りで　$\dfrac{4}{36}=\dfrac{1}{9}$

⬅ 2と4，3と6の積。

n として表に現れないのは　$n=7$

例題 80　6分・8点

3個のサイコロを投げて，すべての目が異なる確率は $\dfrac{\boxed{\text{ア}}}{\boxed{\text{イ}}}$，目の積が3で割り切れる確率は $\dfrac{\boxed{\text{ウエ}}}{\boxed{\text{オカ}}}$，目の積が24となる確率は $\dfrac{\boxed{\text{キ}}}{\boxed{\text{クケ}}}$ である。

解答　すべての目が異なる確率は　$\dfrac{6\cdot5\cdot4}{6^3}=\dfrac{5}{9}$

⬅ 分子・分母それぞれ積の法則。

目の積が3で割り切れるのは，少なくとも1つの目が3または6の場合であるから　$1-\dfrac{4^3}{6^3}=1-\dfrac{8}{27}=\dfrac{19}{27}$

⬅ 余事象を考える。

目の積が24になる目の組合せは，(1, 4, 6)，(2, 3, 4)，(2, 2, 6)。このうち (1, 4, 6)，(2, 3, 4) は6通り，(2, 2, 6) は3通りあるから　$\dfrac{2\cdot6+1\cdot3}{6^3}=\dfrac{5}{72}$

⬅ 組合せを書き出す。

§6 1

STAGE 1　50　取り出しの確率

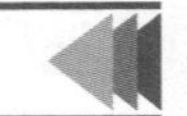

■81　取り出しの確率■

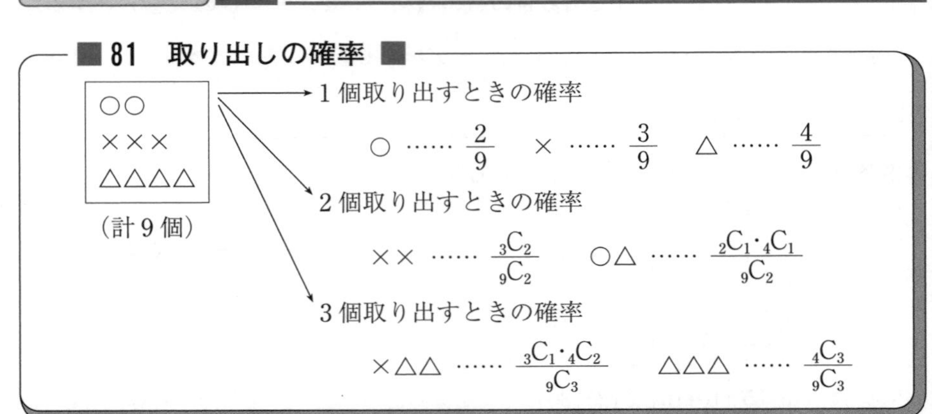

1個取り出すときの確率は個数の割合，2個以上取り出すときの確率は分母，分子とも ${}_nC_r$ を用いて計算する。

■82　複数の取り出し■

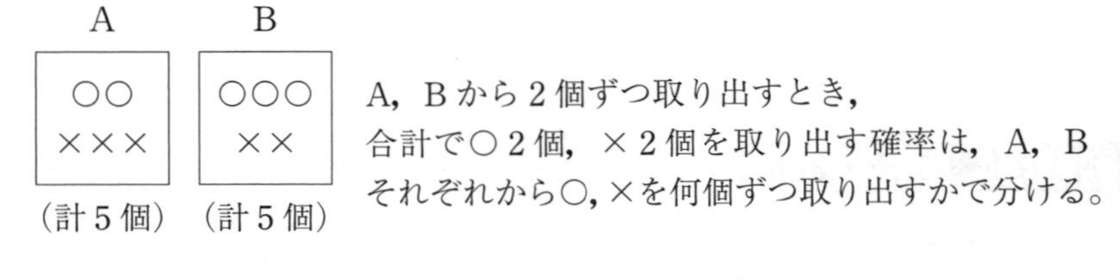

A，Bから2個ずつ取り出すとき，
合計で○2個，×2個を取り出す確率は，A，Bそれぞれから○，×を何個ずつ取り出すかで分ける。

A	○○	○×	××
B	××	○×	○○
確率	$\frac{{}_2C_2}{{}_5C_2} \cdot \frac{{}_2C_2}{{}_5C_2}$	$\frac{{}_2C_1 \cdot {}_3C_1}{{}_5C_2} \cdot \frac{{}_3C_1 \cdot {}_2C_1}{{}_5C_2}$	$\frac{{}_3C_2}{{}_5C_2} \cdot \frac{{}_3C_2}{{}_5C_2}$

←この3つの値の和が求める確率

2つの試行 T_1，T_2 において，それぞれの結果の起こり方が互いに影響を与えないとき，T_1 と T_2 は独立であるという，このとき，T_1 で事象 A が起こり，T_2 で事象 B が起こる確率は

$$P(A) \cdot P(B)$$

例題 81　**3 分・4 点**

1から9までの数字が一つずつ書いてあるカードが，それぞれ1枚ずつ，合計9枚ある。この中から3枚のカードを取り出し，書かれた数字の小さい順にX，Y，Zとする。このとき，X，Y，Zがすべて偶数である確率は$\frac{\boxed{ア}}{\boxed{イウ}}$である。また，$X=4$である確率は$\frac{\boxed{エ}}{\boxed{オカ}}$である。

解答　偶数は4個あるから，X，Y，Zがすべて偶数である確率は

$$\frac{{}_4C_3}{{}_9C_3}=\frac{{}_4C_1}{{}_9C_3}=\frac{4}{84}=\mathbf{\frac{1}{21}}$$

また，$X=4$になるのは，4を取り出し，かつ5から9までの5個の数字から2個を取り出す場合であるから

$$\frac{{}_5C_2}{{}_9C_3}=\frac{10}{84}=\mathbf{\frac{5}{42}}$$

⬅ $A=\{2,\ 4,\ 6,\ 8\}$
$B=\{1,\ 3,\ 5,\ 7,\ 9\}$
とするとAから3枚取る確率。

⬅ $C=\{5,\ 6,\ 7,\ 8,\ 9\}$
4を取り，Cから2枚取る確率。

例題 82　**3 分・4 点**

A，Bの二人がそれぞれ袋をもっている。Aの袋には黒球が3個と白球が2個，Bの袋には黒球が2個と白球が3個入っている。A，Bがそれぞれ自分の袋から1個ずつ球を取り出すとき，同じ色の球を取り出す確率は，$\frac{\boxed{アイ}}{\boxed{ウエ}}$である。また，A，Bがそれぞれ自分の袋から同時に2個ずつ取り出すとき，取り出した4個の球がすべて黒球である確率は$\frac{\boxed{オ}}{\boxed{カキク}}$である。

解答　A，Bがともに黒球を取り出す場合と，ともに白球を取り出す場合があるから

$$\frac{3}{5}\cdot\frac{2}{5}+\frac{2}{5}\cdot\frac{3}{5}=\mathbf{\frac{12}{25}}$$

A，Bがともに2個の黒球を取り出す確率は

$$\frac{{}_3C_2}{{}_5C_2}\cdot\frac{{}_2C_2}{{}_5C_2}=\frac{3}{10}\cdot\frac{1}{10}$$

$$=\mathbf{\frac{3}{100}}$$

⬅
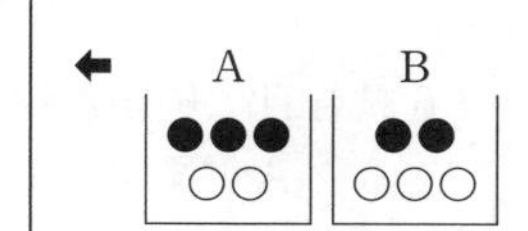

STAGE 1　51　反復試行の確率

■ 83　反復試行の確率 ■

1回の試行で事象 A が起こる確率を p とする。この試行を n 回繰り返すとき，事象 A がちょうど r 回起こる確率は，$q=1-p$ として

$${}_n\mathrm{C}_r p^r q^{n-r}$$

(例)

サイコロを5回投げて，1の目が2回出る確率 …… ${}_5\mathrm{C}_2\left(\frac{1}{6}\right)^2\left(\frac{5}{6}\right)^3$

コインを6回投げて，表が4回出る確率 …………… ${}_6\mathrm{C}_4\left(\frac{1}{2}\right)^4\left(\frac{1}{2}\right)^2$

サイコロを5回投げて，1回目と2回目に1が出て，3～5回目に1が出ない確率は $\left(\frac{1}{6}\right)^2\left(\frac{5}{6}\right)^3$，1回目と3回目に1が出て，他の回に1が出ない確率も同じ。5回中2回1が出るなら，その出る回の選び方が ${}_5\mathrm{C}_2$ 通りある。したがって，5回中2回1が出る確率は ${}_5\mathrm{C}_2\left(\frac{1}{6}\right)^2\left(\frac{5}{6}\right)^3$ となる。

■ 84　ゲームの確率 ■

A，B 2人がゲームを行い，先に4勝した方を優勝とする。どちらも勝つ確率が $\frac{1}{2}$ であるとき

6試合目にAが優勝する確率は

①②③④⑤ ⑥

Aの3勝2敗　A勝ち …… ${}_5\mathrm{C}_2\left(\frac{1}{2}\right)^3\left(\frac{1}{2}\right)^2\cdot\frac{1}{2}=\frac{5}{32}$

6試合目に優勝が決まる確率は

Aが優勝　Bが優勝

$$\frac{5}{32}+\frac{5}{32}=\frac{5}{16}$$

6試合目にAが優勝するのは，5試合目まででAは3勝2敗であり，6試合目にAが勝つときであって，6試合でAの4勝2敗の場合ではないことに注意する。

例題 83　**3 分・6 点**

1 枚の硬貨を 4 回投げるとき，表が 1 回だけ出る確率は $\dfrac{\boxed{ア}}{\boxed{イ}}$，表が少なくとも 1 回出る確率は $\dfrac{\boxed{ウエ}}{\boxed{オカ}}$，表が 3 回以上出る確率は $\dfrac{\boxed{キ}}{\boxed{クケ}}$ である。

解答

4 回投げて表が 1 回出る確率は　${}_4C_1\left(\dfrac{1}{2}\right)\left(\dfrac{1}{2}\right)^3=\dfrac{\mathbf{1}}{\mathbf{4}}$

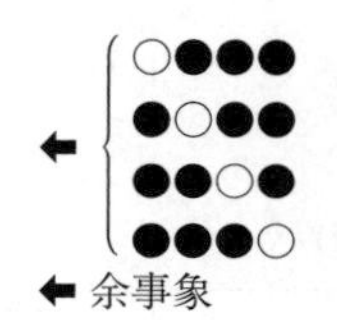

表が少なくとも 1 回出る確率は　$1-\left(\dfrac{1}{2}\right)^4=\dfrac{\mathbf{15}}{\mathbf{16}}$

← 余事象

表が 3 回以上出る確率は，表が 3 回出る確率と 4 回出る確率の和であるから

$${}_4C_3\left(\frac{1}{2}\right)^3\left(\frac{1}{2}\right)+\left(\frac{1}{2}\right)^4=\frac{\mathbf{5}}{\mathbf{16}}$$

例題 84　**3 分・6 点**

A，B の 2 人が試合を行う。A が勝つ確率は $\dfrac{2}{3}$ であり，引き分けはないものとする。先に 3 勝した方を優勝として，n 試合目に A が優勝する確率を p_n ($n=3$, 4, 5) とする。このとき，$p_4=\dfrac{\boxed{ア}}{\boxed{イウ}}$ であり，$\boxed{エ}$ が成り立つ。

$\boxed{エ}$ の解答群

⓪　$p_3>p_4>p_5$　　①　$p_3=p_4>p_5$　　②　$p_3>p_4=p_5$　　③　$p_3=p_4=p_5$

解答

3 試合目で A が優勝する確率 p_3 は

$$p_3=\left(\frac{2}{3}\right)^3=\frac{8}{27}$$

4 試合目で A が優勝する確率 p_4 は

$$p_4={}_3C_1\left(\frac{2}{3}\right)^2\cdot\frac{1}{3}\cdot\frac{2}{3}=\frac{\mathbf{8}}{\mathbf{27}}$$

← ①②③ ④
A 2勝　A 勝ち
B 1勝

5 試合目で A が優勝する確率 p_5 は

$$p_5={}_4C_2\left(\frac{2}{3}\right)^2\left(\frac{1}{3}\right)^2\frac{2}{3}=\frac{16}{81}$$

← ①②③④ ⑤
A 2勝　A 勝ち
B 2勝

よって　$p_3=p_4>p_5$　（**①**）

§6 1

STAGE 1　52　条件付き確率と乗法定理

■ 85　条件付き確率 ■

事象 A が起こったときに，事象 B が起こる確率を条件付き確率といい，$P_A(B)$ で表す。

$$P_A(B)=\frac{n(A\cap B)}{n(A)}=\frac{P(A\cap B)}{P(A)}$$

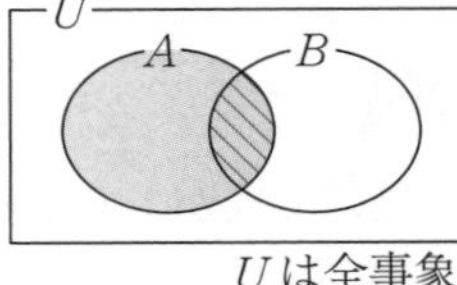

U は全事象

（例）

①　①　②
[1]　[1]　[2]　[2]

→ 1個取り出す場合

A：○を取り出す …… $\frac{3}{7}$　　B：□を取り出す …… $\frac{4}{7}$

C：1を取り出す …… $\frac{4}{7}$

①　①　②

○を取り出したときに1を取り出す条件付き確率

$P_A(C)=\frac{2}{3}$ …… 3個の○のうち①を取り出す確率

[1]　[1]　[2]　[2]

□を取り出したときに1を取り出す条件付き確率

$P_B(C)=\frac{2}{4}=\frac{1}{2}$ …… 4個の□のうち[1]を取り出す確率

$P(A)=\frac{3}{7}$，$P(A\cap C)=\frac{2}{7}$ より　$P_A(C)=\frac{\frac{2}{7}}{\frac{3}{7}}=\frac{2}{3}$

■ 86　乗法定理 ■

2つの事象 A，B がともに起こる確率 $P(A\cap B)$ は

$$P(A\cap B)=P(A)P_A(B)\quad（乗法定理）$$

（例）　1個取り出して，戻さずにもう1個取り出す

A：1回目に○を取る　　B：2回目に○を取り出す
（$\overline{B}$：2回目に×を取り出す）

○○×××××

○を取る
$P(A)=\frac{2}{7}$

○×××××

$P_A(B)=\frac{1}{6}$ → $P(A\cap B)=P(A)\cdot P_A(B)=\frac{2}{7}\cdot\frac{1}{6}$

$P_A(\overline{B})=\frac{5}{6}$ → $P(A\cap\overline{B})=P(A)\cdot P_A(\overline{B})=\frac{2}{7}\cdot\frac{5}{6}$

例題 85 2分・4点

5個の赤球と4個の白球があり，赤球，白球ともに2個ずつ印がついている。この9個の球が入った袋から1個の球を取り出す。取り出した球が赤球であるとき，印がついた球である条件付き確率は $\frac{\boxed{ア}}{\boxed{イ}}$ であり，取り出した球が印のついた球であるとき，その球が赤球である条件付き確率は $\frac{\boxed{ウ}}{\boxed{エ}}$ である。

解答

赤球は5個あり，このうち2個に印がついているから，取り出した球が赤球であるとき，印のついた球である条件付き確率は $\mathbf{\frac{2}{5}}$

印のついた球は4個あり，このうち2個が赤球であるから，取り出した球が印のついた球であるとき，その球が赤球である条件付き確率は $\frac{2}{4}=\mathbf{\frac{1}{2}}$

← A：赤球を取る
B：印のついた球を取る
$P_A(B)=\frac{2}{5}$
$P_B(A)=\frac{2}{4}$

例題 86 3分・6点

5個の赤球と4個の白球が入った袋から1個の球を取り出し，戻さずにもう2個の球を取り出す。このとき，取り出した3個の球がすべて赤球である確率は $\frac{\boxed{ア}}{\boxed{イウ}}$ であり，後に取り出した2個の球がともに赤球である確率は $\frac{\boxed{エ}}{\boxed{オカ}}$ である。

解答

赤球を1個取り出し，次に赤球を2個取り出す確率は

$$\frac{5}{9}\cdot\frac{{}_4C_2}{{}_8C_2}=\frac{5}{9}\cdot\frac{3}{14}=\mathbf{\frac{5}{42}}$$

白球を1個取り出し，次に赤球を2個取り出す確率は

$$\frac{4}{9}\cdot\frac{{}_5C_2}{{}_8C_2}=\frac{4}{9}\cdot\frac{5}{14}=\frac{10}{63}$$

よって，後に取り出した2個の球がともに赤球である確率は

$$\frac{5}{42}+\frac{10}{63}=\frac{35}{126}=\mathbf{\frac{5}{18}}$$

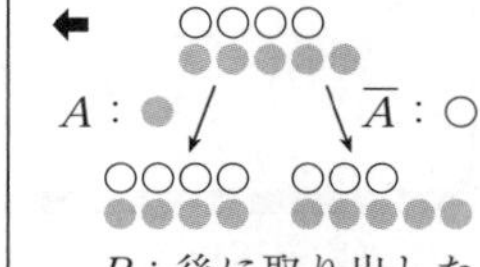

B：後に取り出した2個の球がともに赤球である
$P(B)=$
$P_A(B)+P_{\overline{A}}(B)$

STAGE 1　53　期待値

■87　期待値■

x	x_1	x_2	……	x_n	計
確率	p_1	p_2	……	p_n	1

（x の期待値）$=x_1p_1+x_2p_2+\cdots\cdots+x_np_n$

変数 x の取り得る値が x_1，x_2，……，x_n であり，それぞれの起こる確率が p_1，p_2，……，p_n であるとき，x の期待値は，x のそれぞれの値とその確率の積の総和で求める。

■88　取り出すときの期待値■

○○○
□□□□

箱から同時に3個を取り出すとき
○の個数が X 個になる確率は

X	0	1	2	3	計
確率	$\dfrac{{}_4C_3}{{}_7C_3}$	$\dfrac{{}_3C_1\cdot{}_4C_2}{{}_7C_3}$	$\dfrac{{}_3C_2\cdot{}_4C_1}{{}_7C_3}$	$\dfrac{{}_3C_3}{{}_7C_3}$	
	$\dfrac{4}{35}$	$\dfrac{18}{35}$	$\dfrac{12}{35}$	$\dfrac{1}{35}$	1

X の期待値は

$$0\times\frac{4}{35}+1\times\frac{18}{35}+2\times\frac{12}{35}+3\times\frac{1}{35}=\frac{9}{7}$$

となるが，この値は次のように求めることもできる。

箱の中の○の割合は $\dfrac{3}{7}$ だから，取り出した3個について○の期待値は

$$3\times\frac{3}{7}=\frac{9}{7}$$

期待値は「平均」である。3個取り出したときの X の期待値は，取り出した個数3に箱の中の○の割合をかけることで求めることができる。
Aが m 個，Bが n 個入った箱から r 個取り出したときのAの個数の期待値は

$$r\times\frac{m}{m+n}$$

となる。

例題 87　**4 分・6 点**

A，B，C，D の文字が一つずつ書いてある 4 枚のカードが箱に入っている。この中から 1 枚のカードを取り出してもとに戻す。この試行を 4 回繰り返し，A の書かれたカードを引いた回数が 1 回ならば 1 点，2 回ならば 2 点，0 回，3 回または 4 回のときは 0 点とする。得点が 1 点である確率は $\frac{\boxed{アイ}}{\boxed{ウエ}}$，0 点である確率は $\frac{\boxed{オカ}}{\boxed{キクケ}}$ であり，得点の期待値は $\frac{\boxed{コサ}}{\boxed{シス}}$ である。

解答　得点が 1 点である確率は　${}_4C_1\left(\frac{1}{4}\right)\left(\frac{3}{4}\right)^3=\mathbf{\frac{27}{64}}$

得点が 2 点である確率は　${}_4C_2\left(\frac{1}{4}\right)^2\left(\frac{3}{4}\right)^2=\frac{27}{128}$

よって，得点が 0 点である確率は　$1-\left(\frac{27}{64}+\frac{27}{128}\right)=\mathbf{\frac{47}{128}}$

得点の期待値は　$0\times\frac{47}{128}+1\times\frac{27}{64}+2\times\frac{27}{128}=\mathbf{\frac{27}{32}}$

← 反復試行の確率。

例題 88　**6 分・4 点**

赤，青，黄，緑の 4 色のカードが 5 枚ずつ計 20 枚ある。この 20 枚の中から 3 枚を取り出す。このとき，3 枚の中にある赤いカードの枚数の期待値は，$\frac{\boxed{ア}}{\boxed{イ}}$ である。

解答　すべての取り出し方の場合の数は ${}_{20}C_3=1140$（通り）。取り出した赤色のカードの枚数を k 枚とすると，そのときの確率 p_k は

k	0	1	2	3	計
p_k	$\frac{{}_{15}C_3}{{}_{20}C_3}$	$\frac{{}_5C_1\times{}_{15}C_2}{{}_{20}C_3}$	$\frac{{}_5C_2\times{}_{15}C_1}{{}_{20}C_3}$	$\frac{{}_5C_3}{{}_{20}C_3}$	
	$\frac{91}{228}$	$\frac{35}{76}$	$\frac{5}{38}$	$\frac{1}{114}$	1

よって，取り出した赤色のカードの枚数の期待値は

$$0\times\frac{91}{228}+1\times\frac{35}{76}+2\times\frac{5}{38}+3\times\frac{1}{114}=\mathbf{\frac{3}{4}}$$

← 赤色以外の 3 色は区別する必要はない。

カード 20 枚のうち，赤色の割合は $\frac{1}{4}$
取った 3 枚の中の赤色の期待値は
$3\times\frac{1}{4}=\frac{3}{4}$ と考えてもよい。

§6 1

STAGE 1  

類題 71　　（4分・4点）

300以下の自然数のうち，2でも3でも割り切れないものは $\boxed{\text{アイウ}}$ 個ある。さらに，300との最大公約数が1であるものは $\boxed{\text{エオ}}$ 個ある。

類題 72　　（4分・6点）

右図のような1から7までの区画を赤，青，黄，茶の4色で塗り分けたい。1に赤，2に青，3に黄を塗るとき，4から7の区画の塗り方は $\boxed{\text{ア}}$ 通りある。1，2，3 の3つの区画の塗り方は $\boxed{\text{イウ}}$ 通りあるから，すべての塗り方は $\boxed{\text{エオカ}}$ 通りある。ただし，隣接している区画には異なる色を塗るものとする。

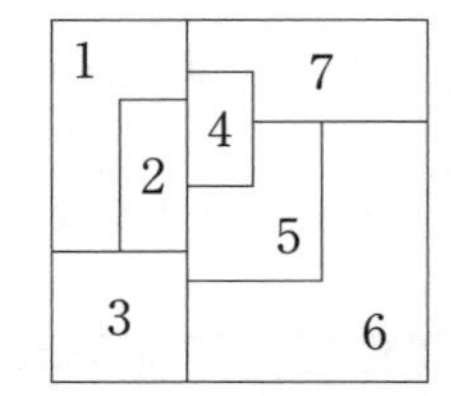

類題 73　　（3分・6点）

4桁の暗証番号で各桁がすべて奇数であるものは $\boxed{\text{アイウ}}$ 通りある。このうち各桁がすべて異なる奇数であるものは $\boxed{\text{エオカ}}$ 通りあり，また，数字1を含むものは $\boxed{\text{キクケ}}$ 通りある。

類題　74　　（3分・6点）

a, a, b, b, c, d, e の7文字を1列に並べる並べ方は [アイウエ] 通りあり，このうち，2個の a が隣り合う並べ方は [オカキ] 通りある。また，c, d, e のどの2つも隣り合わないような並べ方は [クケコ] 通りある。

類題　75　　（3分・6点）

1から20までの数字から異なる3個の数字を選ぶとき，3個とも奇数である選び方は [アイウ] 通りある。また，奇数と偶数の両方が含まれるような選び方は [エオカ] 通りある。さらに，3個の数字の和が奇数になるような選び方は [キクケ] 通りある。

類題　76　　（3分・6点）

平面上に10個の点があり，このうち，4点は同じ直線上にあり，他のどの3点も同じ直線上にないとする。このとき，2点を結んでできる直線は [アイ] 本あり，3点を結んでできる三角形は [ウエオ] 個ある。

類題 77　（3分・4点）

大人3人，子供6人の合計9人を3人ずつの3組に分ける。どの組も大人1人，子供2人に分ける分け方は［アイ］通りある。また，大人3人，子供3人ずつに分ける分け方は［ウエ］通りある。

類題 78　（3分・6点）

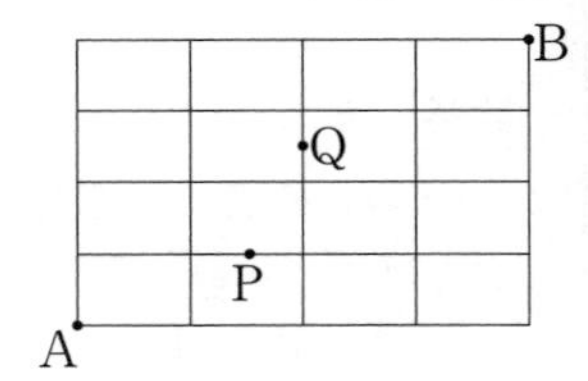

右図のような格子状の道がある。AからBへ行く最短経路は［アイ］通りある。このうち，Pを通る経路は［ウエ］通りある。また，PとQのどちらも通らない経路は［オカ］通りある。

類題 79　（3分・6点）

2個のサイコロを投げて出る目の数の和が7以下になる確率は $\dfrac{\text{ア}}{\text{イウ}}$ であり，目の数の和が4の倍数になる確率は $\dfrac{\text{エ}}{\text{オ}}$ である。また，一方の目が他方の目の約数になる確率は $\dfrac{\text{カキ}}{\text{クケ}}$ である。

類題 80　(6分・6点)

3個のサイコロを投げて出る目がすべて4以下である確率は $\frac{\boxed{\text{ア}}}{\boxed{\text{イウ}}}$ であり，出る目の中で最大の目が4である確率は $\frac{\boxed{\text{エオ}}}{\boxed{\text{カキク}}}$ である。また，出る目の和が5以下である確率は $\frac{\boxed{\text{ケ}}}{\boxed{\text{コサシ}}}$ である。

類題 81　(5分・6点)

赤球2個，白球3個，青球3個が入った袋から同時に3個の球を取り出すとき，3個がすべて同じ色である確率は $\frac{\boxed{\text{ア}}}{\boxed{\text{イウ}}}$ である。また，3個がすべて異なる色である確率は $\frac{\boxed{\text{エ}}}{\boxed{\text{オカ}}}$ である。さらに，少なくとも1個赤球を取り出す確率は $\frac{\boxed{\text{キ}}}{\boxed{\text{クケ}}}$ である。

類題 82　(6分・6点)

二つの箱A，Bがある。Aの箱には，0，1，2 の数字が書かれたカードがそれぞれ，1，2，3 枚ずつの計6枚のカードが入っていて，Bの箱には，0，1，2 の数字が書かれたカードがそれぞれ 3，2，1 枚ずつの計6枚のカードが入っている。Aの箱から1枚，Bの箱から2枚の合計3枚のカードを取り出すとき

(1) 3枚のカードに書かれた数字がすべて0である確率は $\frac{\boxed{\text{ア}}}{\boxed{\text{イウ}}}$ である。

(2) 3枚のカードに書かれた数字の積が0である確率は $\frac{\boxed{\text{エ}}}{\boxed{\text{オ}}}$ である。

(3) 3枚のカードに書かれた数字の積が2である確率は $\frac{\boxed{\text{カ}}}{\boxed{\text{キク}}}$ である。

類題 83　　（6分・6点）

サイコロを5回投げるとき，2以下の目が3回出る確率は $\dfrac{\boxed{\text{アイ}}}{\boxed{\text{ウエオ}}}$ であり，2以下の目が少なくとも2回出る確率は $\dfrac{\boxed{\text{カキク}}}{\boxed{\text{ケコサ}}}$ である。また，2以下の目が連続して3回以上出る確率は $\dfrac{\boxed{\text{シ}}}{\boxed{\text{スセ}}}$ である。

類題 84　　（6分・8点）

A，B 2人がジャンケンをする。1回のジャンケンにおいてAが勝つ確率は $\dfrac{\boxed{\text{ア}}}{\boxed{\text{イ}}}$，Bが勝つ確率は $\dfrac{\boxed{\text{ウ}}}{\boxed{\text{エ}}}$ である。

2人のうちどちらか一方が3回勝つまでジャンケンをすることにした。4回で終わる確率は $\dfrac{\boxed{\text{オ}}}{\boxed{\text{カキ}}}$ であり，5回で終わる確率は $\dfrac{\boxed{\text{クケ}}}{\boxed{\text{コサ}}}$ である。

類題 85　　（3分・6点）

1から5までの数字が一つずつ書かれた赤球5個と，6から9までの数字が一つずつ書かれた白球4個がある。この9個の球が入った袋から1個の球を取り出す。取り出した球が赤球であったとき，その球に偶数が書かれている条件付き確率は $\dfrac{\boxed{\text{ア}}}{\boxed{\text{イ}}}$ であり，取り出した球が白球であったとき，その球に偶数が書かれている条件付き確率は $\dfrac{\boxed{\text{ウ}}}{\boxed{\text{エ}}}$ である。また，取り出した球に偶数が書かれていたとき，その球が赤球である条件付き確率は $\dfrac{\boxed{\text{オ}}}{\boxed{\text{カ}}}$ である。

類題　86

（4分・6点）

12本のくじの中に3本の当たりくじが入っている。A，B，Cの3人がこの順に1本ずつくじを引く。ただし，引いたくじはもとに戻さないものとする。このとき，A，B，Cの3人がともに当たる確率は $\dfrac{\boxed{ア}}{\boxed{イウエ}}$ であり，Aがはずれ，B，Cの2人が当たる確率は $\dfrac{\boxed{オ}}{\boxed{カキク}}$ である。また，BとCが当たる確率は $\dfrac{\boxed{ケ}}{\boxed{コサ}}$ である。

類題　87

（4分・6点）

サイコロを1個投げ，出た目が3以下ならもう1回サイコロを投げて，再び出た目が3以下ならもう1回だけサイコロを投げる。このとき，サイコロを3回投げる確率は $\dfrac{\boxed{ア}}{\boxed{イ}}$ である。サイコロを1回投げるごとに100円受け取るとすると，受け取る金額の期待値は $\boxed{ウエオ}$ 円である。

類題　88

（4分・4点）

6点の球が1個，4点の球が2個，0点の球が3個入った袋がある。この袋から1個の球を取り出すとき，点数の期待値を e_1 とする。また，この袋から2個の球を同時に取り出すとき，点数の合計の期待値を e_2 とする。このとき，

$e_2=\dfrac{\boxed{アイ}}{\boxed{ウ}}$ であり，$\boxed{エ}$ が成り立つ。

$\boxed{エ}$ の解答群

⓪　$e_2<2e_1$　　①　$e_2=2e_1$　　②　$e_2>2e_1$

STAGE 2 54 取り出すときの確率の応用

■89 対象のグループ化■

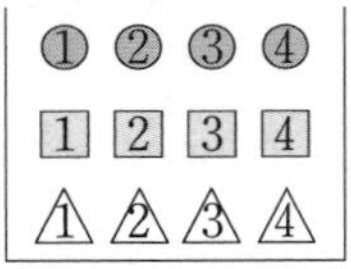

① ② ③ ④
1 2 3 4
△1 △2 △3 △4

(計12個)

⟹ 箱の中から3個を取り出す場合の数は $_{12}C_3$ 通り

求める確率によって，グループ分けを考える。

(1) ●を2個取り出す確率は

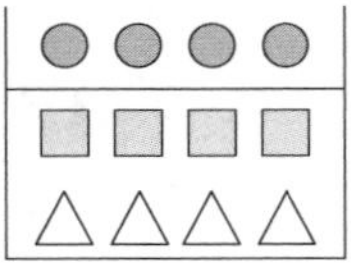

●●●●
■■■■ △△△△

⟹ 2個 …… $_4C_2$ 通り

⟹ 1個 …… $_8C_1$ 通り

確率は $\dfrac{_4C_2 \cdot {}_8C_1}{_{12}C_3}$

(2) 3個の数の積が偶数となる確率は

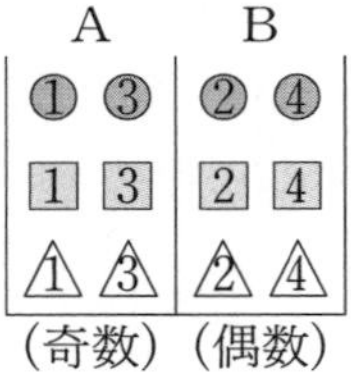

A	B
① ③	② ④
1 3	2 4
△1 △3	△2 △4
(奇数)	(偶数)

「3個の数の積が偶数」

=「3個の数のうち，少なくとも1個が偶数」

余事象は 「3個とも奇数」…… $_6C_3$ 通り

確率は $1-\dfrac{_6C_3}{_{12}C_3}$

上の例のように，●を2個取り出す確率では，■と△は区別する必要がなく，●4個から2個取り出し，■と△合わせて8個から1個取り出す場合の数を考える。3個の数の積が偶数となる確率では，数字を偶数か奇数かで分けて，奇数6個から3個取り出す場合を考える。このように求める確率に応じて対象をグループ分けして，それぞれから何個取り出すかを $_nC_r$ で計算する。

例題 89　**4分・8点**

1から9までの数字が一つずつ書かれた9枚のカードから5枚のカードを同時に取り出す。取り出した5枚のカードの中に5と書かれたカードが小さい方からk番目にある確率をP_kとする。取り出した5枚のカードの中に5と書かれたカードがない場合は$k=0$とする。このとき

$$P_0=\frac{\boxed{ア}}{\boxed{イ}},\ P_1=\frac{\boxed{ウ}}{\boxed{エオカ}},\ P_2=\frac{\boxed{キ}}{\boxed{クケ}},\ P_3=\frac{\boxed{コ}}{\boxed{サ}}$$

である。

解答

すべての取り出し方は

$${}_9C_5={}_9C_4=126\ (通り)$$

$$A=\{\boxed{1},\ \boxed{2},\ \boxed{3},\ \boxed{4}\}$$

$$B=\{\boxed{6},\ \boxed{7},\ \boxed{8},\ \boxed{9}\}$$

とする。

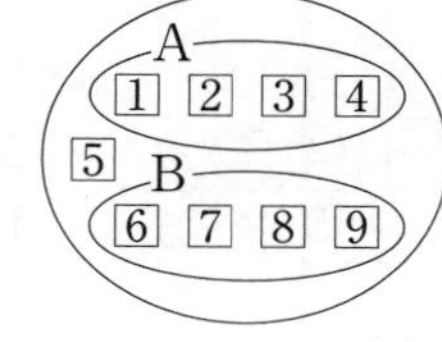

⬅5より小さいカードと大きいカードに分ける。

・$k=0$ となるのは，$A\cup B$ から5枚を取り出すときであるから

$${}_8C_5={}_8C_3=56\ (通り)$$

よって　$P_0=\dfrac{56}{126}=\mathbf{\dfrac{4}{9}}$

・$k=1$ となるのは，$\boxed{5}$と，Bから4枚を取り出すときであるから

⬅$\boxed{6}\boxed{7}\boxed{8}\boxed{9}$を取り出す。

$${}_4C_4=1\ (通り)$$

よって　$P_1=\mathbf{\dfrac{1}{126}}$

・$k=2$ となるのは，$\boxed{5}$と，Aから1枚，Bから3枚を取り出すときであるから

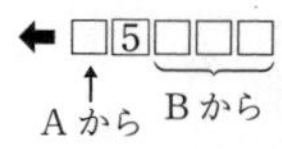

$${}_4C_1\cdot{}_4C_3=16\ (通り)$$

よって　$P_2=\dfrac{16}{126}=\mathbf{\dfrac{8}{63}}$

・$k=3$ となるのは，$\boxed{5}$と，Aから2枚，Bから2枚を取り出すときであるから

⬅□□$\boxed{5}$□□
A から　B から

$${}_4C_2\cdot{}_4C_2=36\ (通り)$$

よって　$P_3=\dfrac{36}{126}=\mathbf{\dfrac{2}{7}}$

§6
2

STAGE 2 55 表の活用

■90 表の活用■

2つの数字が現れるような確率 ⟹ 表を書く

（例） サイコロを2個を投げるとき，出る目の差 X についての確率

⟹ 数字を書き込む

X	1	2	3	4	5	6
1	0	1	2	3	④	5
2	1	0	1	2	③	4
3	2	1	0	1	2	3
4	3	2	1	0	1	2
5	④	③	2	1	0	1
6	5	4	3	2	1	0

アミ目 …… $X \geqq 3$
○ …… $X \geqq 3$ でかつ一方の目が5

すべての場合の数 …… マスの総数

上の例では　$6 \cdot 6 = 36$（通り）

確率 …… $\dfrac{\text{該当するマスの個数}}{\text{マスの総数}}$

上の例で，$X \geqq 3$ となるのはアミ目の12マス

$$\frac{12}{36} = \frac{1}{3}$$

条件付き確率 …… $\dfrac{\text{条件を満たすマスの中で該当するマスの個数}}{\text{条件を満たすマスの総数}}$

$X \geqq 3$ のとき一方の目が5である条件付き確率

$$\frac{4}{12} = \frac{1}{3}$$

期待値 …… $\dfrac{\text{マスに記入された数の合計}}{\text{マスの総数}}$

上の例で，X の期待値は

$$\frac{0\times6+1\times10+2\times8+3\times6+4\times4+5\times2}{36} = \frac{35}{18}$$

期待値は平均であるから，上で示したように計算すると要領がよい。

例題 90 8分・6点

A，Bの二人が球の入った袋を持っている。Aの袋には，1，3，5，7，9の数字が一つずつ書かれた5個の球が入っており，Bの袋には，2，4，6，8の数字が一つずつ書かれた4個の球が入っている。

AとBが各自の袋から球を1個取り出し，書かれた数が大きい方の人を勝ちとする。このとき，Aが勝つ確率は $\frac{\boxed{ア}}{\boxed{イ}}$ である。また，Aが勝ったとき，Aが9の数字が書かれた球を取り出している条件付き確率は $\frac{\boxed{ウ}}{\boxed{エ}}$ である。

勝ったときには自分が出した数を得点とし，負けたときには得点は0とする。このときAの得点の期待値は $\frac{\boxed{オ}}{\boxed{カ}}$ である。

解答

A，Bそれぞれが出した数に対してA，Bのどちらが勝つかを表にまとめると右のようになる。

A＼B	2	4	6	8
1	B	B	B	B
3	A	B	B	B
5	A	A	B	B
7	A	A	A	B
9	A	A	A	A

Aが勝つ確率は $\frac{10}{20}=\mathbf{\frac{1}{2}}$

Aが勝ったとき，Aが9の数字が書かれた球を取り出している条件付き確率は $\frac{4}{10}=\mathbf{\frac{2}{5}}$

3	A			
5	A	A		
7	A	A	A	
9	Ⓐ	Ⓐ	Ⓐ	Ⓐ

A，Bそれぞれが出した数に対してAの得点を表にまとめると

Aの得点

A＼B	2	4	6	8
1	0	0	0	0
3	3	0	0	0
5	5	5	0	0
7	7	7	7	0
9	9	9	9	9

Aの得点の期待値は $\frac{3+5\times2+7\times3+9\times4}{20}=\mathbf{\frac{7}{2}}$

⬅ 期待値は平均だから $\frac{(\text{得点の合計})}{(\text{マスの数})}$

§6 2

STAGE 2　56　取り出すときの確率，条件付き確率

91　2回取り出すときの条件付き確率

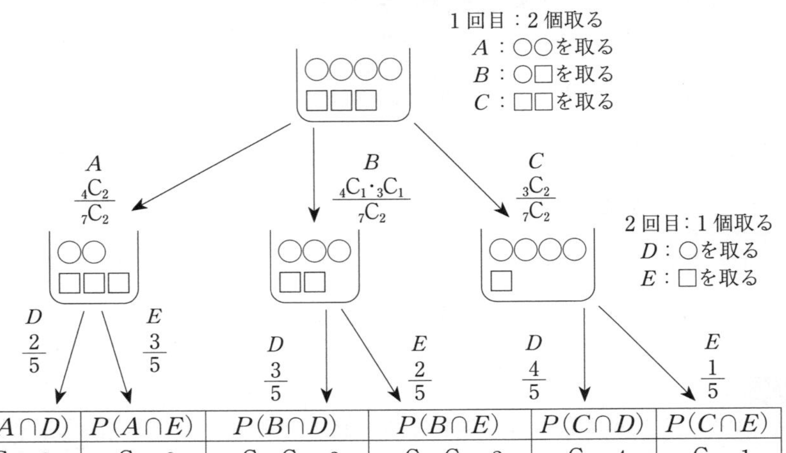

$P(A\cap D)$	$P(A\cap E)$	$P(B\cap D)$	$P(B\cap E)$	$P(C\cap D)$	$P(C\cap E)$
$\frac{{}_4C_2}{{}_7C_2}\cdot\frac{2}{5}=\frac{4}{35}$	$\frac{{}_4C_2}{{}_7C_2}\cdot\frac{3}{5}=\frac{6}{35}$	$\frac{{}_4C_1\cdot{}_3C_1}{{}_7C_2}\cdot\frac{3}{5}=\frac{12}{35}$	$\frac{{}_4C_1\cdot{}_3C_1}{{}_7C_2}\cdot\frac{2}{5}=\frac{8}{35}$	$\frac{{}_3C_2}{{}_7C_2}\cdot\frac{4}{5}=\frac{4}{35}$	$\frac{{}_3C_2}{{}_7C_2}\cdot\frac{1}{5}=\frac{1}{35}$

2回目に○を取り出す確率

$$P(D)=P(A\cap D)+P(B\cap D)+P(C\cap D)$$
$$=\frac{4}{35}+\frac{12}{35}+\frac{4}{35}=\frac{20}{35}=\frac{4}{7}$$

2回目に○を取り出したとき，1回目に○○を取り出している条件付き確率

$$P_D(A)=\frac{P(A\cap D)}{P(D)}=\frac{\frac{4}{35}}{\frac{4}{7}}=\frac{1}{5}$$

例題 91　8分・10点

赤球が3個，白球が4個入った袋がある。この袋から同時に2個の球を取り出す。このとき，赤球を2個取り出す確率は $\frac{\boxed{ア}}{\boxed{イ}}$，赤球1個と白球1個を取り出す確率は $\frac{\boxed{ウ}}{\boxed{エ}}$ である。取り出した2個の球のうち赤球は袋に戻し，白球は戻さないものとする。この後，袋からもう1個の球を取り出すとき，赤球である確率は $\frac{\boxed{オカキ}}{\boxed{クケコ}}$ である。2回目に取り出した球が赤球であったとき，1回目に取り出した球が2個とも赤球である条件付き確率は $\frac{\boxed{サシ}}{\boxed{スセソ}}$ である。

解答

赤球2個を取り出す(A)確率は

$$\frac{{}_3C_2}{{}_7C_2}=\frac{3}{21}=\frac{1}{7}$$

赤球1個，白球1個を取り出す(B)確率は

$$\frac{{}_3C_1\cdot{}_4C_1}{{}_7C_2}=\frac{3\cdot4}{21}=\frac{4}{7}$$

白球2個を取り出す(C)確率は

$$\frac{{}_4C_2}{{}_7C_2}=\frac{6}{21}=\frac{2}{7}$$

A B C

A：●●
B：●○
C：○○

⬅ 赤球は袋に戻し，白球は戻さない。

上の A，B，C それぞれに続いて，次の1個で赤球を取り出す確率を順に P_1，P_2，P_3 とすると

$$P_1=\frac{1}{7}\cdot\frac{3}{7}=\frac{3}{49},\ P_2=\frac{4}{7}\cdot\frac{3}{6}=\frac{2}{7},\ P_3=\frac{2}{7}\cdot\frac{3}{5}=\frac{6}{35}$$

よって，2回目に赤球を取り出す確率は

$$P_1+P_2+P_3=\mathbf{\frac{127}{245}}$$

⬅ 互いに排反。

このとき，1回目に取り出した球が2個とも赤球である条件付き確率は

$$\frac{P_1}{P_1+P_2+P_3}=\frac{\frac{3}{49}}{\frac{127}{245}}=\mathbf{\frac{15}{127}}$$

§6 2

STAGE 2　57　点の移動の確率

■ 92　計算のポイント ■

右図のような立方体があり，隣り合う頂点間を移動する点Pがあるとする。Pはどの頂点にあっても隣り合う3つの頂点に確率 $\frac{1}{3}$ で移るとする。

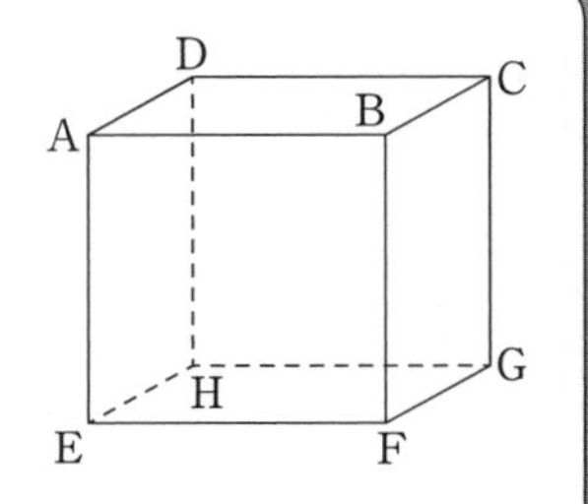

Pは最初点Aにあるとすると，

(1)　2回の移動でPがCにある確率は

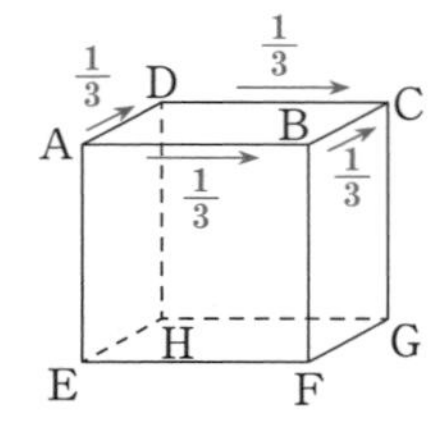

$$\left(\frac{1}{3}\cdot\frac{1}{3}\right)\cdot 2=\frac{2}{9}$$

2回の移動でPがFにある確率も，Hにある確率も同じ $\frac{2}{9}$

各移動の確率が同じで，同じ位置関係にある場合 $\Longrightarrow$ 確率も同じ

(2)　3回の移動でPがGにある確率は

1回前の位置に注目する …… Gの1つ前は，C，F，Hのいずれか

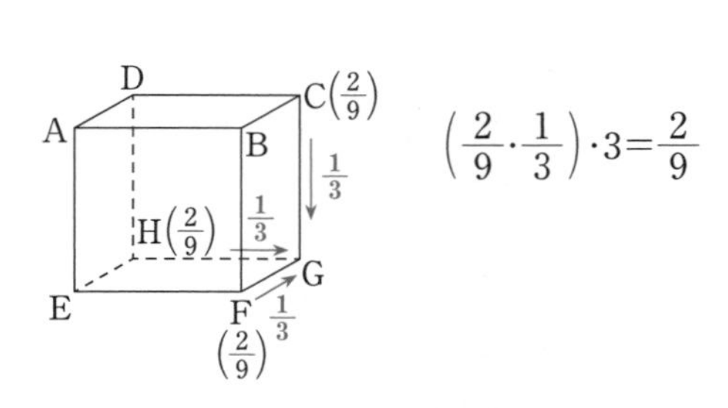

$$\left(\frac{2}{9}\cdot\frac{1}{3}\right)\cdot 3=\frac{2}{9}$$

点の移動の確率では，(1) のように対称性に注目して計算したり，(2) のように1つ前の位置に注目して計算すると要領よく確率を求めることができる場合がある。

例題 92　**10 分・12 点**

図のような一辺の長さが1の立方体があり，辺上を独立に動く点PとQがある。P，Qはいずれも1秒ごとに立方体の頂点の一つから隣り合う三つの頂点のいずれかへ等確率で動くものとする。

PとQが同時に頂点Aから出発するとき

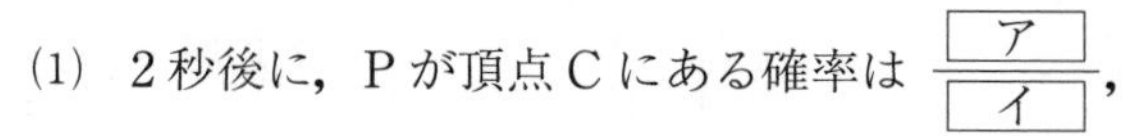

(1)　2秒後に，Pが頂点Cにある確率は $\dfrac{\boxed{ア}}{\boxed{イ}}$，

A，P，Qが三角形をなす確率は $\dfrac{\boxed{ウ}}{\boxed{エオ}}$ である。

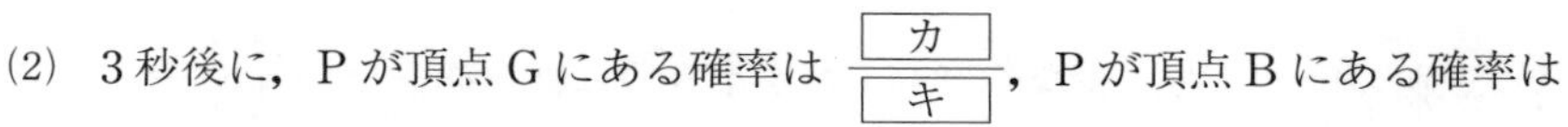

(2)　3秒後に，Pが頂点Gにある確率は $\dfrac{\boxed{カ}}{\boxed{キ}}$，Pが頂点Bにある確率は $\dfrac{\boxed{ク}}{\boxed{ケコ}}$，A，P，Qが面積 $\dfrac{\sqrt{2}}{2}$ の三角形をなす確率は $\dfrac{\boxed{サシ}}{\boxed{スセ}}$ である。

解答

(1)　2秒後にPがCにある確率は

$$\left(\frac{1}{3}\cdot\frac{1}{3}\right)\cdot 2=\mathbf{\frac{2}{9}}$$

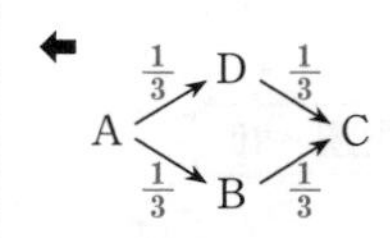

A，P，Qが三角形をなすのは，P，QがC，F，Hの異なる2点にある場合であるから，確率は

$$\left(\frac{2}{9}\right)^2\cdot{}_3P_2=\mathbf{\frac{8}{27}}$$

⬅ P，Qのある位置が ${}_3P_2$ 通り。

(2)　3秒後にPがGにあるのは，2秒後にC，F，Hのいずれかにあり，そこからGに移動するときであるから

$$\left(\frac{2}{9}\cdot\frac{1}{3}\right)\cdot 3=\mathbf{\frac{2}{9}}$$

⬅ $A \to C, F, H \to G$（$\frac{2}{9}$，$\frac{1}{3}$）

3秒後にPがBにあるのは，2秒後にC，F，Aのいずれかにあり，そこからBに移動するときであるから

$$\left(\frac{2}{9}+\frac{2}{9}+\frac{1}{3}\cdot\frac{1}{3}\cdot 3\right)\cdot\frac{1}{3}=\mathbf{\frac{7}{27}}$$

⬅ 2秒後にAにあるのは $A \to B, D, E \to A$（$\frac{1}{3}$，$\frac{1}{3}$）

$\triangle APQ=\dfrac{\sqrt{2}}{2}$ になるのは，P，Qの一方がGにあり，他方がB，D，Eのいずれかにあるときであるから

$$\left(\frac{2}{9}\cdot\frac{7}{27}\right)\cdot 2\cdot 3=\mathbf{\frac{28}{81}}$$

⬅ Gにある点がP，Qの2通り。残りの点はB，D，Eの3通り。

§6 2

STAGE 2　類　題

類題　89　　（6分・8点）

1から15までの番号が付けられた同じ大きさの円が，図のように書かれている。一方，1から15までの番号のくじがあり，この中から3本のくじを引いて出た番号の円を3個選ぶ。

1
2 3
4 5 6
7 8 9 10
11 12 13 14 15

(1)　3個の円がともに同じ段にある確率は $\dfrac{\boxed{ア}}{\boxed{イウ}}$ である。

(2)　3個の円のうち，少なくとも1個が第5段にある確率は $\dfrac{\boxed{エオ}}{\boxed{カキ}}$ である。

(3)　3個の円がすべて接している確率は $\dfrac{\boxed{クケ}}{\boxed{コサシ}}$ である。

類題　90　　（8分・12点）

三つの面が1の目，二つの面が2の目，一つの面が3の目のサイコロAと，二つの面が1の目，三つの面が2の目，一つの面が3の目のサイコロBがある。A，B 2個のサイコロを投げるとき

(1)　出る目の和が4になる確率は $\dfrac{\boxed{アイ}}{\boxed{ウエ}}$ であり，出る目の和が偶数になる確率は $\dfrac{\boxed{オ}}{\boxed{カ}}$ である。

(2)　出た目の和が偶数であるとき，目の和が4である条件付き確率は $\dfrac{\boxed{キク}}{\boxed{ケコ}}$ である。また，出た目の和が4であるとき，Bの目が3である条件付き確率は $\dfrac{\boxed{サ}}{\boxed{シス}}$ である。

(3)　出る目の和の期待値は $\dfrac{\boxed{セ}}{\boxed{ソ}}$ である。

(4)　出る目の和が4以上のときはAのサイコロの目が得点，出る目の和が3以下のときはBのサイコロの目が得点になるとき，得点の期待値は $\dfrac{\boxed{タチ}}{\boxed{ツテ}}$ である。

類題 91 （10分・12点）

1から9までのカードがそれぞれ1枚ずつある。この中から2枚のカードを取り出し，元に戻さずに，また2枚のカードを取り出す。

このとき，最初に取り出した2枚のカードがともに偶数である確率は $\frac{\boxed{ア}}{\boxed{イ}}$ であり，2枚のカードがともに奇数である確率は $\frac{\boxed{ウ}}{\boxed{エオ}}$ である。

また，最初に取り出した2枚のカードが2枚とも偶数であり，次に取り出した2枚のカードが2枚とも奇数である確率は $\frac{\boxed{カ}}{\boxed{キク}}$ である。

先に取り出した2枚のカードが2枚とも偶数であったとき，後に取り出した2枚のカードが2枚とも奇数である条件付き確率は $\frac{\boxed{ケコ}}{\boxed{サシ}}$ である。また，後に取り出した2枚のカードがともに奇数であったとき，先に取り出した2枚のカードが2枚とも偶数である条件付き確率は $\frac{\boxed{ス}}{\boxed{セ}}$ である。

類題 92 （10分・10点）

図1のような経路がある。Aを出発点として，サイコロを振るたびに，隣の点に点Pを移動させる。ただし，その向きは出た目に応じて図2に示された向きとする。

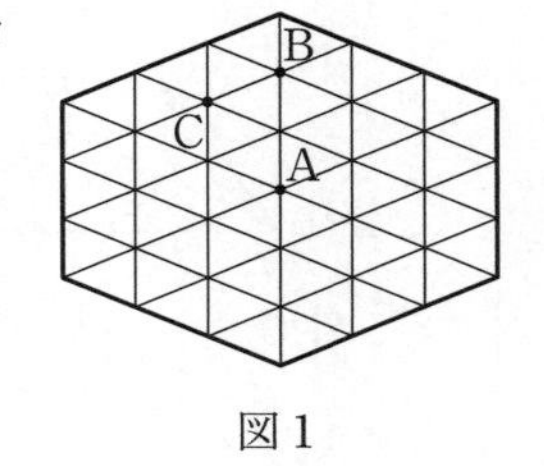

図1

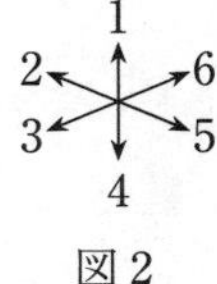

図2

(1) 2回の移動でPがBに移る確率は $\frac{\boxed{ア}}{\boxed{イウ}}$ であり，Cに移る確率は $\frac{\boxed{エ}}{\boxed{オカ}}$ である。

(2) 3回の移動でPがAに戻る確率は $\frac{\boxed{キ}}{\boxed{クケ}}$ である。

(3) 3回の移動でPが外周(太線)上にある点に移動する確率は $\frac{\boxed{コ}}{\boxed{サシ}}$ である。

§6 2

STAGE 1　58　三角形の内心，外心，重心 

■ 93　角の二等分線 ■

(1)　内角の二等分線

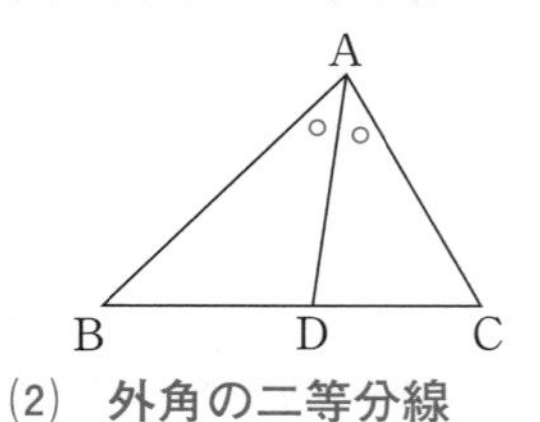

点 D は辺 BC を AB：AC の比に内分する

BD：DC＝AB：AC

(2)　外角の二等分線

点 E は辺 BC を AB：AC の比に外分する

BE：EC＝AB：AC

■ 94　三角形の内心，外心，重心 ■

(1)　内心

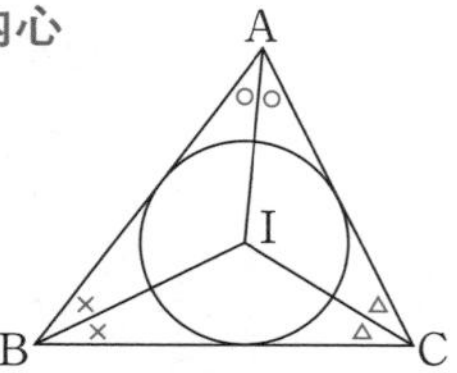

I は内心：

内接円の中心，3 つの内角の二等分線の交点

$\angle \mathrm{BIC}=90^\circ+\dfrac{1}{2}\angle \mathrm{BAC}$

(2)　外心

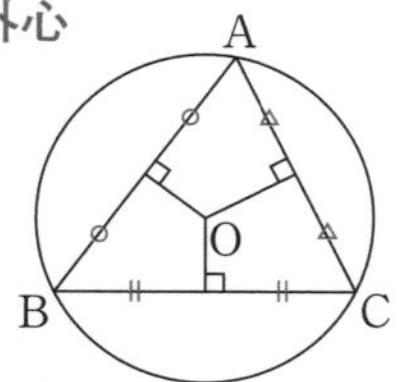

O は外心：

外接円の中心，3 辺の垂直二等分線の交点

$\angle \mathrm{BOC}=2\angle \mathrm{BAC}$

(3)　重心

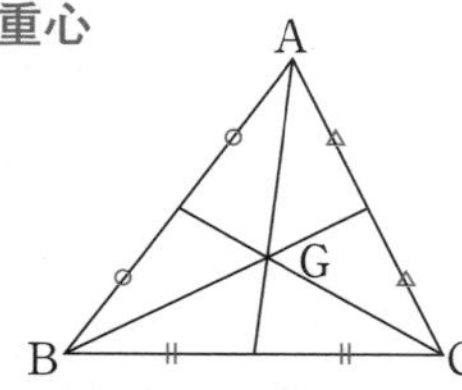

G は重心：

3 中線の交点，それぞれの中線を 2：1 に内分する

例題 93　4分・8点

△ABCにおいて，AB＝5，AC＝3，∠C＝90° とする。∠Aの二等分線と∠Aの外角の二等分線が直線BCと交わる点をそれぞれD，Eとすると

DC＝$\dfrac{\boxed{\text{ア}}}{\boxed{\text{イ}}}$，AD＝$\dfrac{\boxed{\text{ウ}}\sqrt{\boxed{\text{エ}}}}{\boxed{\text{オ}}}$，CE＝$\boxed{\text{カ}}$，AE＝$\boxed{\text{キ}}\sqrt{\boxed{\text{ク}}}$

である。

解答

三平方の定理により　BC＝$\sqrt{5^2-3^2}$＝4

BD：DC＝AB：AC＝5：3 より

$$\mathrm{DC}=\frac{3}{8}\mathrm{BC}=\mathbf{\frac{3}{2}},\ \mathrm{AD}=\sqrt{3^2+\left(\frac{3}{2}\right)^2}=\mathbf{\frac{3\sqrt{5}}{2}}$$

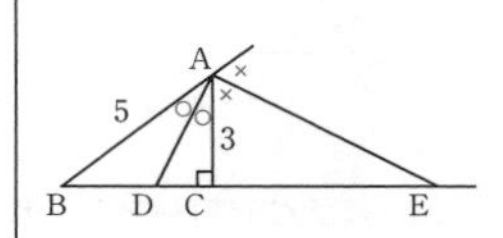

BE：EC＝AB：AC＝5：3 より

$$\mathrm{CE}=\frac{3}{2}\mathrm{BC}=\mathbf{6},\ \mathrm{AE}=\sqrt{3^2+6^2}=\mathbf{3\sqrt{5}}$$

⬅ BC：CE＝2：3

例題 94　3分・6点

△ABCと点Pがある。∠A＝80° とする。

(1)　点Pが△ABCの外心であるとき，∠BPC＝$\boxed{\text{アイウ}}$° である。

(2)　点Pが△ABCの内心であるとき，∠BPC＝$\boxed{\text{エオカ}}$° である。

(3)　点Pが△ABCの重心であるとき，△ABCの面積は△PBCの面積の $\boxed{\text{キ}}$ 倍である。

解答

(1)　∠BPC＝2∠BAC＝**160°**

⬅ 中心角は円周角の2倍。

(2)　∠ABC＋∠ACB＝180°－∠A＝100°

　∴　∠PBC＋∠PCB＝50°

よって　∠BPC＝180°－50°＝**130°**

⬅ 内心は角の二等分線の交点。

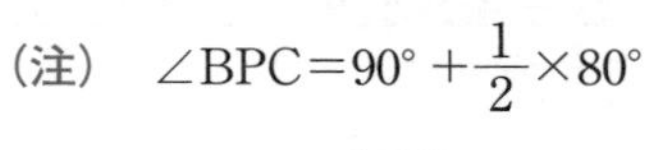

(注)　∠BPC＝90°＋$\frac{1}{2}$×80°

　　　＝130°

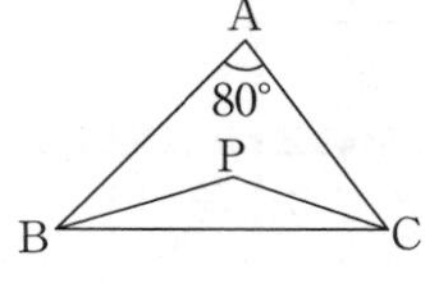

(3)　直線APと辺BCの交点をDとすると

AP：PD＝2：1

△PBC：△ABC＝PD：AD

　　　　　　＝1：3

∴　**3**倍

⬅ 重心は中線を2：1に内分する。

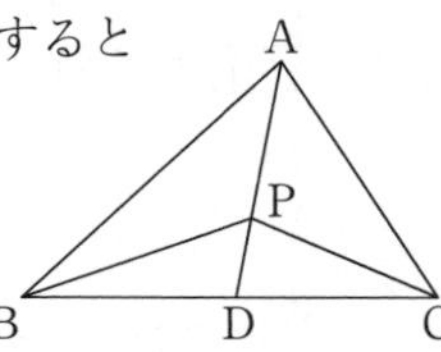

STAGE 1　59　メネラウスの定理,チェバの定理

■95　メネラウスの定理■

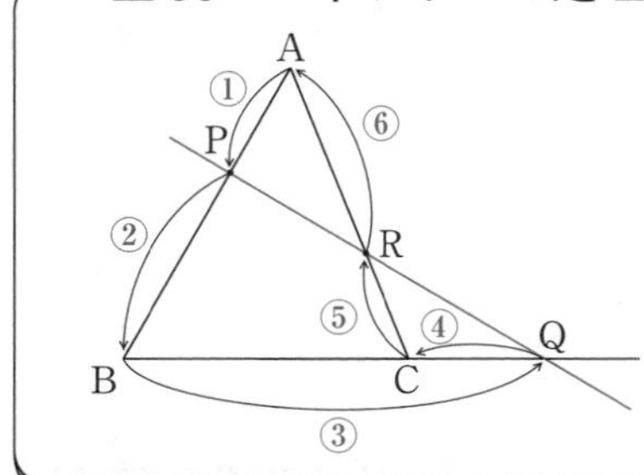

$$\underset{②}{\overset{①}{\frac{AP}{PB}}}\cdot\underset{④}{\overset{③}{\frac{BQ}{QC}}}\cdot\underset{⑥}{\overset{⑤}{\frac{CR}{RA}}}=1$$

三角形の辺またはその延長線と交わる１本の直線について成り立つ定理。各頂点から平行な直線を引いて証明される。

$$\frac{AP}{PB}\cdot\frac{BQ}{QC}\cdot\frac{CR}{RA}=\frac{AA'}{BB'}\cdot\frac{BB'}{CC'}\cdot\frac{CC'}{AA'}=1$$

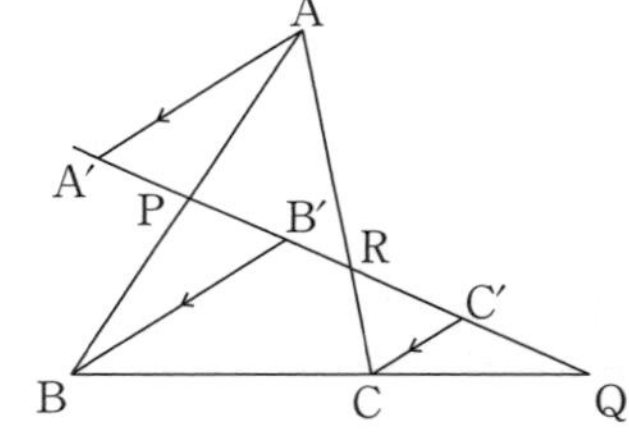

■96　チェバの定理■

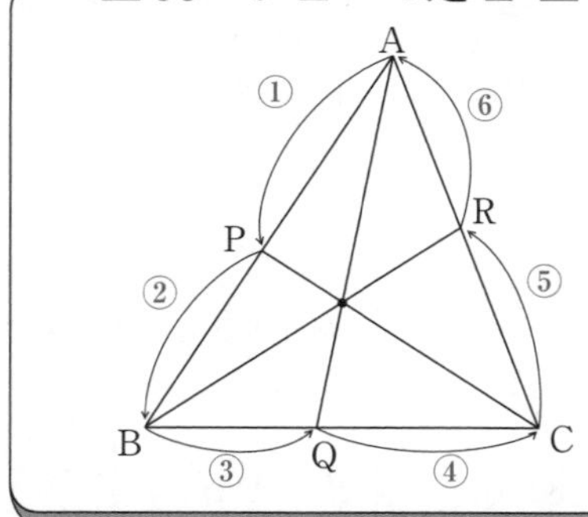

$$\underset{②}{\overset{①}{\frac{AP}{PB}}}\cdot\underset{④}{\overset{③}{\frac{BQ}{QC}}}\cdot\underset{⑥}{\overset{⑤}{\frac{CR}{RA}}}=1$$

三角形の各頂点を通る３本の直線が１点で交わるときに成り立つ定理。三角形の面積に注目して証明される。

$$\frac{AP}{PB}\cdot\frac{BQ}{QC}\cdot\frac{CR}{RA}=\frac{\triangle OAC}{\triangle OBC}\cdot\frac{\triangle OAB}{\triangle OAC}\cdot\frac{\triangle OBC}{\triangle OAB}=1$$

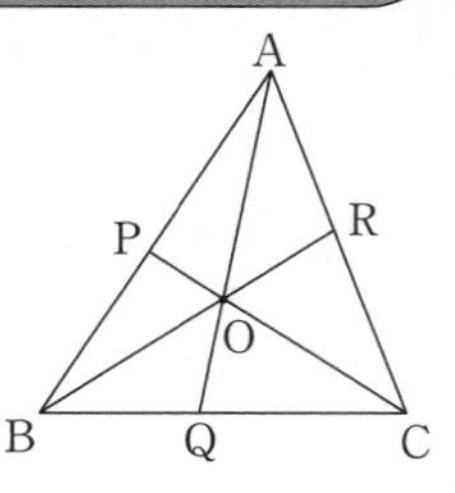

(注)　メネラウスの定理とチェバの定理については，その逆も成り立つ。

例題 95　4分・6点

△ABCにおいて，辺ABを2：1に内分する点をD，辺ACを3：2に内分する点をEとし，線分BEとCDの交点をFとする。このとき

$\frac{BF}{FE}=\frac{\boxed{ア}}{\boxed{イ}}$，$\frac{DF}{FC}=\frac{\boxed{ウ}}{\boxed{エ}}$ である。

解答

△ABEと直線DFにメネラウスの定理を用いると

$$\frac{AD}{DB}\cdot\frac{BF}{FE}\cdot\frac{EC}{CA}=1$$

$$\therefore\quad \frac{BF}{FE}=\frac{DB}{AD}\cdot\frac{CA}{EC}=\frac{1}{2}\cdot\frac{5}{2}=\mathbf{\frac{5}{4}}$$

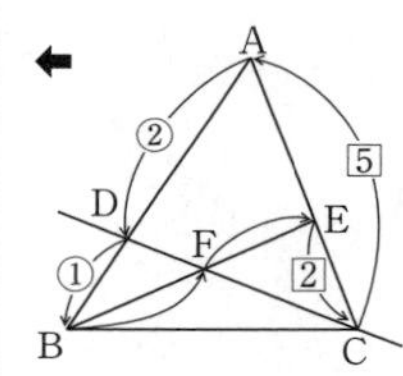

△ADCと直線EFにメネラウスの定理を用いると

$$\frac{CE}{EA}\cdot\frac{AB}{BD}\cdot\frac{DF}{FC}=1$$

$$\therefore\quad \frac{DF}{FC}=\frac{EA}{CE}\cdot\frac{BD}{AB}=\frac{3}{2}\cdot\frac{1}{3}=\mathbf{\frac{1}{2}}$$

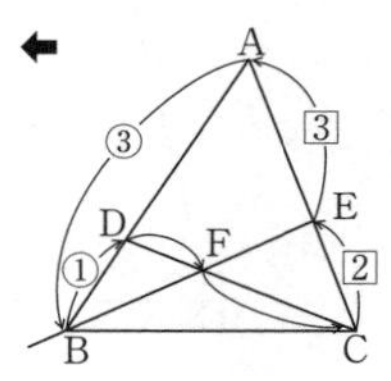

例題 96　4分・6点

△ABCにおいて，辺ABを2：1に内分する点をD，辺ACを3：2に内分する点をEとし，線分BEとCDの交点をF，直線AFと辺BCの交点をPとする。このとき

$\frac{BP}{PC}=\frac{\boxed{ア}}{\boxed{イ}}$，$\frac{\triangle ABF}{\triangle ABC}=\frac{\boxed{ウ}}{\boxed{エ}}$ である。

解答

△ABCにチェバの定理を用いると

$$\frac{AD}{DB}\cdot\frac{BP}{PC}\cdot\frac{CE}{EA}=1$$

$$\therefore\quad \frac{BP}{PC}=\frac{DB}{AD}\cdot\frac{EA}{CE}=\frac{1}{2}\cdot\frac{3}{2}=\mathbf{\frac{3}{4}}$$

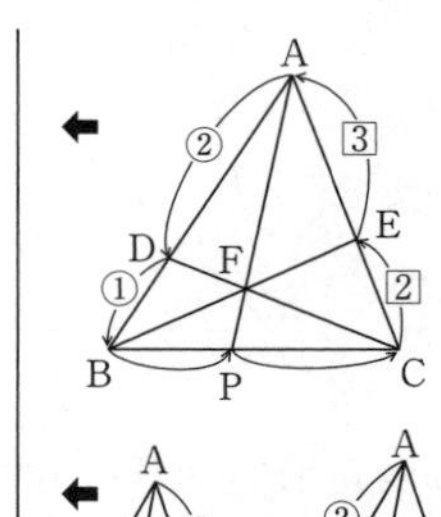

$\frac{\triangle ABF}{\triangle BCF}=\frac{AE}{EC}=\frac{3}{2}$，$\frac{\triangle ACF}{\triangle BCF}=\frac{AD}{DB}=\frac{2}{1}=\frac{4}{2}$ より

$$\frac{\triangle ABF}{\triangle ABC}=\frac{3}{3+2+4}=\frac{3}{9}=\mathbf{\frac{1}{3}}$$

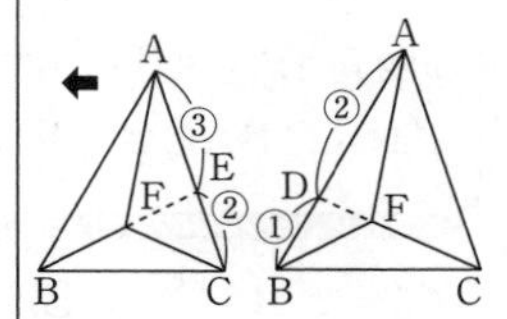

STAGE 1　60　円に内接する四角形

■ 97　円に内接する四角形の性質 ■

(1)

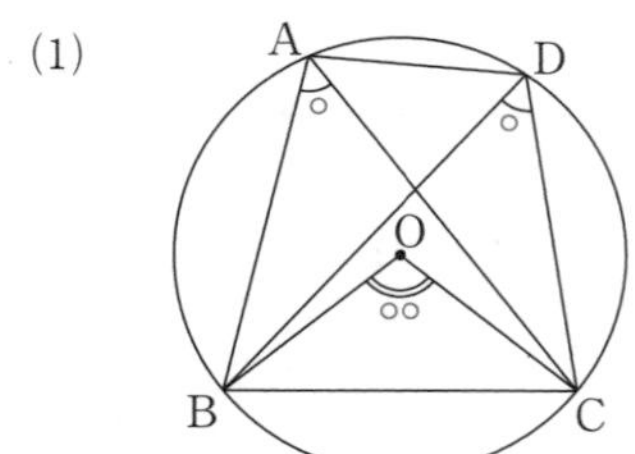

$\angle BAC = \angle BDC$

$= \frac{1}{2} \angle BOC$

(2)

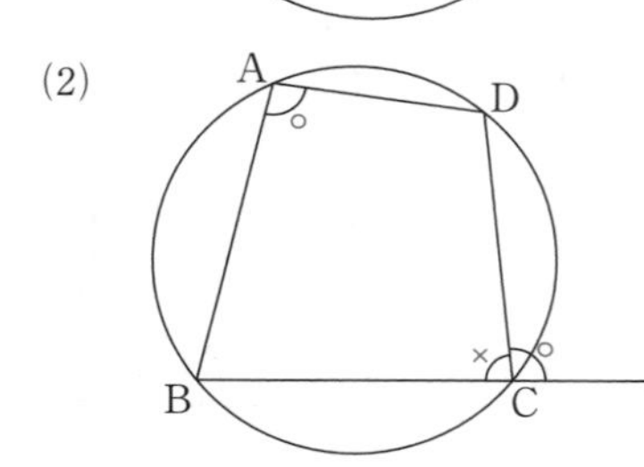

$\angle BAD + \angle BCD = 180°$

$\angle BAD = \angle DCE$

(1)　1つの弧に対する円周角の大きさは一定であり，中心角の大きさの $\frac{1}{2}$ である。

(2)　円に内接する四角形の対角の和は180°であり，四角形の内角は，その対角の外角に等しい。

■ 98　四角形が円に内接するための条件 ■

(1)

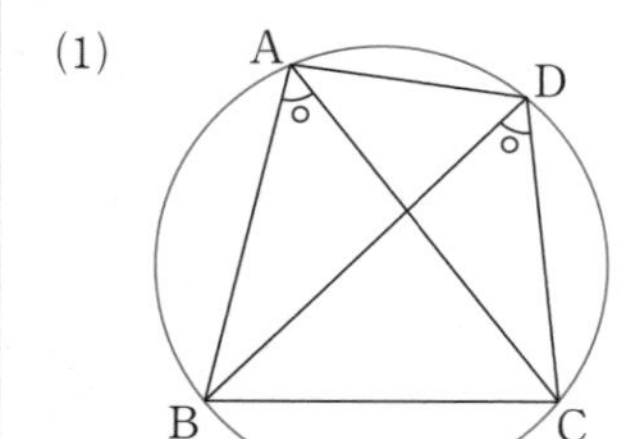

(2)

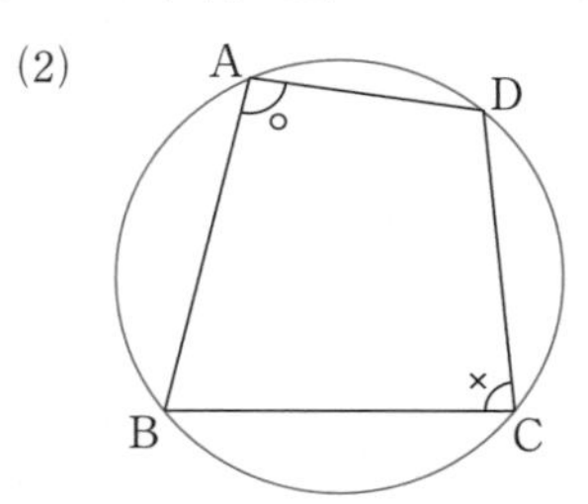

四角形 ABCD が次のいずれかの条件を満たせば，円に内接する。

(1)　$\angle BAC = \angle BDC$　　(2)　$\angle BAD + \angle BCD = 180°$

特に　$\angle BAC = \angle BDC = 90°$ のとき　辺 BC は円の直径になる。

　　　$\angle BAD = \angle BCD = 90°$ のとき　対角線 BD は円の直径になる。

例題 97　3分・6点

右図のように，円 O に内接する四角形 ABCD において，∠ABO＝36°，∠ADC＝112° とする。このとき，∠OBC＝[アイ]°，∠BAC＝[ウエ]° である。
また，弧 $\overset{\frown}{\mathrm{ABC}}$ と弧 $\overset{\frown}{\mathrm{ADC}}$ の長さの比は [オカ]：[キク] である。

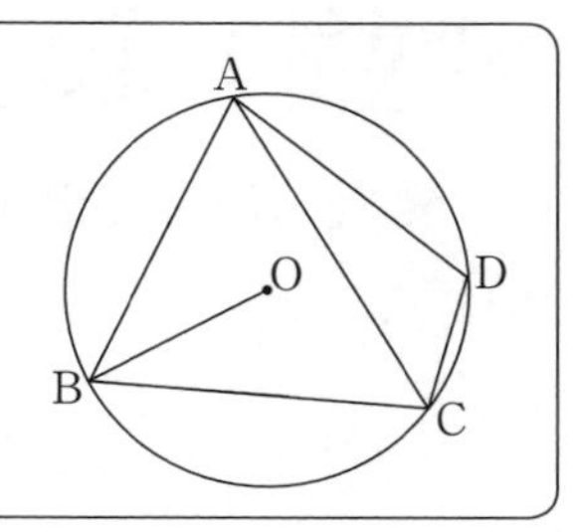

解答

∠ABC＝180°－∠ADC＝68°
∴　∠OBC＝68°－∠ABO＝**32°**
∠BOC＝180°－2×32°＝116°
∴　$\angle\mathrm{BAC}=\frac{1}{2}\angle\mathrm{BOC}=$**58°**

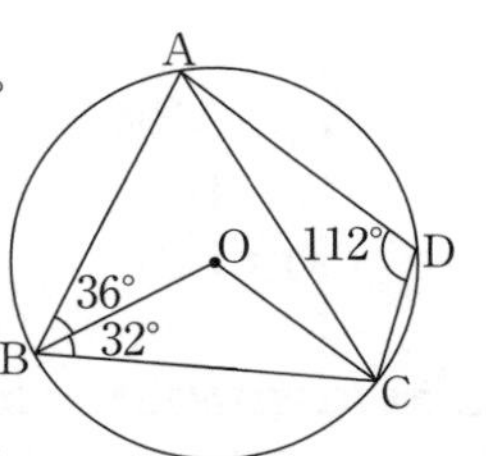

また
$\overset{\frown}{\mathrm{ABC}}:\overset{\frown}{\mathrm{ADC}}=\angle\mathrm{ADC}:\angle\mathrm{ABC}$
＝112：68＝**28**：**17**

⬅ ∠ABC＋∠ADC＝180°

⬅ 円周角は中心角の$\frac{1}{2}$

⬅ 弧の長さと円周角の大きさは比例する。

例題 98　3分・6点

鋭角三角形 ABC において，点 A から辺 BC に下ろした垂線 AH 上に点 P をとり，点 P から辺 AB，AC に垂線 PQ，PR を下ろす。このとき，∠APQ に等しい角は，[ア] と [イ] である。

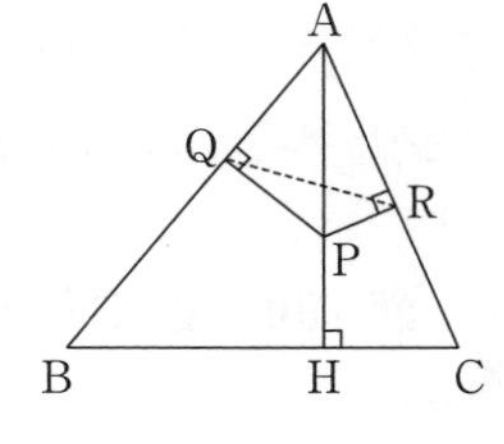

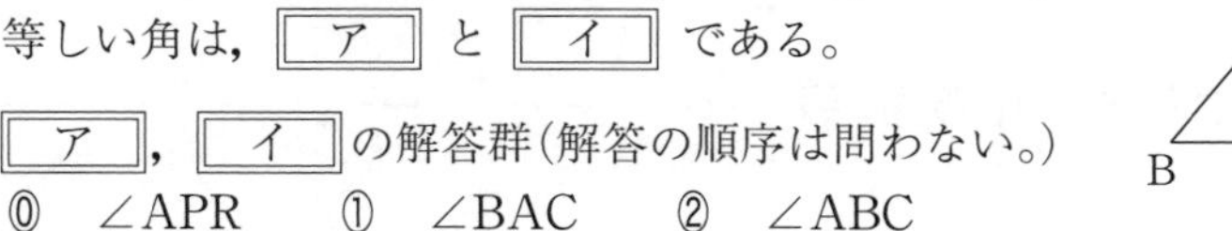
[ア]，[イ] の解答群（解答の順序は問わない。）

⓪　∠APR　①　∠BAC　②　∠ABC
③　∠ACB　④　∠AQR　⑤　∠ARQ

解答

∠BQP＝∠BHP＝90° より四角形 BHPQ は円に内接する。よって
∠APQ＝∠ABC　（**②**）
∠AQP＝∠ARP＝90° より四角形 AQPR は円に内接する。
よって
∠APQ＝∠ARQ　（**⑤**）

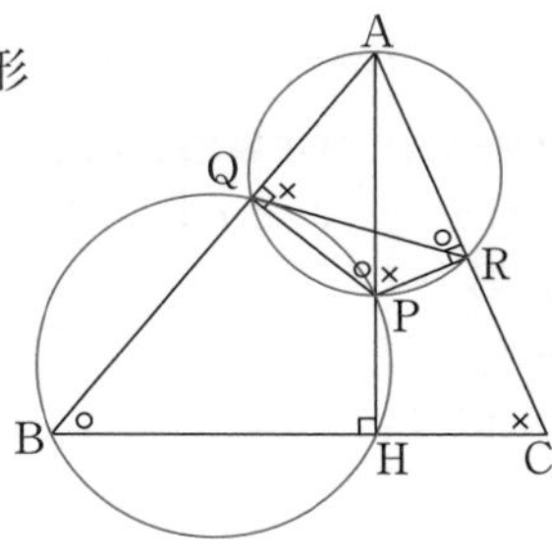

⬅ 四角形 CRPH，四角形 BCRQ も円に内接する。

STAGE 1　61　円と直線

■99　円の接線■

(1)

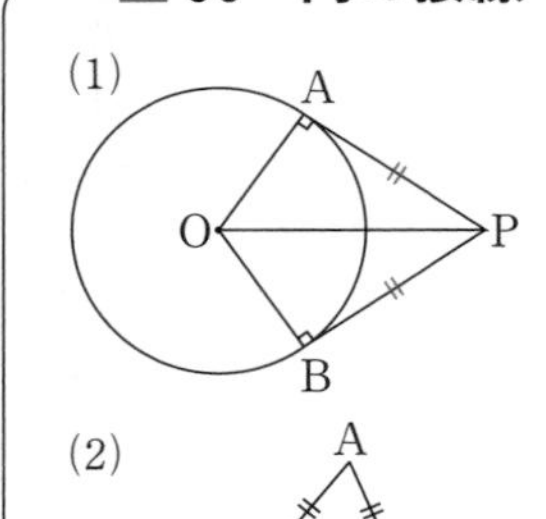

PA＝PB

(3)

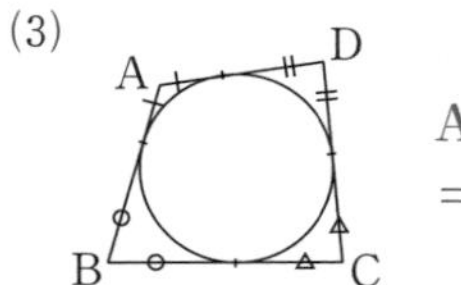

AD＋BC
＝AB＋CD

(2)

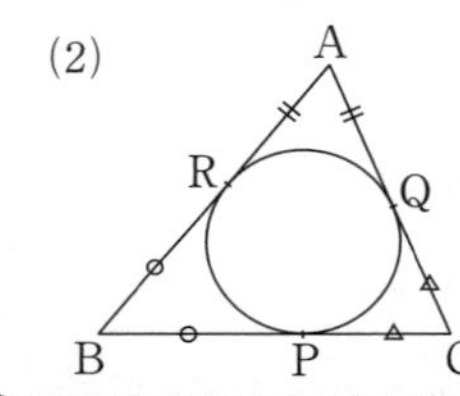

AQ＝AR
BP＝BR
CQ＝CP

(1)　円外の点 P から円に接線を引いたとき，点 P と接点の距離(接線の長さ)は等しい。

このことから

(2)　三角形の内接円に関して，頂点と接点との距離を三角形の 3 辺の長さで表すことができる。例えば，AQ＝AR＝$\dfrac{1}{2}$(AB＋AC－BC)である。

(3)　円に外接する四角形について，2 組の向かい合う辺の長さの和が等しいことがわかる。

■100　接線と弦の作る角■

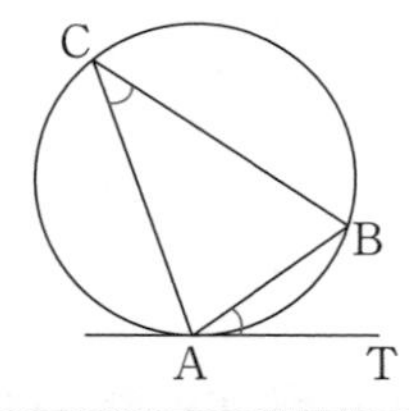

∠ACB＝∠BAT

右図のように直径 AC′ を引くと，∠ABC′＝∠C′AT＝90° より

∠ACB＝∠AC′B
　　　＝90°－∠BAC′
　　　＝∠BAT

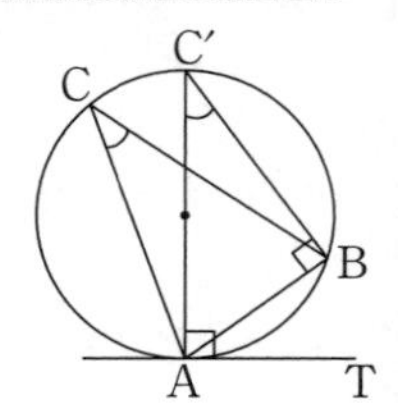

例題 99　3分・6点

右図において，P，Q，R，S は接点である。
AB=8，BC=9，CA=5 とするとき

AP=［ア］

BF+FE+EB=［イウ］

である。

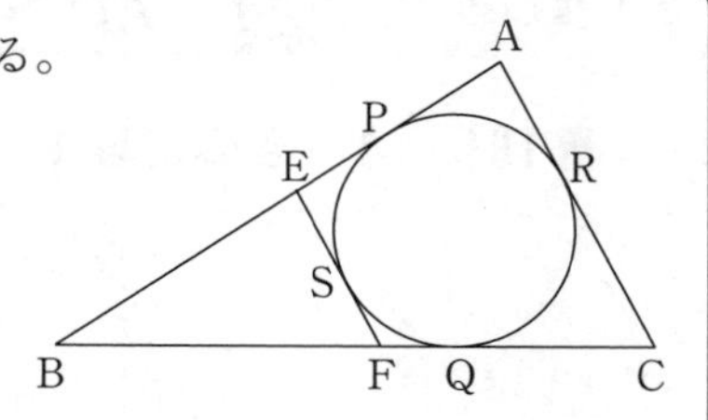

解答

AP=AR=x，BP=BQ=y，CQ=CR=z

とおくと

$$\begin{cases} x+y=8 \\ y+z=9 \\ z+x=5 \end{cases} \text{より} \quad \begin{cases} x=2 \\ y=6 \\ z=3 \end{cases} \quad \therefore \quad \text{AP}=\mathbf{2}$$

また，EP=ES，FQ=FS より

$$\begin{aligned} \text{BF}+\text{FE}+\text{EB} &= \text{BF}+\text{FS}+\text{ES}+\text{BE} \\ &= \text{BF}+\text{FQ}+\text{EP}+\text{BE} \\ &= \text{BQ}+\text{BP}=2y=\mathbf{12} \end{aligned}$$

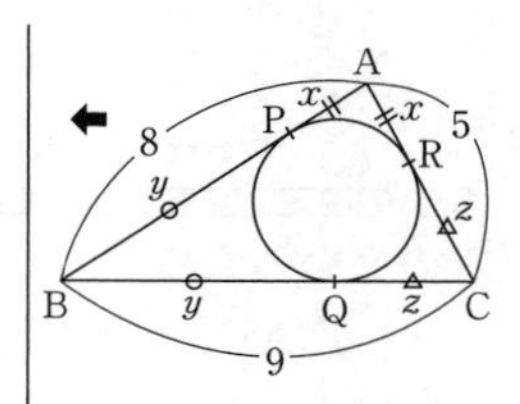

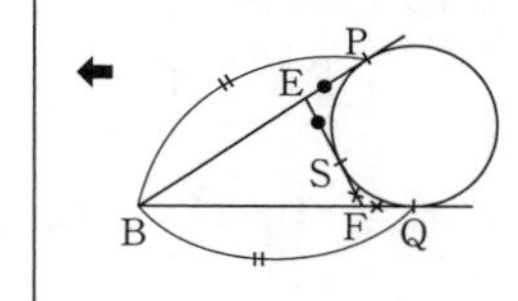

例題 100　3分・4点

∠B=36° の△ABC の辺 AB 上に点 D があり，線分 AD を直径とする円が点 C で直線 BC に接しているとする。このとき

∠BAC=［アイ］°，∠ADC=［ウエ］°

である。

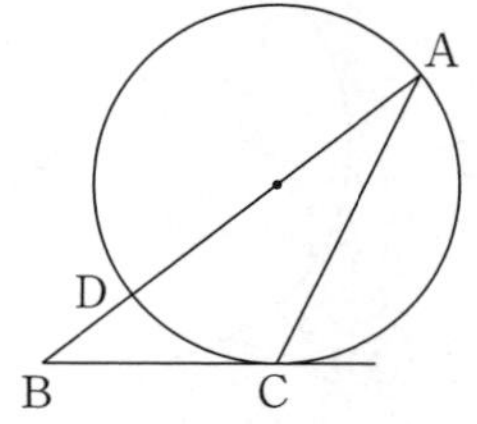

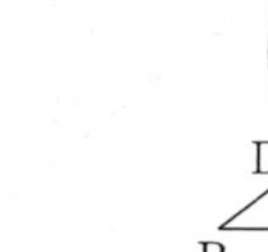

解答

∠BAC=∠BCD=x とおく。

線分 AD は直径であるから　∠ACD=90°

△ABC において

$$36°+(x+90°)+x=180°$$

$$\therefore \quad x=\mathbf{27°}$$

$$\begin{aligned} \angle\text{ADC} &= 90°-27° \\ &= \mathbf{63°} \end{aligned}$$

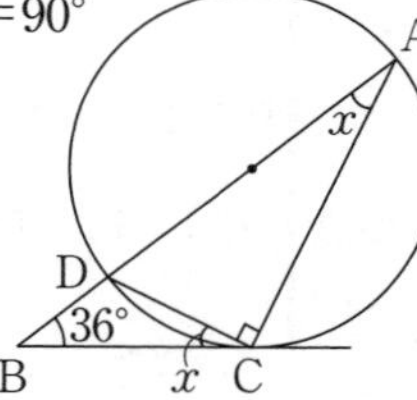

← 接線と弦の作る角。

§7 1

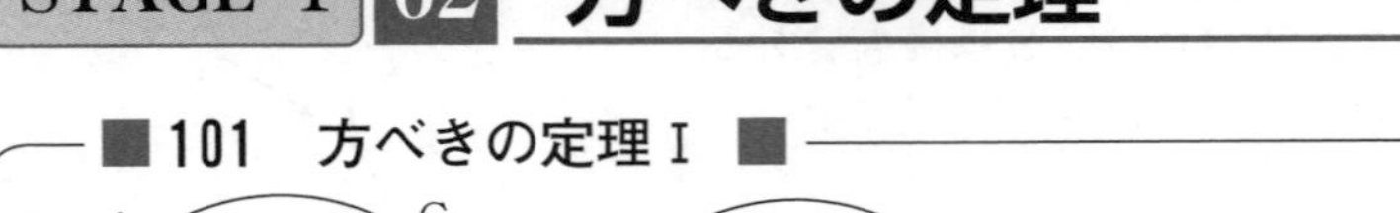

■101　方べきの定理Ⅰ ■

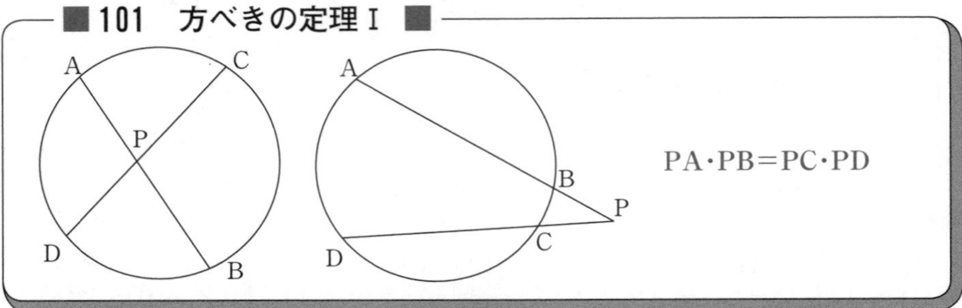

右の2つの図において，いずれも

$\triangle \mathrm{ADP} \backsim \triangle \mathrm{CBP}$

対応する辺の比から

$$\frac{\mathrm{PA}}{\mathrm{PC}}=\frac{\mathrm{PD}}{\mathrm{PB}} \Longrightarrow \mathrm{PA}\cdot\mathrm{PB}=\mathrm{PC}\cdot\mathrm{PD}$$

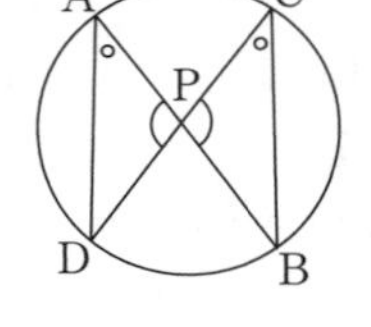

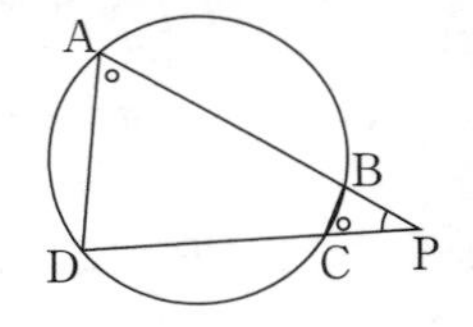

4点A，B，C，Dは円周上の点，Pは2直線AB，CDの交点である。

■102　方べきの定理Ⅱ ■

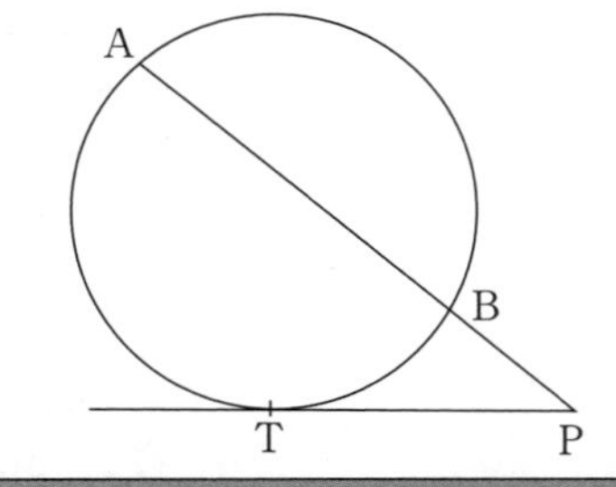

$\mathrm{PA}\cdot\mathrm{PB}=\mathrm{PT}^2$

右の図において

$\triangle \mathrm{ATP} \backsim \triangle \mathrm{TBP}$

対応する辺の比から

$$\frac{\mathrm{PA}}{\mathrm{PT}}=\frac{\mathrm{PT}}{\mathrm{PB}} \Longrightarrow \mathrm{PA}\cdot\mathrm{PB}=\mathrm{PT}^2$$

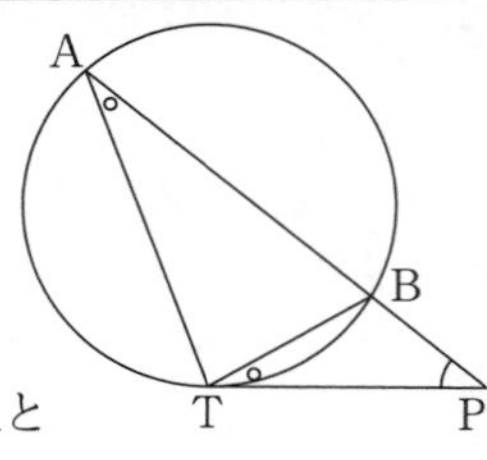

3点A，B，Tは円周上の点，点Pは点Tにおける円の接線と直線ABの交点である。

例題 101　2分・4点

(1)　円に内接する四角形ABCDがあり，対角線ACとBDの交点をEとする。BE=4，DE=6，AC=11，AE<ECとするとき，AE=［ア］である。

(2)　円に内接する四角形ABCDがあり，辺BCのC側の延長と辺ADのD側の延長が点Eで交わっている。AD=2，BC=4，CE=2とするとき DE=［イウ］+$\sqrt{［エオ］}$ である。

解答

(1)　AE=x とおくと，方べきの定理により

$$x(11-x)=4\cdot6$$
$$x^2-11x+24=0$$
$$x=3,\ 8$$

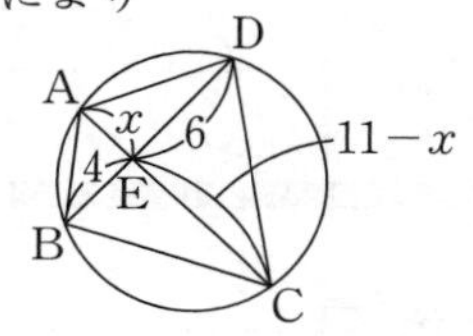

← EA·EC=EB·ED

$x<11-x$ より　$x<\dfrac{11}{2}$

$\therefore\ \ x=\mathbf{3}$

(2)　DE=x とおくと，方べきの定理により

$$(x+2)x=6\cdot2$$
$$x^2+2x-12=0$$

$x>0$ より　$x=\mathbf{-1+\sqrt{13}}$

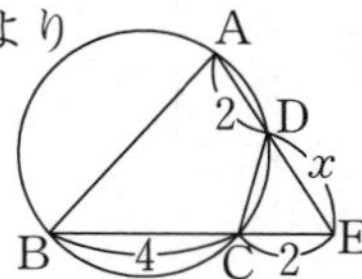

← EA·ED=EB·EC

例題 102　3分・6点

△ABCの外接円をOとする。円Oの点Aにおける接線と辺BCのC側の延長との交点をDとする。BC=4，CD=2とするとき，AD=［ア］$\sqrt{［イ］}$ であり，AB：AC=$\sqrt{［ウ］}$：1 である。特に，辺BCが円Oの直径のとき，AC=［エ］である。

解答

方べきの定理により

$\mathrm{AD}^2=2\cdot6=12$　　$\therefore$　AD=$\mathbf{2\sqrt{3}}$

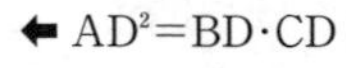

← $\mathrm{AD}^2=\mathrm{BD}\cdot\mathrm{CD}$

△ABD∽△CAD より

$$\mathrm{AB}:\mathrm{AC}=\mathrm{AD}:\mathrm{CD}$$

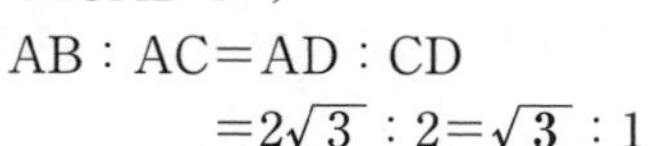

$$=2\sqrt{3}:2=\sqrt{\mathbf{3}}:1$$

← 対応する辺の比を考える。

また，辺BCが直径のとき，∠BAC=90° であるから AC=x とおくと，三平方の定理により

$x^2+(\sqrt{3}x)^2=4^2$　　$\therefore$　$x^2=4$　　$\therefore$　$x=\mathbf{2}$

← AB=$\sqrt{3}x$

§7 1

STAGE 1　63　空間図形

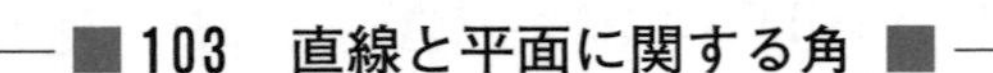

■103　直線と平面に関する角■

2直線 ℓ, m のなす角　　直線 ℓ と平面 α のなす角　　2平面 α, β のなす角

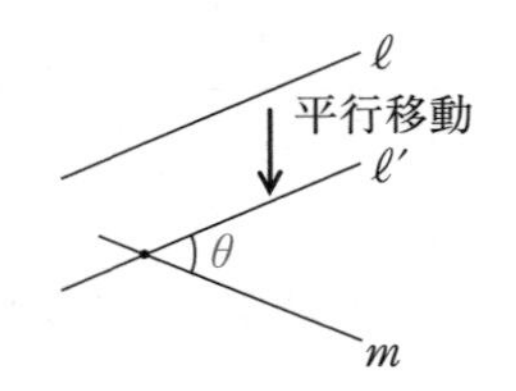

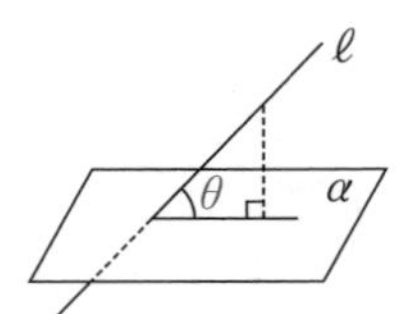

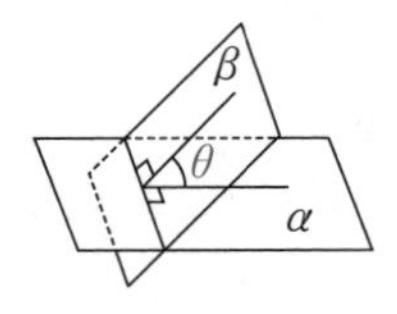

■104　正多面体■

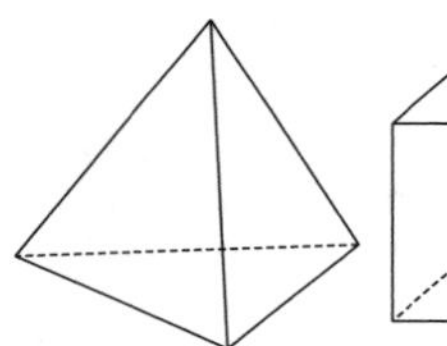

正四面体

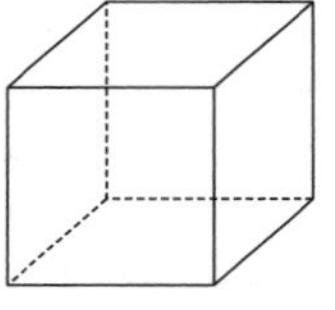

正六面体

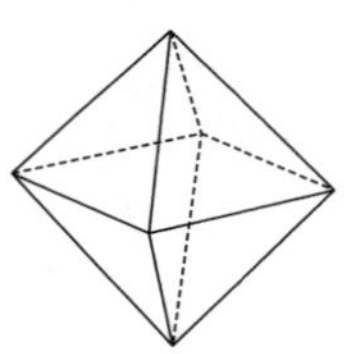

正八面体

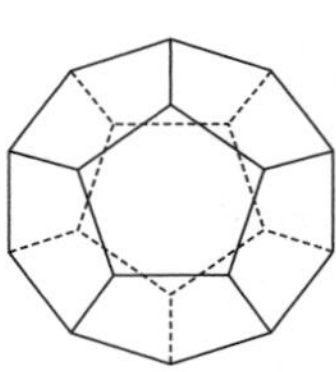

正十二面体

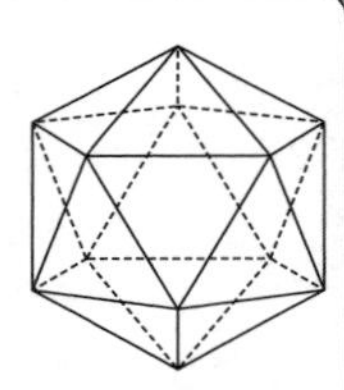

正二十面体

正多面体の頂点の数，辺の数，面の数は次の表のようになる。

正多面体	正四面体	正六面体	正八面体	正十二面体	正二十面体
頂点の数	4	8	6	20	12
辺の数	6	12	12	30	30
面の数	4	6	8	12	20

平面だけで囲まれた立体を多面体といい，へこみのない多面体(凸多面体)のうち，どの面もすべて合同な正多角形であり，どの頂点にも同じ数の面が集まっているものを正多面体という。正多面体は上の5種類しかないことが知られている。
へこみのない多面体(凸多面体)では，頂点の数を v，辺の数を e，面の数を f とすると

$$v-e+f=2$$

が成り立つことが知られている(オイラーの多面体定理)。

例題 103　2分・4点

直方体 ABCD-EFGH において $AB=\sqrt{3}$, $AD=AE=1$ とする。2直線 AD と EG のなす角は [アイ]° であり，2平面 ABGH と EFGH のなす角は [ウエ]° である。

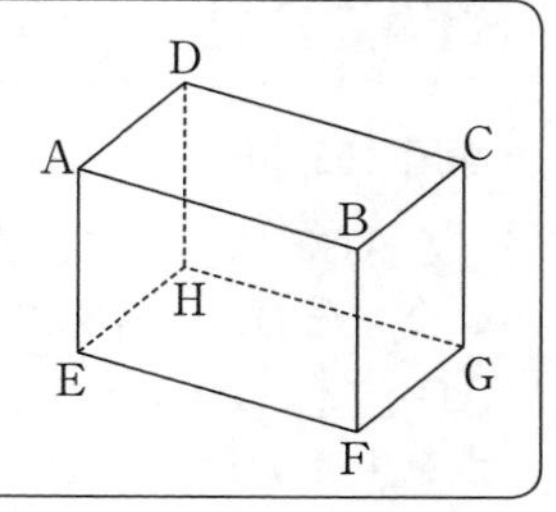

解答

EG // AC より直線 AD と直線 EG のなす角は直線 AD と直線 AC のなす角に等しい。

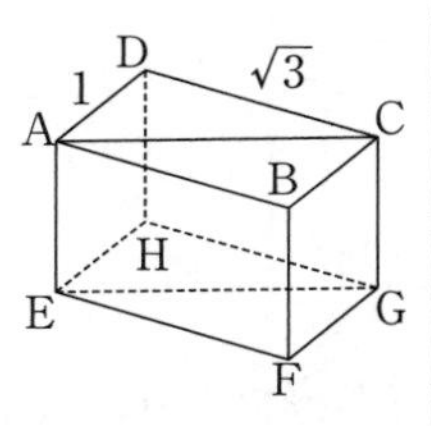

$AD=1$, $CD=\sqrt{3}$, $\angle ADC=90^\circ$ より

$\angle CAD=\mathbf{60^\circ}$

2平面 ABGH と EFGH の交線は GH であり，$GH\perp BG$, $GH\perp FG$ より，2平面 ABGH と EFGH のなす角は直線 BG と直線 FG のなす角に等しい。

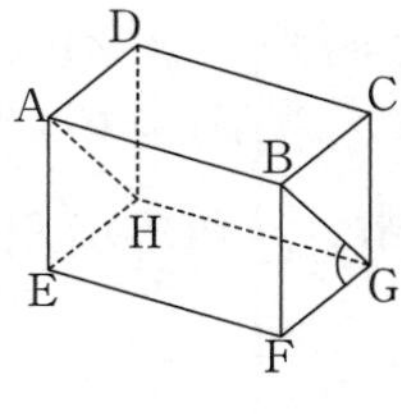

△BFG は $BF=FG$, $\angle BFG=90^\circ$ の直角二等辺三角形であるから

$\angle BGF=\mathbf{45^\circ}$

⬅ 交わる直線で考える。

C　$\sqrt{3}$　60°　D　1　A

⬅ 2平面のなす角は2平面の交線に垂直でそれぞれの平面上にある2直線のなす角。

例題 104　4分・6点

正四面体のすべての辺の中点を結んでできる立体は [ア] であり，頂点の数は [イ]，辺の数は [ウエ]，面の数は [オ] である。

[ア] の解答群

⓪　正四面体　　①　正六面体　　②　正八面体

③　正十二面体　　④　正二十面体

解答

正四面体の辺は6本あり，各辺の六つの中点を結ぶ多面体は，合同な八つの正三角形を面とする正八面体(❷)である。

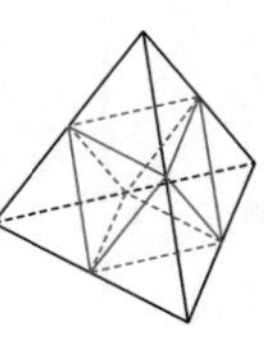

頂点の数 **6**　　辺の数 **12**　　面の数 **8**

⬅ 6−12+8=2（オイラーの多面体定理）

STAGE 1 類 題

類題 93 (3分・6点)

$\triangle ABC$ において，$AB=4$，$BC=5$，$CA=6$ とする。$\angle A$ の二等分線と辺 BC の交点を D，$\angle A$ の二等分線と $\angle B$ の二等分線の交点を I とすると，$BD=$ [ア]，$AI=$ [イ] ID である。また，$\angle A$ の二等分線と $\angle ABC$ の外角の二等分線の交点を J とすると，$AJ=$ [ウ] AI である。

類題 94 (3分・6点)

(1) $\triangle ABC$ は鋭角三角形であり，外心を O，内心を I とする。$\angle BOC=80^\circ$ とするとき，$\angle BAC=$ [アイ]°，$\angle BIC=$ [ウエオ]° である。

(2) $\triangle ABC$ において，辺 AB の中点を M，$\triangle BCM$ の重心を G とする。このとき，$\triangle CMG$ の面積は $\triangle ABC$ の面積の $\dfrac{[カ]}{[キ]}$ 倍である。

類題 95 (3分・6点)

$\triangle ABC$ において，辺 AB の中点を D，辺 BC を $3:2$ に内分する点を E とし，線分 AE と CD の交点を F とする。このとき

$$\frac{AF}{FE}=\frac{[ア]}{[イ]},\quad \frac{CF}{FD}=\frac{[ウ]}{[エ]}$$

である。

類題　96　　　　（3分・6点）

$\triangle$ABCにおいて，辺BC，辺CAをそれぞれ2：1に内分する点をD，Eとし，線分ADとBEの交点をF，直線CFと辺ABの交点をPとする。このとき

$$\frac{\mathrm{AP}}{\mathrm{PB}}=\frac{\boxed{\text{ア}}}{\boxed{\text{イ}}},\quad \frac{\triangle\mathrm{AFC}}{\triangle\mathrm{ABC}}=\frac{\boxed{\text{ウ}}}{\boxed{\text{エ}}}$$

である。

類題　97　　　　（4分・8点）

右図のように五角形ABCDEが円に内接している。

$\overset{\frown}{\mathrm{AE}}:\overset{\frown}{\mathrm{AB}}:\overset{\frown}{\mathrm{BC}}=1:3:2$，$\angle\mathrm{CDE}=102^\circ$ とすると，

$\angle\mathrm{BAC}=\boxed{\text{アイ}}^\circ$，$\angle\mathrm{ABC}=\boxed{\text{ウエ}}^\circ$，$\angle\mathrm{BAE}=\boxed{\text{オカキ}}^\circ$

である。さらに$\angle\mathrm{BCD}=110^\circ$ とすると

$\overset{\frown}{\mathrm{CD}}:\overset{\frown}{\mathrm{DE}}=\boxed{\text{ク}}:\boxed{\text{ケ}}$ である。

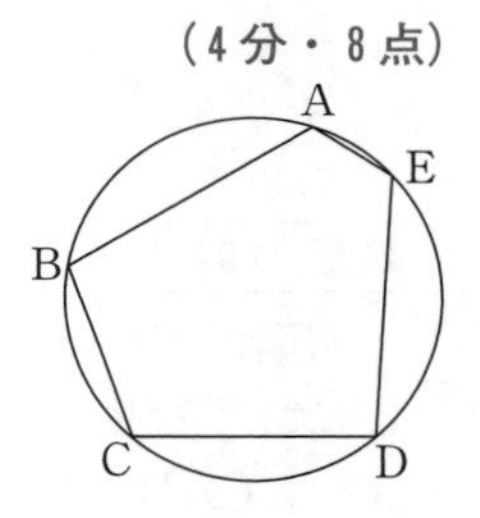

類題　98　　　　（4分・8点）

右図において$\triangle$ABCは $\angle\mathrm{A}=60^\circ$ の鋭角三角形であり，$\mathrm{AP}\perp\mathrm{BC}$，$\mathrm{BQ}\perp\mathrm{CA}$，$\mathrm{CR}\perp\mathrm{AB}$ である。

$\angle\mathrm{CAP}=\theta$ とするとき

$\angle\mathrm{BHR}=\boxed{\text{ア}}$　　$\angle\mathrm{HPQ}=\boxed{\text{イ}}$

$\angle\mathrm{HQP}=\boxed{\text{ウ}}$　　$\angle\mathrm{HRP}=\boxed{\text{エ}}$

である。

$\boxed{\text{ア}}$～$\boxed{\text{エ}}$の解答群（同じものを繰り返し選んでもよい。）

⓪　30°　　①　60°　　②　θ

③　$90^\circ-\theta$　　④　$60^\circ-\theta$　　⑤　$30^\circ+\theta$

類題 99 （4分・8点）

(1) $\angle A=90^\circ$ の $\triangle ABC$ の内接円と辺 BC との接点を P とする。
BP=6，CP=4 のとき，内接円の半径を r とすると，$AB=r+$ ア ，$AC=r+$ イ であるから，$r=$ ウ である。

(2) AD∥BC，$\angle C=90^\circ$，AD=2，BC=6 の台形 ABCD に円が内接している。このとき内接円の半径を r とすると，CD= エ r，AB= オ − カ r であるから，$r=\frac{\boxed{キ}}{\boxed{ク}}$ である。

類題 100 （3分・6点）

右図のように，線分 AB を直径とする円 O がある。点 C における円 O の接線に点 A から垂線 AD を下ろす。

(1) $\angle CAD=24^\circ$ のとき，$\angle BAC=$ アイ ° である。

(2) AB=8，AC=7 のとき，$CD=\frac{\boxed{ウ}\sqrt{\boxed{エオ}}}{\boxed{カ}}$ である。

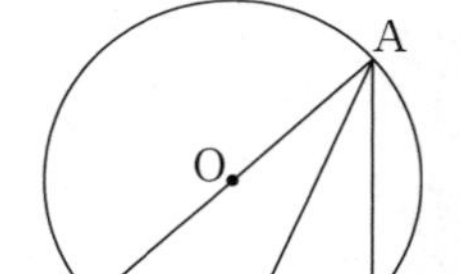

類題 101 （2分・6点）

(1) 円に内接する四角形 ABCD があり，対角線 AC と BD の交点を E とする。AE=2，CE=3，BD=6 のとき，BE= ア $\pm\sqrt{\boxed{イ}}$ である。

(2) 円に内接する四角形 ABCD があり，辺 BC の C 側の延長と辺 AD の D 側の延長が点 E で交わっている。AD=3，BC=4，DE=2 とするとき，CE= ウエ $+\sqrt{\boxed{オカ}}$ である。

類題 102　(4分・6点)

△ABCにおいて，AB=4とし，辺ABを3：1に内分する点をDとする。円Oは3点A，C，Dを通り，点Cにおいて直線BCと接している。このとき，BC=［ア］であり，AC：CD=［イ］：1である。さらに，辺ABが円Oの中心を通るとき，AC=$\frac{［ウ］\sqrt{［エ］}}{［オ］}$である。

類題 103　(4分・8点)

直方体ABCD-EFGHにおいて，AB=$\sqrt{3}$，AD=AE=1とする。2直線ABとFHのなす角は［アイ］°，2直線ACとFHのなす角は［ウエ］°である。また，2平面AEHDとAEGCのなす角は［オカ］°，2平面ACFとBFGCのなす角をθとすると$\tan\theta=\sqrt{［キ］}$である。

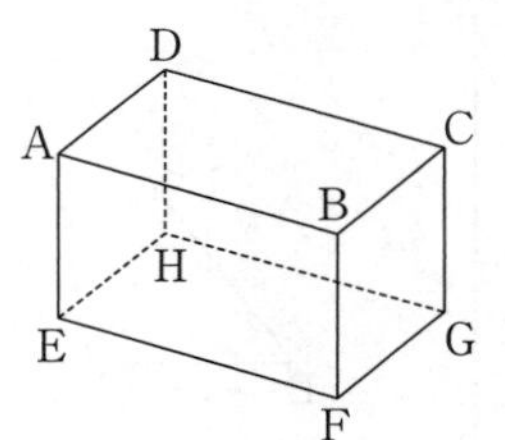

類題 104　(3分・6点)

正八面体の各面の重心を結んでできる立体は［ア］であり，頂点の数は［イ］，辺の数は［ウエ］，面の数は［オ］である。

［ア］の解答群

⓪　正四面体　①　正六面体　②　正八面体
③　正十二面体　④　正二十面体

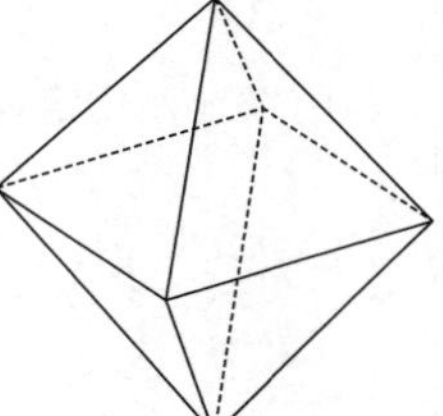

STAGE 2　64　線分の比

105　線分の比

(1)　相似な三角形

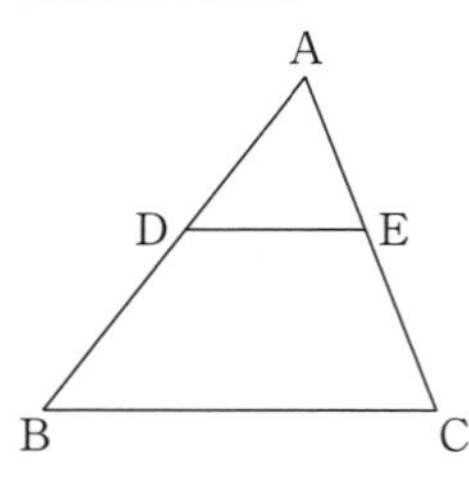

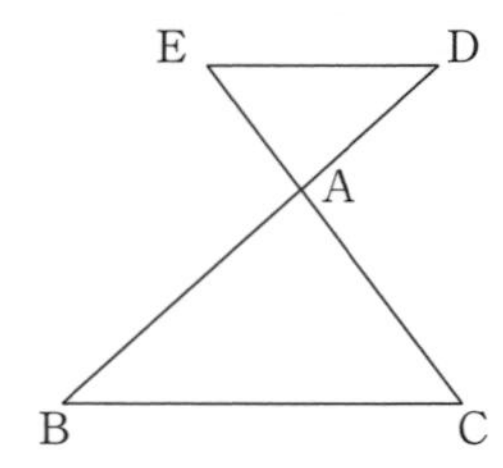

DE // BC のとき

$\triangle ADE \backsim \triangle ABC$

$$\frac{AD}{AB}=\frac{AE}{AC}=\frac{DE}{BC}$$

(2)　角の二等分線

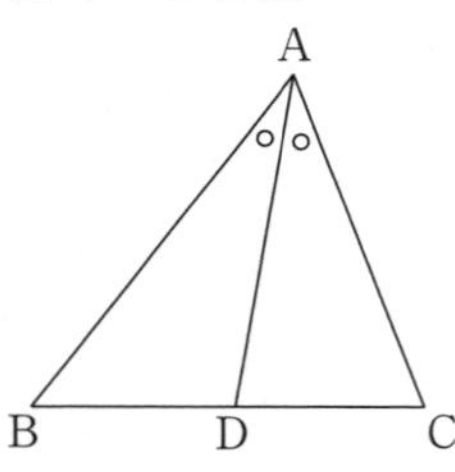

∠BAD＝∠CAD のとき

BD：DC＝AB：AC

(3)　メネラウスの定理

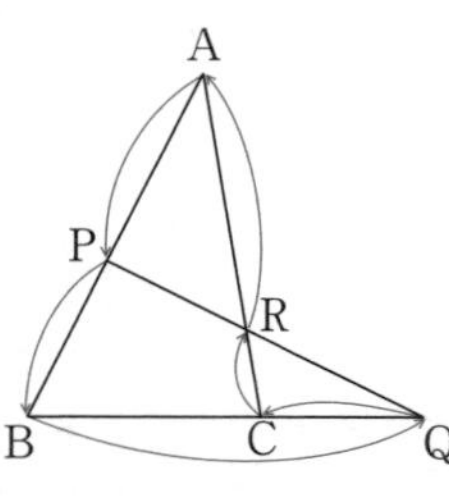

$$\frac{AP}{PB}\cdot\frac{BQ}{QC}\cdot\frac{CR}{RA}=1$$

(4)　チェバの定理

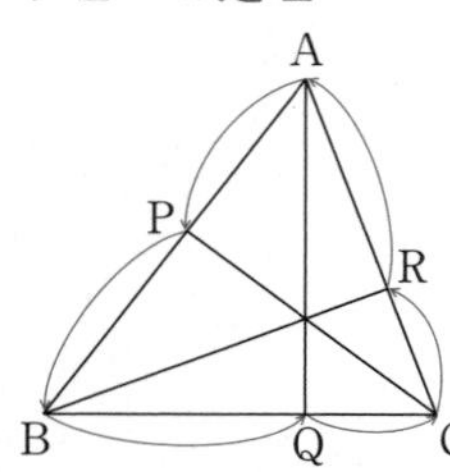

$$\frac{AP}{PB}\cdot\frac{BQ}{QC}\cdot\frac{CR}{RA}=1$$

例題 105　4分・8点

△ABC の辺 AB，AC 上にそれぞれ点 D，E を

$$AD:DB=t:1,\ AE:EC=1:t+1\ (t>0)$$

となるようにとる。線分 BE と CD の交点を P，直線 AP と辺 BC の交点を Q とする。

(1) 線分 DE と辺 BC が平行であるとき $t=\dfrac{\boxed{アイ}+\sqrt{\boxed{ウ}}}{\boxed{エ}}$ である。

(2) AC＝6AB とする。線分 AQ が △ABC の内心を通るとき

$\dfrac{BQ}{QC}=\dfrac{\boxed{オ}}{\boxed{カ}}$ であるから，$t=\boxed{キ}$ である。また，$\dfrac{BP}{PE}=\dfrac{\boxed{ク}}{\boxed{ケ}}$

である。

解答

(1) DE // BC から

$$\frac{t}{1}=\frac{1}{t+1}$$

$$t^2+t-1=0$$

$t>0$ より

$$t=\frac{\mathbf{-1+\sqrt{5}}}{\mathbf{2}}$$

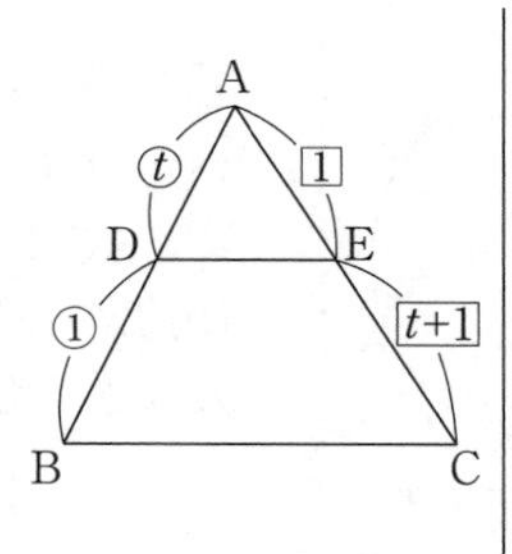

← AD：DB＝AE：EC

(2) 線分 AQ は ∠A の二等分線であるから

$$\frac{BQ}{QC}=\frac{AB}{AC}=\frac{\mathbf{1}}{\mathbf{6}}$$

← 内心は角の二等分線の交点。

チェバの定理により

$$\frac{t}{1}\cdot\frac{1}{6}\cdot\frac{t+1}{1}=1$$

← △ABC にチェバの定理を用いる。

$$t^2+t-6=0$$

$t>0$ より　$t=\mathbf{2}$

メネラウスの定理により

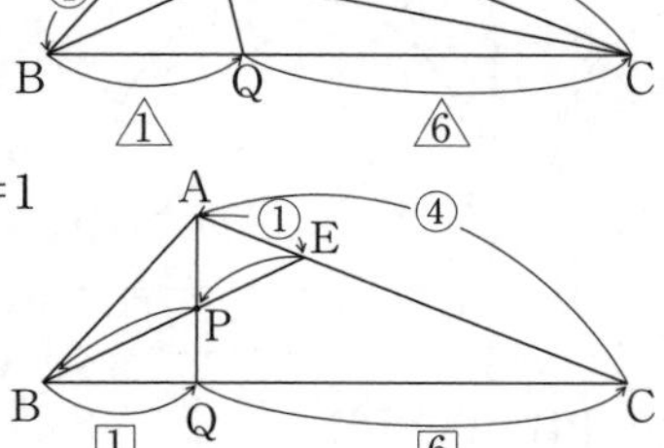

← △BCE と直線 AQ にメネラウスの定理を用いる。

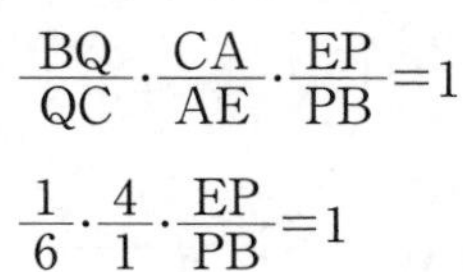

$$\frac{BQ}{QC}\cdot\frac{CA}{AE}\cdot\frac{EP}{PB}=1$$

$$\frac{1}{6}\cdot\frac{4}{1}\cdot\frac{EP}{PB}=1$$

$$\therefore\quad \frac{BP}{PE}=\frac{\mathbf{2}}{\mathbf{3}}$$

STAGE 2　65　円の性質

■106　円の性質■

⑴　角について

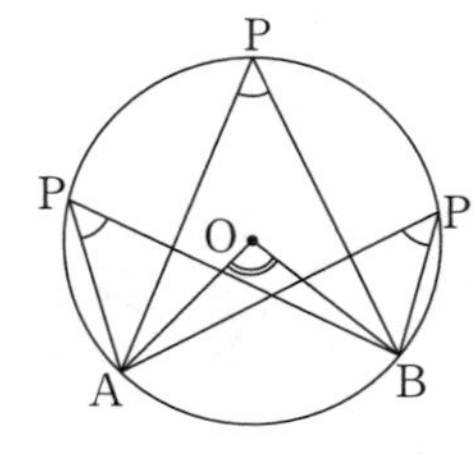

$\angle AOB = 2\angle APB$

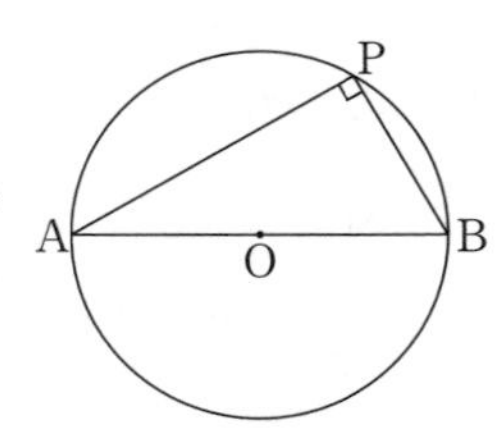

$\angle APB = 90^\circ$

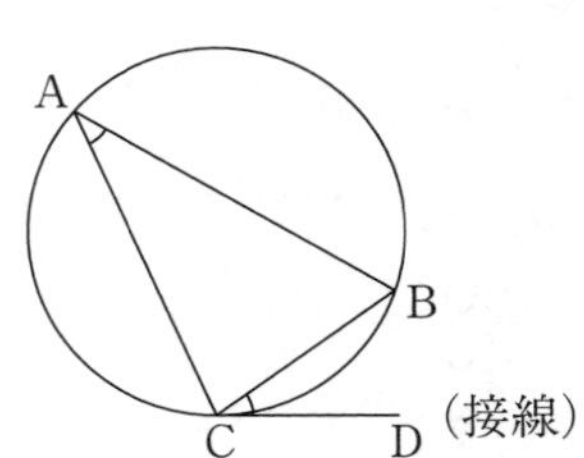

$\angle A = \angle BCD$

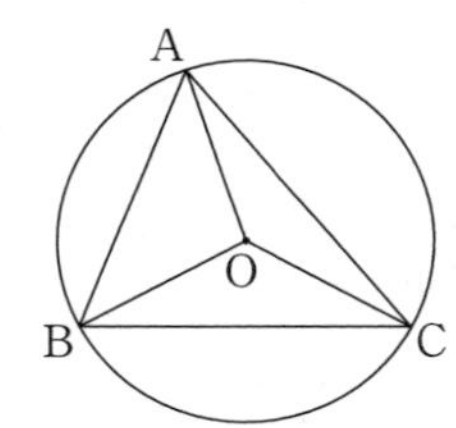

$\overset{\frown}{AB} : \overset{\frown}{BC} : \overset{\frown}{CA}$
$= \angle AOB : \angle BOC : \angle COA$
$= \angle ACB : \angle BAC : \angle CBA$
(円弧の長さと中心角，円周角の大きさは比例する)

⑵　円に内接する四角形

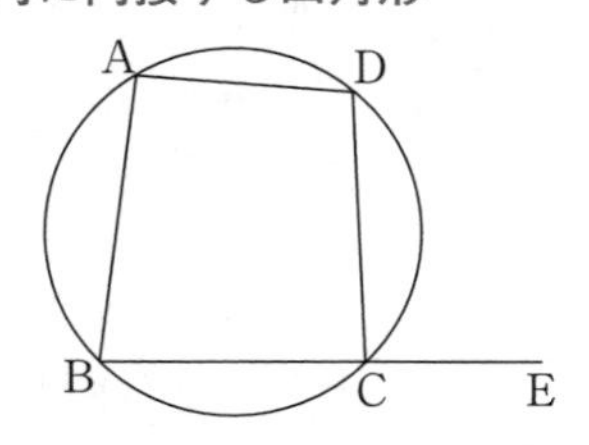

$\angle A + \angle C = 180^\circ$　($\angle A = \angle DCE$)
$\angle B + \angle D = 180^\circ$

⑶　方べきの定理

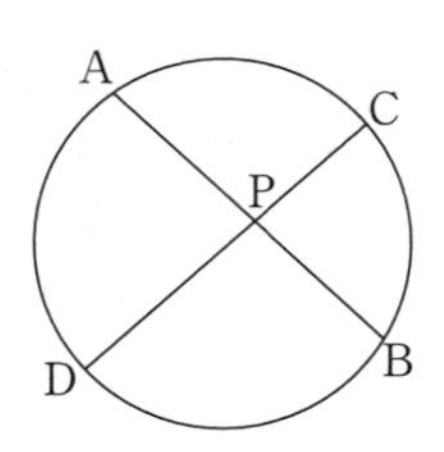

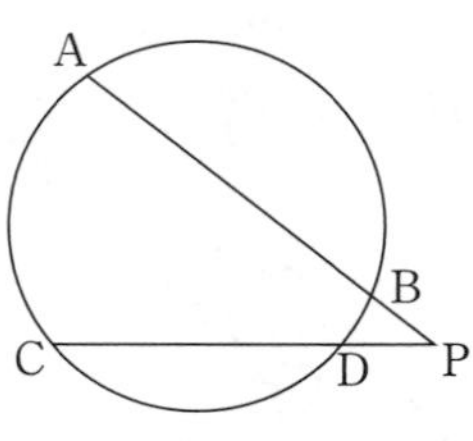

$PA \cdot PB = PC \cdot PD$

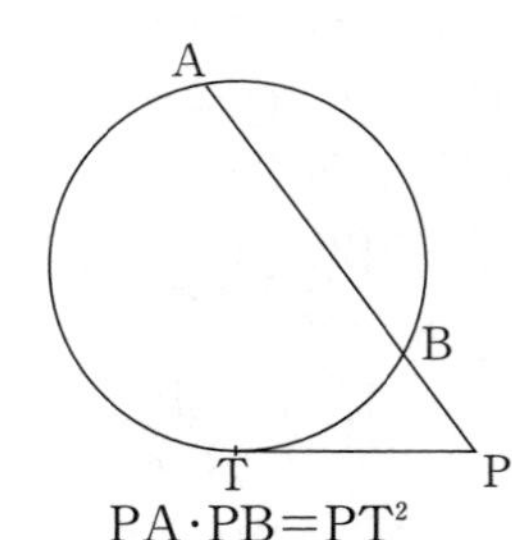

$PA \cdot PB = PT^2$

例題 106　10分・12点

△ABCにおいてAB=7，BC=3とする。△ABCの内心をIとして，直線AIと辺BCの交点をD，直線BIと辺ACの交点をEとする。4点C，E，I，Dは同一円周上にあるものとする。

∠BCA=［ア］=［イ］+［ウ］であるから，∠ACB=［エオ］°である。

よって，AC=［カ］である。また，BD=$\dfrac{［キ］}{［ク］}$，BI·BE=$\dfrac{［ケコ］}{［サ］}$である。

［ア］～［ウ］の解答群

⓪ ∠ABC　① ∠ABE　② ∠AIB
③ ∠AIE　④ ∠BAD　⑤ ∠BAE

解答

四角形CEIDは円に内接しているから

∠BCA=∠AIE（❸）

← 円に内接する四角形の性質。

△ABIに注目して

∠AIE=∠ABE+∠BAD（❶，❹）　……①

点Iは△ABCの内心であるから

∠BAD=∠CAD，∠ABE=∠CBE

← 内心は角の二等分線の交点。

∠ACB=∠AIE=x，∠BAC=$2y$，∠ABC=$2z$とおくと，△ABCの内角の和を考えて

$x+2y+2z=180°$

①より　$x=y+z$から

$x+2x=180°$　∴　$x=\mathbf{60°}$

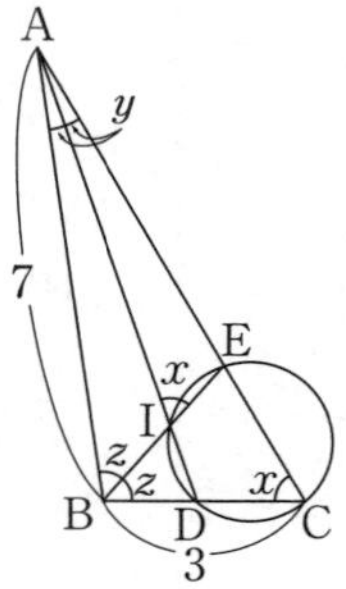

△ABCに余弦定理を用いると

← $c^2=a^2+b^2-2ab\cos C$

$7^2=\mathrm{AC}^2+3^2-2\mathrm{AC}\cdot3\cdot\cos60°$

$\mathrm{AC}^2-3\mathrm{AC}-40=0$

$(\mathrm{AC}-8)(\mathrm{AC}+5)=0$

AC>0より　AC=**8**

線分ADは∠BACの二等分線であるから

← 角の二等分線の性質。

BD : DC=AB : AC=7 : 8

∴　$\mathrm{BD}=\dfrac{7}{15}\mathrm{BC}=\dfrac{7}{15}\cdot3=\mathbf{\dfrac{7}{5}}$

方べきの定理により

$\mathrm{BI}\cdot\mathrm{BE}=\mathrm{BD}\cdot\mathrm{BC}=\dfrac{7}{5}\cdot3=\mathbf{\dfrac{21}{5}}$

STAGE 2　66　内接円

■107　内接円■

⑴　内心は角の二等分線の交点

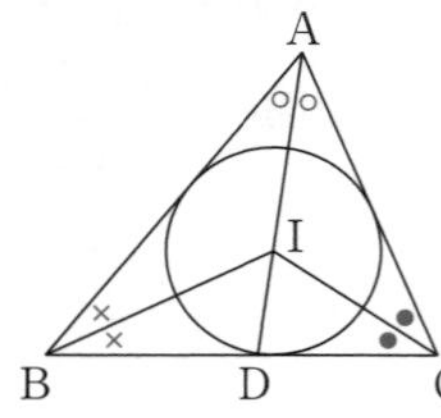

$\angle BAD = \angle CAD$

$\Longrightarrow$　BD：DC＝AB：AC

$\angle ABI = \angle DBI$

$\Longrightarrow$　AI：ID＝AB：BD

$$\angle BIC = 180^\circ - \frac{\angle B + \angle C}{2}$$
$$= 180^\circ - \frac{180^\circ - \angle BAC}{2}$$
$$= 90^\circ + \frac{1}{2}\angle BAC$$

⑵　接線の長さ

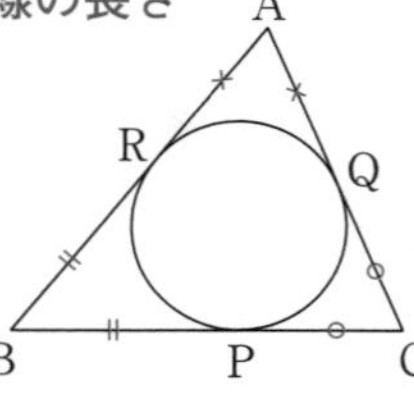

$$\begin{cases} AQ = AR \\ BP = BR \\ CQ = CP \end{cases} \Longrightarrow AQ = \frac{1}{2}(AB + AC - BC)$$

⑶　半径 r

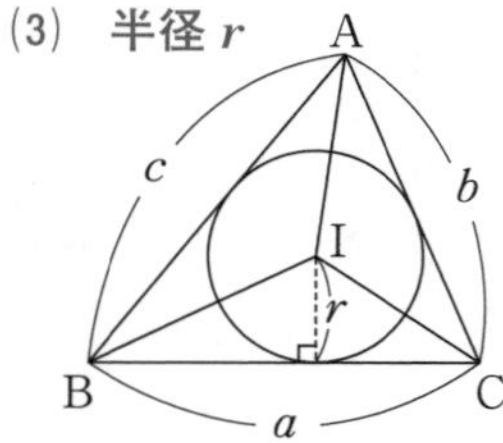

面積に注目

△IBC＋△ICA＋△IAB＝△ABC

$$\frac{1}{2}(a+b+c)r = S$$

$$r = \frac{2S}{a+b+c}$$

$\angle A = 90^\circ$ のときは，⑵のAQが半径に等しい

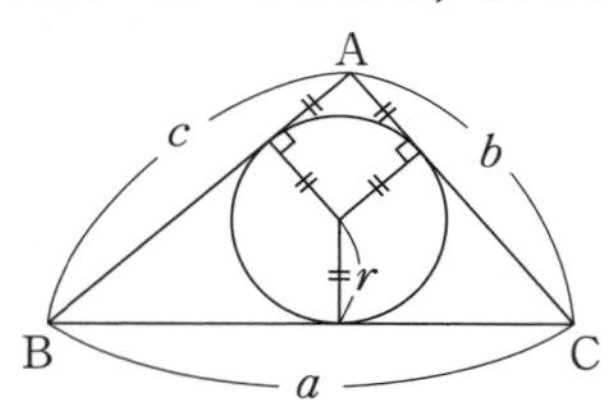

$$r = \frac{b+c-a}{2}$$

例題 107　5分・8点

△ABCにおいて，AB=5，BC=6，CA=7とする。△ABCの内心をI，直線AIと辺BCの交点をDとして，内接円と各辺との接点を，図のようにP，Q，Rとする。このとき，BD=$\dfrac{\boxed{ア}}{\boxed{イ}}$，AI：ID=$\boxed{ウ}$：1である。また，BP=$\boxed{エ}$であるから，△IPDの面積は，△ABCの面積の$\dfrac{1}{\boxed{オカ}}$倍である。

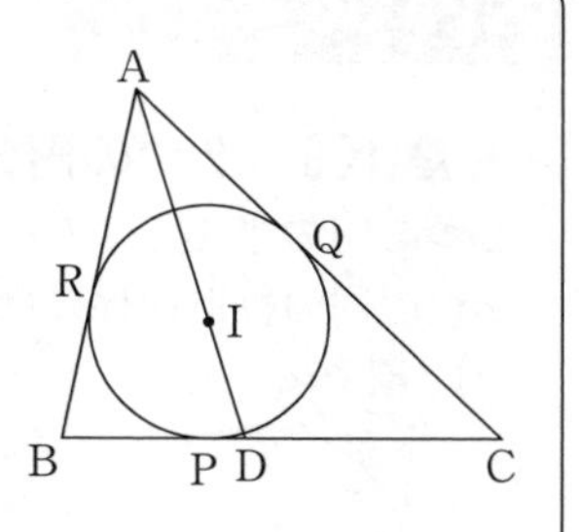

解答

∠BAD=∠CADより

$$BD：DC=AB：AC$$
$$=5：7$$
$$\therefore\quad BD=\frac{5}{5+7}BC=\mathbf{\frac{5}{2}}$$

← 線分AIは∠Aの二等分線。

∠ABI=∠DBIより

$$AI：ID=AB：BD$$
$$=5：\frac{5}{2}$$
$$=\mathbf{2}：1$$

← 線分BIは∠Bの二等分線。

また，AQ=AR，BP=BR，CP=CQより

$$BP=\frac{AB+BC-AC}{2}=\mathbf{2}$$

よって

$$PD：BC=\left(\frac{5}{2}-2\right)：6=1：12$$
$$ID：AD=1：3$$
$$\therefore\quad \triangle IPD=\frac{1}{12}\triangle IBC$$
$$=\frac{1}{12}\cdot\frac{1}{3}\triangle ABC$$
$$=\mathbf{\frac{1}{36}}\triangle ABC$$

← (底辺の比)×(高さの比)

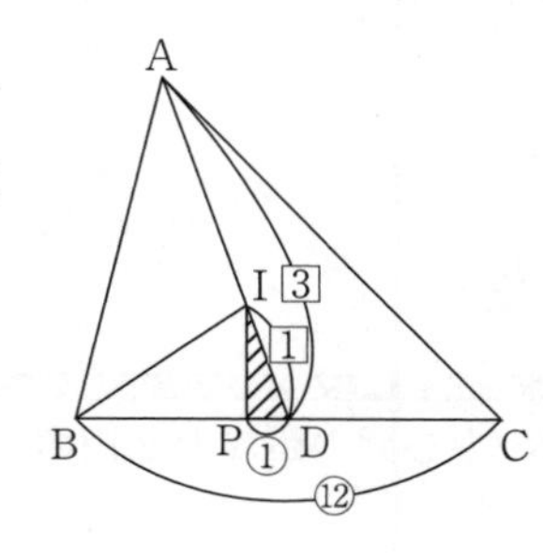

STAGE 2　67　2つの円の位置関係 

■108　2つの円の位置関係■

2つの円の半径をそれぞれ r_1，r_2 $(r_1>r_2)$ とし，中心間の距離を d とすると，2つの円の位置関係には次の5つの場合がある。

(1)　離れている

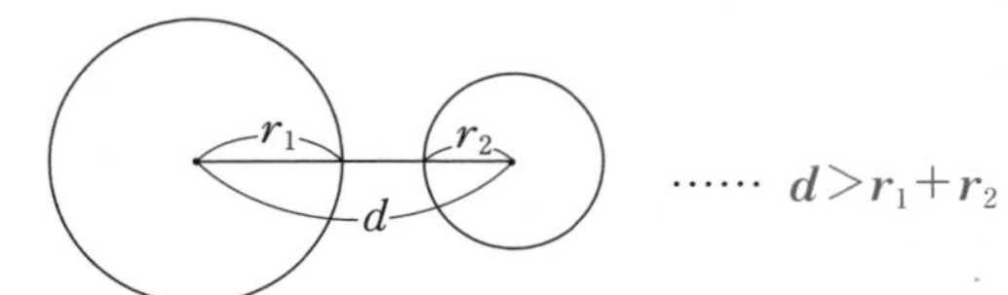

…… $d>r_1+r_2$

(2)　外接している

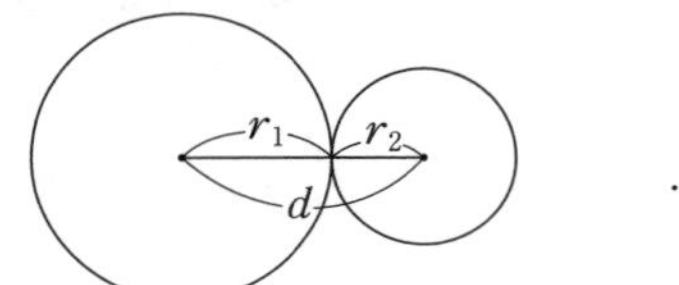

…… $d=r_1+r_2$

(3)　交わる

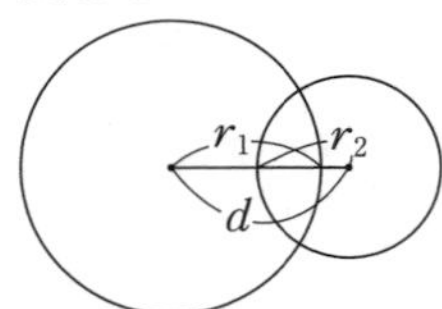

…… $r_1-r_2<d<r_1+r_2$

(4)　内接している

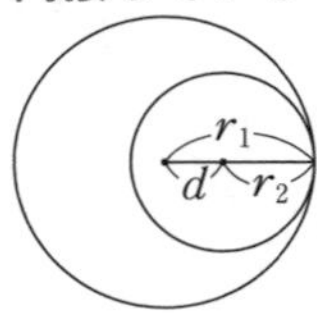

…… $d=r_1-r_2$

(5)　一方が他方の内部にある

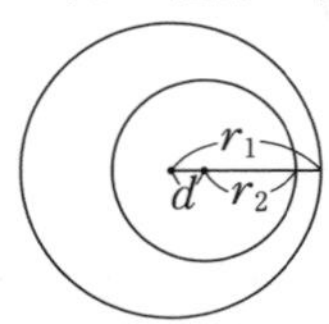

…… $d<r_1-r_2$

2円の位置関係は2円の中心間の距離と2円の半径の和，差との大小関係から判断できる。

例題 108　5分・8点

半径2の円Oに長方形ABCDが内接しており，AB$=\dfrac{12}{5}$ であるとする。

このとき，BC$=\dfrac{\boxed{アイ}}{\boxed{ウ}}$ であり，△ABCの内接円の半径は $\dfrac{\boxed{エ}}{\boxed{オ}}$ である。

△ABCの内接円の中心をP，△BCDの内接円の中心をQとすると，

PQ$=\dfrac{\boxed{カ}}{\boxed{キ}}$ である。したがって，内接円Pと内接円Qは $\boxed{ク}$。

$\boxed{ク}$ の解答群

⓪　内接する　　　①　異なる2点で交わる

②　外接する　　　③　共有点を持たない

解答　∠ABC＝90° であるから，線分ACは円Oの直径である。

AC＝4 より

$$\mathrm{BC}=\sqrt{4^2-\left(\frac{12}{5}\right)^2}=\mathbf{\frac{16}{5}}$$

← 三平方の定理。

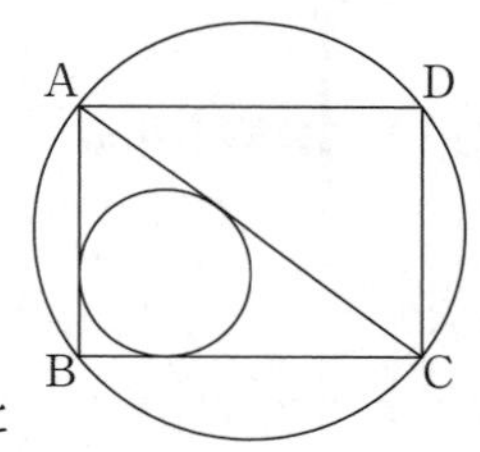

△ABCの内接円の半径を r_1 とすると

$$r_1=\frac{1}{2}\left(\frac{12}{5}+\frac{16}{5}-4\right)=\mathbf{\frac{4}{5}}$$

← 107(3)参照。面積から求めることもできる。

△ABC≡△DCBであるから，△BCDの内接円の半径を r_2 とすると

$$r_1=r_2=\frac{4}{5}$$

内接円Pと辺ABとの接点をE，内接円Qと辺CDとの接点をFとすると

$$\mathrm{BE}=\mathrm{CF}=\frac{4}{5},\ \angle\mathrm{BEP}=\angle\mathrm{CFQ}=90^\circ$$

← PE＝BE＝r_1　QF＝CF＝r_2

であるから4点E，P，Q，Fは一直線上にあり，

EF＝BC$=\dfrac{16}{5}$，PE＝QF$=\dfrac{4}{5}$ より

$$\mathrm{PQ}=\frac{16}{5}-\left(\frac{4}{5}+\frac{4}{5}\right)=\mathbf{\frac{8}{5}}$$

PQ$=r_1+r_2$ より2円は外接する(**②**)。

← (中心間の距離)＝(半径の和)

§7 2

STAGE 2　68　2つの円と線分の長さ

■109　2つの円■

(1)　共通接線の長さ

共通外接線

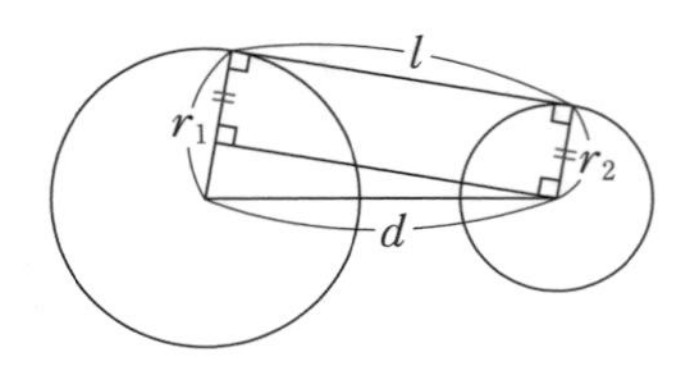

$$l=\sqrt{d^2-(r_1-r_2)^2}$$

共通内接線

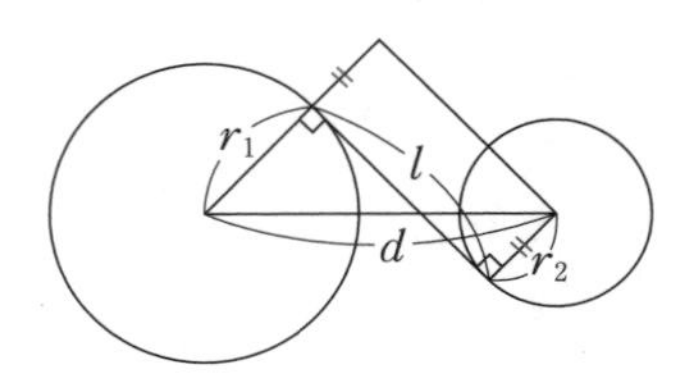

$$l=\sqrt{d^2-(r_1+r_2)^2}$$

(2)　外接する2つの円と三角形の相似

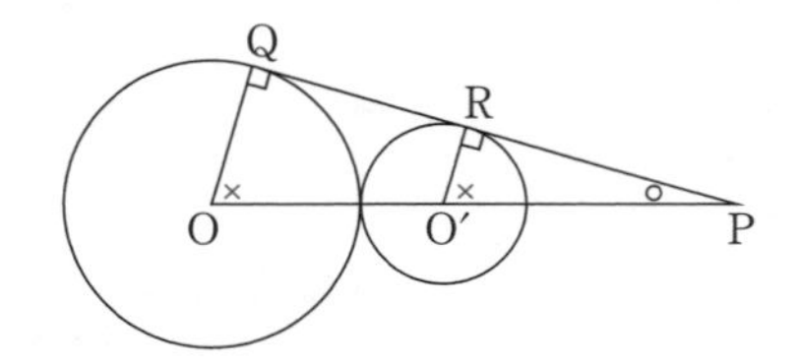

△PQO∽△PRO′

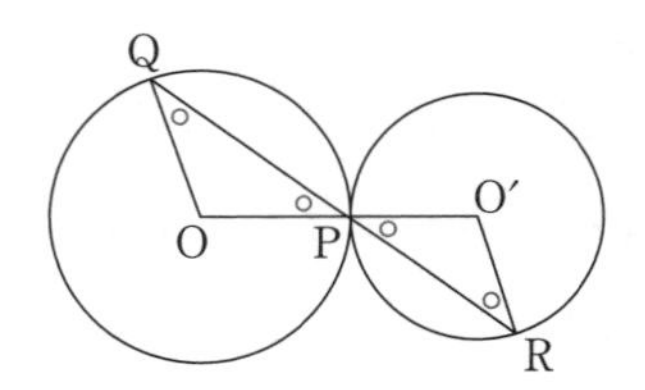

△OPQ∽△O′PR

(3)　交わる2つの円

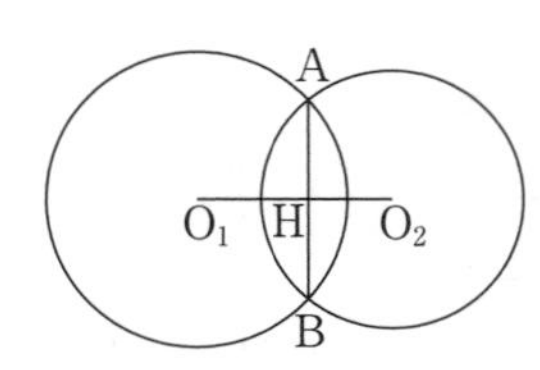

直線 O_1O_2 に関して2点A，Bは対称

線分ABと線分 O_1O_2 の交点をHとすると

$AH=BH$，$AB\perp O_1O_2$

三平方の定理により

$AH=\sqrt{AO_1{}^2-O_1H^2}=\sqrt{AO_2{}^2-O_2H^2}$

例題 109　5分・8点

点Aを中心とする半径2の円Oと点Bを中心とする半径3の円O′ が点Cで外接している。点Dは円O上に，また点Eは円O′ 上にあり，直線DEは二つの円の共通接線となっている。

このとき，DE=［ア］$\sqrt{［イ］}$ であり，点Cにおける二つの円の共通接線と直線DEとの交点をFとすると CF=$\sqrt{［ウ］}$ である。

また，三角形の相似に注目すると

CD : CE=2 : $\sqrt{［エ］}$

であることがわかるので CD=$\dfrac{［オ］\sqrt{［カキ］}}{［ク］}$ である。

解答

AB=5より

$$DE=\sqrt{5^2-(3-2)^2}=\mathbf{2\sqrt{6}}$$

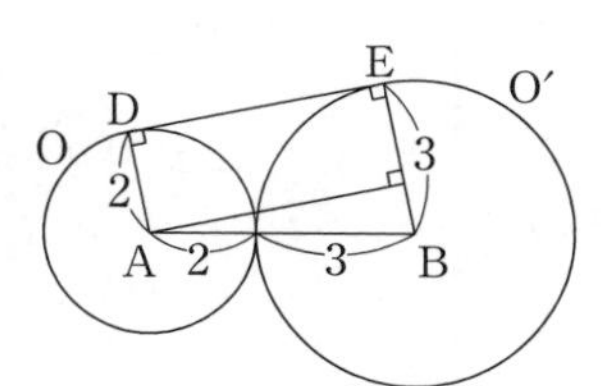

⬅ 点Aから線分BEに垂線を引いて三平方の定理。

また，DF=CF=EFより

$$CF=\mathbf{\sqrt{6}}$$

∠ACF=∠ADF=90° より，
四角形ACFDは円に内接する。
よって

$$\angle CAD=\angle CFE$$

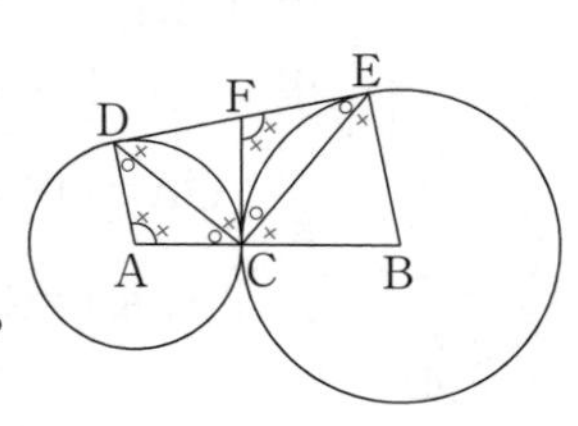

⬅ ○+×=90°

AC=AD，FC=FEであるから

$$\triangle ACD \backsim \triangle FCE$$

$$\therefore \quad CD : CE=AD : CF=2 : \mathbf{\sqrt{6}}$$

CD=$2x$，CE=$\sqrt{6}\,x$ とおくと，∠DCE=90° より

$$(2x)^2+(\sqrt{6}\,x)^2=(2\sqrt{6})^2$$

⬅ △DCEで三平方の定理。

$$\therefore \quad x^2=\frac{12}{5}$$

$x>0$　より

$$x=\frac{2\sqrt{3}}{\sqrt{5}}=\frac{2}{5}\sqrt{15}$$

よって

$$CD=\mathbf{\frac{4\sqrt{15}}{5}}$$

STAGE 2　69　立体の体積

■110　立体の体積■

(1)　**正四面体**

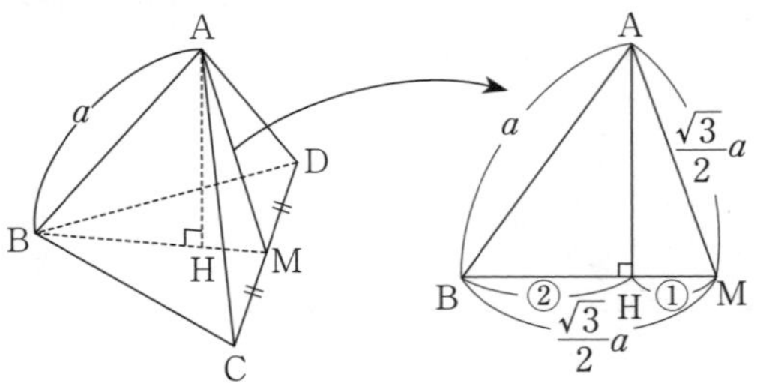

点Hは△BCDの重心。

$$BH=\frac{2}{3}BM=\frac{\sqrt{3}}{3}a$$

$$AH=\sqrt{a^2-\left(\frac{\sqrt{3}}{3}a\right)^2}$$

$$=\frac{\sqrt{6}}{3}a\text{（高さ）}$$

$$\triangle BCD=\frac{1}{2}\cdot a\cdot\frac{\sqrt{3}}{2}a=\frac{\sqrt{3}}{4}a^2\text{（底面積）}$$

$$\text{（体積）}=\frac{1}{3}\cdot\frac{\sqrt{3}}{4}a^2\cdot\frac{\sqrt{6}}{3}a=\frac{\sqrt{2}}{12}a^3$$

(2)　**正八面体**

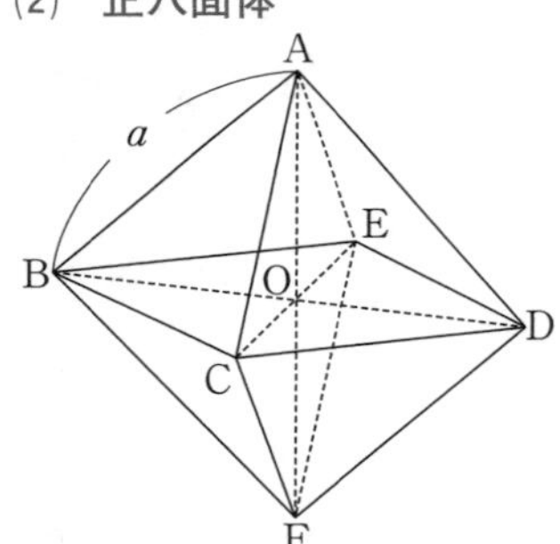

面BCDE，ABFD，ACFEはすべて正方形。中心をOとすると

$$OA=OB=OC=OD=OE=OF=\frac{\sqrt{2}}{2}a$$

$$\text{（体積）}=2\text{（A-BCDE）}$$

$$=2\left(\frac{1}{3}\cdot a^2\cdot\frac{\sqrt{2}}{2}a\right)$$

$$=\frac{\sqrt{2}}{3}a^3$$

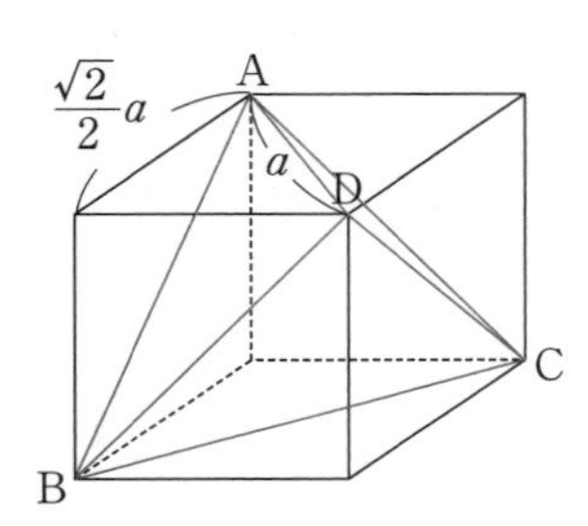

1辺の長さ $\frac{\sqrt{2}}{2}a$ の立方体を図のように4つの平面ABD，BCD，CDA，ABCで切る。残った四面体が一辺の長さ a の正四面体になる。

$$\left(\frac{\sqrt{2}}{2}a\right)^3-4\cdot\frac{1}{3}\cdot\left\{\frac{1}{2}\left(\frac{\sqrt{2}}{2}a\right)^2\right\}\cdot\frac{\sqrt{2}}{2}a$$

（立方体の体積）（切り取った4つの三角錐）

$$=\frac{\sqrt{2}}{12}a^3$$

例題 110　**9分・12点**

1辺の長さが6の正四面体ABCDがある。点Aから面BCDに下ろした垂線をAHとすると BH=［ア］$\sqrt{［イ］}$ であるからAH=［ウ］$\sqrt{［エ］}$ である。したがって，正四面体ABCDの体積は［オカ］$\sqrt{［キ］}$ である。

また，辺AB，AC，AD，BC，BD，CDの中点をそれぞれP，Q，R，S，T，Uとすると，2直線PR，BCのなす角は［クケ］°，直線PQと平面QRTSのなす角は［コサ］°である。さらに六つの点P，Q，R，S，T，Uを頂点とする立体の体積は［シ］$\sqrt{［ス］}$ である。

解答

辺CDの中点をUとすると

$$AU=BU=3\sqrt{3}$$

点Hは△BCDの重心であるから

$$BH=\frac{2}{3}BU=\mathbf{2\sqrt{3}}$$

⇐ BH : HU=2 : 1

△ABHで三平方の定理を用いると

$$AH=\sqrt{6^2-(2\sqrt{3})^2}=\mathbf{2\sqrt{6}}$$

△BCDの面積は $\frac{1}{2}\cdot 6\cdot 3\sqrt{3}=9\sqrt{3}$ であるから

正四面体の体積は

$$\frac{1}{3}\cdot 9\sqrt{3}\cdot 2\sqrt{6}=\mathbf{18\sqrt{2}}$$

また，BC∥PQであるから，2直線PR，BCのなす角は2直線PQ，PRのなす角に等しく **60°** であり，直線PQと平面QRTSのなす角は，∠PQTに等しく **45°** である。

⇐ △PQRは正三角形。

⇐ △PQTは直角二等辺三角形。

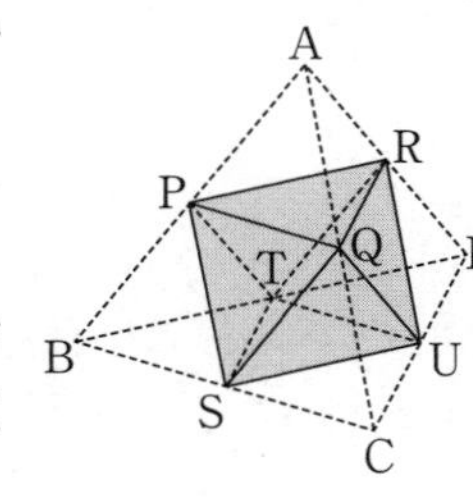

さらに，P，Q，R，S，T，Uを頂点とする立体は正八面体であり，面QRTSは1辺の長さが3の正方形。直線PUは平面QRTSに垂直であり，PU=$3\sqrt{2}$ より，体積は

$$\frac{1}{3}\cdot 3^2\cdot 3\sqrt{2}=\mathbf{9\sqrt{2}}$$

⇐ 四角錐2つと考えればよい。

STAGE 2　類　題

類題 105　(9分・15点)

AB＞AC である△ABC において，∠B，∠C の二等分線と対辺との交点をそれぞれ Q，R とし，直線 QR と直線 BC の交点を S とする。また，線分 BQ と CR の交点を E とし，直線 AE と辺 BC の交点を P とする。

辺 BC，CA，AB の長さをそれぞれ a，b，c とする。

(1)　$\dfrac{\mathrm{AR}}{\mathrm{BR}}=$ ア ，$\dfrac{\mathrm{AQ}}{\mathrm{CQ}}=$ イ

であるから

$\dfrac{\mathrm{BS}}{\mathrm{CS}}=$ ウ ，$\dfrac{\mathrm{SQ}}{\mathrm{RQ}}=$ エ

である。また，$\dfrac{\mathrm{BP}}{\mathrm{PC}}=$ オ である。

ア ～ オ の解答群(同じものを繰り返し選んでもよい。)

⓪ $\dfrac{a}{b}$　① $\dfrac{b}{a}$　② $\dfrac{b}{c}$　③ $\dfrac{c}{b}$　④ $\dfrac{c}{a}$

⑤ $\dfrac{a}{c}$　⑥ $\dfrac{c}{a+b}$　⑦ $\dfrac{a}{b+c}$　⑧ $\dfrac{b}{c+a}$　⑨ $\dfrac{a+b}{c-b}$

(2)　$a=10$，$b=5$，$c=7$ のとき

$\mathrm{BP}=\dfrac{\boxed{カキ}}{\boxed{ク}}$，$\mathrm{PS}=\dfrac{\boxed{ケコサ}}{\boxed{シ}}$

である。

類題 106　（3分・8点）

AB＞ACである△ABCにおいて，辺BCの中点をD，∠Aの二等分線と辺BCとの交点をEとする。△ADEの外接円と辺CA，ABとは，それぞれAと異なる交点F，Gをもつとする。このときBG＝CFであることを証明しよう。

BC＝a，CA＝b，AB＝cとする。線分AEは∠Aの二等分線であるから

$$\mathrm{BE}=\frac{\boxed{\text{ア}}}{\boxed{\text{イ}}},\quad \mathrm{EC}=\frac{\boxed{\text{ウ}}}{\boxed{\text{エ}}}$$

である。また，方べきの定理により

$$\mathrm{BG}=\frac{\boxed{\text{オ}}}{\boxed{\text{カ}}},\quad \mathrm{CF}=\frac{\boxed{\text{オ}}}{\boxed{\text{カ}}}$$

となるから，BG＝CFである。

ア～カの解答群（同じものを繰り返し選んでもよい。）

⓪ a^2　① b^2　② c^2　③ ab　④ bc
⑤ ac　⑥ $a+b$　⑦ $b+c$　⑧ $2(a+b)$　⑨ $2(b+c)$

類題 107 (4分・8点)

二等辺三角形 ABC において，AB＝AC＝6，BC＝4 とする。△ABC の内心を I として，直線 AI と辺 BC の交点を D とするとき，AD＝[ア]$\sqrt{[イ]}$ であり，AI＝[ウ]$\sqrt{[エ]}$ である。

辺 AB の A の側の延長上に点 E をとり，∠EAC の二等分線と∠ABC の二等分線の交点を G とする。このとき，∠AGI＝∠CBI＝∠ABI であるから，AG＝[オ] であり，IG＝[カ]$\sqrt{[キ]}$ である。

類題 108 (6分・10点)

△ABC において，AB＝6，AC＝4，∠A＝60° とする。∠A の二等分線と辺 BC の交点を D とする。

△ABC の面積は [ア]$\sqrt{[イ]}$ であり，AD＝$\dfrac{[ウエ]\sqrt{[オ]}}{[カ]}$ である。

点 D を中心とし，辺 AB に接する円 D の半径は $\dfrac{[キ]\sqrt{[ク]}}{[ケ]}$ である。

線分 AD 上の点 P を中心とする半径 $\dfrac{\sqrt{3}}{3}$ の円 P が辺 AB と接している。このとき，円 D と円 P は [コ]。

[コ] の解答群

⓪ 内接する　① 異なる 2 点で交わる
② 外接する　③ 共有点を持たない

類題 109　　(6分・10点)

点Aを中心とする半径6の円Oと点Bを中心とする半径4の円O′が点Cで外接している。点Dは円O上に，点Eは円O′上にある。

(1) 直線DEが二つの円の共通接線になっているとき，DE＝[ア]$\sqrt{[イ]}$ である。点Cにおける二つの円の共通接線と直線DEとの交点をFとすると，DF＝[ウ]$\sqrt{[エ]}$ であり，AF＝[オ]$\sqrt{[カキ]}$ である。

(2) 直線DEが円Oと2点で交わり，円O′と点Eで接している。CD＝9であるとき，直線CDと円O′のC以外の交点をFとすると，CF＝[ク]，DE＝[ケ]$\sqrt{[コサ]}$ である。

類題 110　　(6分・8点)

立方体ABCD-EFGHがある。

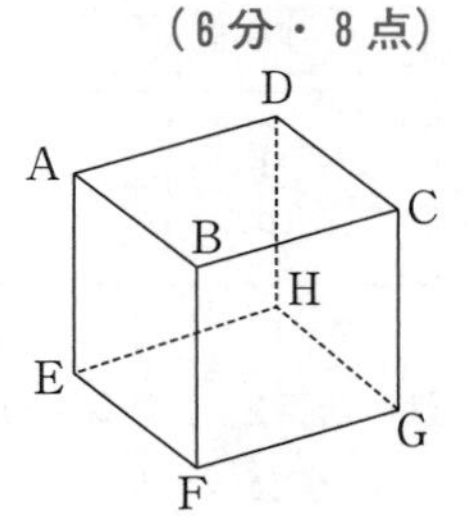

2直線AC，DEのなす角は[アイ]°であり，2平面ABC，DFCのなす角は[ウエ]°である。この立方体を4つの平面BDE，BDG，BEG，DEGで切り，四面体BDEGを作る。立方体の1辺の長さを1とすると，四面体BDEGの体積は $\dfrac{[オ]}{[カ]}$ であり，Bから平面EDGに下ろした垂線の長さは $\dfrac{[キ]\sqrt{[ク]}}{[ケ]}$ である。

総合演習問題

§1　数と式

1　(12分・15点)

a，bを実数，$a \neq 0$として，xの不等式

$$|ax-1|<b \qquad \cdots\cdots①$$

について考える。

絶対値の性質を考えて，①を満たす実数xが存在するためのbの条件は

$b>$ [ア]

である。

bが$b>$ [ア] を満たすとき，①を満たすxの値の範囲をaの符号で場合分けして求めると，$a>0$のとき

[イ] $<x<$ [ウ]

であり，$a<0$のとき

[エ] $<x<$ [オ]

である。

[イ] ～ [オ] の解答群(同じものを繰り返し選んでもよい。)

⓪ $\dfrac{1}{a}+\dfrac{b}{a}$	① $\dfrac{1}{a}-\dfrac{b}{a}$	② $-\dfrac{1}{a}+\dfrac{b}{a}$	③ $-\dfrac{1}{a}-\dfrac{b}{a}$

(1)　$a>2$とする。①を満たすxの値の範囲に含まれる整数がちょうど1個であるようなa，bの条件を求めよう。

$0<\dfrac{1}{a}<\dfrac{1}{2}$であることに注目すると，①を満たす1個の整数は [カ] である。

他の整数が①を満たさないことからa，bの条件は

$b>$ [キ]　かつ　$a-b \geqq$ [ク]

である。

(次ページに続く。)

(2)　$a=3-\sqrt{6}$，$b=3+\sqrt{6}$ とする。
このとき

$$\frac{1}{a}=\boxed{\text{ケ}}+\frac{\sqrt{6}}{\boxed{\text{コ}}},\quad \frac{b}{a}=\boxed{\text{サ}}+\boxed{\text{シ}}\sqrt{6}$$

であるから，①を満たす x の値の範囲は

$$-\boxed{\text{ス}}-\frac{\boxed{\text{セ}}\sqrt{6}}{\boxed{\text{ソ}}}<x<\boxed{\text{タ}}+\frac{\boxed{\text{チ}}\sqrt{6}}{\boxed{\text{ツ}}}$$

である。
また

$$m<\frac{\boxed{\text{セ}}\sqrt{6}}{\boxed{\text{ソ}}}<m+1$$

を満たす整数 m の値は $m=\boxed{\text{テ}}$ であり，①を満たす整数 x の個数は $\boxed{\text{トナ}}$ 個である。

§2　集合と命題

2　（10分・15点）

c を正の整数とする。整数 n に関する二つの条件 p，q を次のように定める。

p：$n^2-n-12 \leqq 0$

q：$n>-4$ かつ $n<c$

(1)　命題「$p \Longrightarrow q$」の逆は「［ア］」である。また，命題「$p \Longrightarrow q$」の対偶は「［イ］」である。

［ア］，［イ］の解答群(同じものを繰り返し選んでもよい。)

⓪　$n^2-n-12>0 \Longrightarrow (n \leqq -4$ かつ $n \geqq c)$
①　$n^2-n-12>0 \Longrightarrow (n \leqq -4$ または $n \geqq c)$
②　$(n>-4$ かつ $n<c) \Longrightarrow n^2-n-12 \leqq 0$
③　$(n>-4$ または $n<c) \Longrightarrow n^2-n-12 \leqq 0$
④　$(n \leqq -4$ かつ $n \geqq c) \Longrightarrow n^2-n-12>0$
⑤　$(n \leqq -4$ または $n \geqq c) \Longrightarrow n^2-n-12>0$

(2)　$c=$［ウ］のとき，p と q は同値である。
$c>$［ウ］のとき，p は q であるための［エ］。

［エ］の解答群

⓪　必要条件であるが，十分条件ではない
①　十分条件であるが，必要条件ではない
②　必要十分条件である
③　必要条件でも十分条件でもない

(次ページに続く。)

(3)　命題「$p \Longrightarrow q$」が偽となり，その反例となる整数 n がただ一つだけ存在するとき $c=$ [オ] であり，その反例は $n=$ [カ] である。

命題「$q \Longrightarrow p$」が偽となり，その反例となる整数 n がただ一つだけ存在するとき $c=$ [キ] であり，その反例は $n=$ [ク] である。

(4)　整数全体の集合を全体集合とし，その部分集合 A，B を

$$A=\{n \mid n^2-n-12 \leqq 0\}$$
$$B=\{n \mid n>-4 \text{ かつ } n<10\}$$

とする。集合 A，B の補集合を $\overline{A}$，$\overline{B}$ で表す。

次の⓪～⑦のうち，空集合となるものは [ケ] であり，全体集合となるものは [コ] である。

[ケ]，[コ] の解答群

⓪　$A \cap B$	①　$A \cup B$	②　$A \cap \overline{B}$	③　$A \cup \overline{B}$
④　$\overline{A} \cap B$	⑤　$\overline{A} \cup B$	⑥　$\overline{A} \cap \overline{B}$	⑦　$\overline{A} \cup \overline{B}$

§3　2次関数

3　　　　(10分・10点)

数学の授業で，2次関数 $y=x^2+ax+b$ についてコンピューターのグラフ表示ソフトを用いて考察している。

このソフトでは，図1の画面上の [A]，[B] にそれぞれ係数 a，b の値を入力すると，その値に応じたグラフが表示される。さらに，[A]，[B] それぞれの下にある • を左に動かすと係数の値が減少し，右に動かすと係数の値が増加するようになっており，値の変化に応じて2次関数のグラフが座標平面上を動く仕組みになっている。

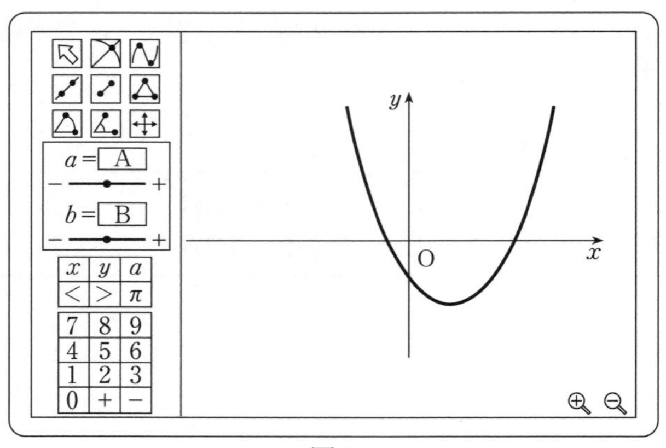

図1

(1)　a と b の符号について，頂点が第1象限にあるとき [ア]。また，頂点が第4象限にあるとき [イ]。

[ア]，[イ] については，最も適当なものを，次の⓪～⑧のうちから一つずつ選べ。ただし，同じものを繰り返し選んでもよい。

⓪　$a>0$，$b>0$ である	①　$a<0$，$b>0$ である
②　$a>0$，$b<0$ である	③　$a<0$，$b<0$ である

④　$a>0$ であるが，b の符号は確定しない
⑤　$a<0$ であるが，b の符号は確定しない
⑥　$b>0$ であるが，a の符号は確定しない
⑦　$b<0$ であるが，a の符号は確定しない
⑧　a，b ともに符号は確定しない

(次ページに続く。)

(2) グラフがx軸と異なる2点で交わるようなa, bの組合せとして正しいものは［ウ］と［エ］である。

［ウ］, ［エ］の解答群(解答の順序は問わない。)

	⓪	①	②	③	④	⑤
a	1	2	3	-1	-2	-3.5
b	1	1	2	0.5	-1	3.5

(3) $a=0$, $b=0$のグラフを表示させてから，次の操作P，操作Q，操作R，操作Sのうち，いずれか一つの操作を行う。

操作P：aの値は変えず，bの値だけを増加させる。
操作Q：aの値は変えず，bの値だけを減少させる。
操作R：bの値は変えず，aの値だけを増加させる。
操作S：bの値は変えず，aの値だけを減少させる。

このとき，次の(i)～(iii)が起こり得る操作を考える。

(i) 関数$y=x^2+ax+b$の$x \geqq 0$の範囲における最小値が負の数であるようにする操作は［オ］。
(ii) 2次方程式$x^2+ax+b=0$が正の解と負の解を一つずつもつようにする操作は［カ］。
(iii) 不等式$x^2+ax+b>0$の解がすべての実数であるようにする操作は［キ］。

［オ］～［キ］の解答群(同じものを繰り返し選んでもよい。)

⓪ ない
① Pだけである
② Qだけである
③ Rだけである
④ Sだけである
⑤ PまたはRである
⑥ PまたはSである
⑦ QまたはRである
⑧ QまたはSである

§4　図形と計量

4　(12分・20点)

△ABCにおいて

$$AB=\sqrt{3},\ BC=12,\ CA=3\sqrt{19}$$

とする。辺BCのB側の延長上に$AD=3\sqrt{3}$となる点Dをとる。

このとき

$$\cos\angle ABC=-\frac{\sqrt{\boxed{\text{ア}}}}{\boxed{\text{イ}}}$$

であり，$BD=\boxed{\text{ウ}}$である。また

$$\sin\angle ABC : \sin\angle ADC=\boxed{\text{エ}} : 1$$

である。△ADCの面積は$\boxed{\text{オ}}\sqrt{\boxed{\text{カ}}}$である。

(次ページに続く。)

次に，△ADC を一つの面とする四面体 PADC を考える。ここで

$PA=\sqrt{21}$，$PD=4\sqrt{3}$，$PC=8\sqrt{3}$

である。

四面体 PADC の四つの面のうち，直角三角形は［キ］と［ク］である。

よって，$PB=$［ケ］$\sqrt{［コ］}$であり

$\tan\angle BPC=\dfrac{\sqrt{［サシ］}}{［ス］}$

であるから，∠BPC の大きさは［セ］である。

A から平面 PBC に垂直な直線を引き，平面 PBC との交点を H とする。

△PBC の面積は［ソ］$\sqrt{［タチ］}$であり，四面体 PABC の体積は［ツ］$\sqrt{［テト］}$であることから，$AH=\dfrac{\sqrt{［ナニヌ］}}{［ネノ］}$である。

［キ］，［ク］の解答群(解答の順序は問わない。)

⓪ △ADC　① △PAD　② △PDC　③ △PAC

［セ］の解答群

⓪ 0° より大きく 30° 以下
① 30° より大きく 45° 以下
② 45° より大きく 60° 以下
③ 60° より大きく 90° 未満

§5　データの分析

5　　(12分・15点)

(1)　30人の生徒に数学のテストを行った。表1はその結果である。ただし，表1の数値はすべて正確な値である。

表1　数学のテストの得点

62	54	44	30	88	24	45	55	68	51	46	86	82	71	63
70	55	61	74	65	74	30	72	74	85	98	66	71	78	96

表2は，表1の30人のテストの得点を度数分布表にしたものである。

表2　30人の生徒の得点の度数分布表

階級（点）	度数（人）
20以上　30未満	1
30以上　40未満	2
40以上　50未満	3
50以上　60未満	4
60以上　70未満	6
70以上　80未満	8
80以上　90未満	4
90以上　100未満	2
合　計	30

30人の得点の中央値は［アイ］である。

(2)　A組からD組の各組30人の生徒に対して理科のテストを行った。図1は，各組ごとに理科のテストの得点を箱ひげ図にしたものである。

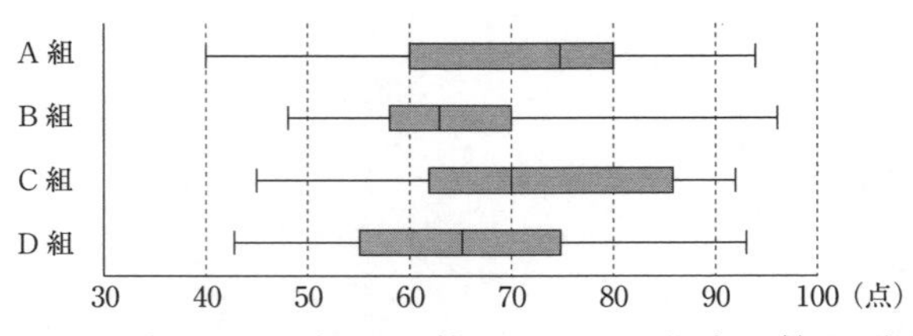

図1　A組からD組の理科のテストの得点の箱ひげ図

(次ページに続く。)

(i)　図1の箱ひげ図から読み取れることとして，次の⓪～⑤のうち，**正しくないものは**［ウ］と［エ］である。

［ウ］，［エ］の解答群（解答の順序は問わない。）

⓪　A，B，C，Dの4組全体の最高点の生徒がいるのはB組である。
①　A，B，C，Dの4組で比べたとき，四分位範囲が最も大きいのはA組である。
②　A，B，C，Dの4組で比べたとき，範囲が最も大きいのはA組である。
③　A，B，C，Dの4組で比べたとき，第1四分位数と中央値の差が最も小さいのはB組である。
④　A組では，60点未満の人数は80点以上の人数よりも多い。
⑤　A組とC組で70点以下の人数を比べたとき，C組の人数はA組の人数以上である。

(ii)　図1のC組の箱ひげ図のもとになった得点をヒストグラムで表したとき，対応するものは［オ］である。

［オ］については，最も適当なものを，次の⓪～③のうちから一つ選べ。
なお，ヒストグラムは(1)の表2の度数分布表と同じ階級を用いて作成した。

⓪
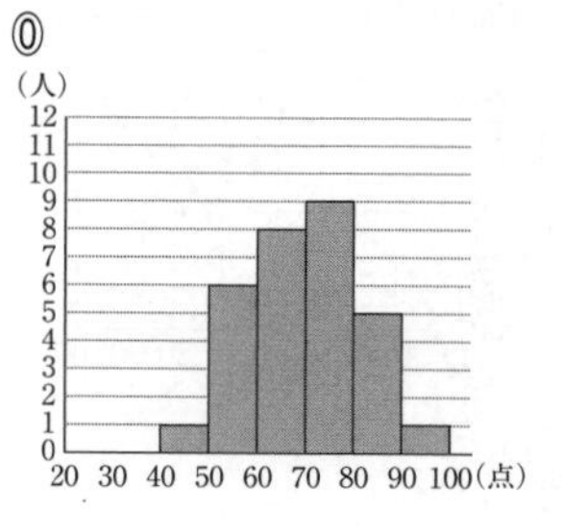

①
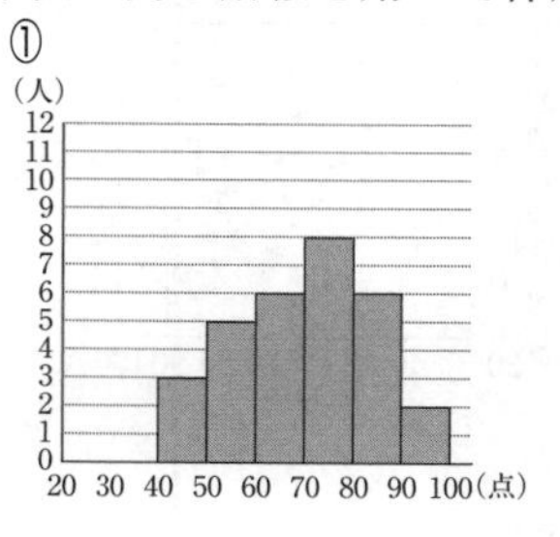

②
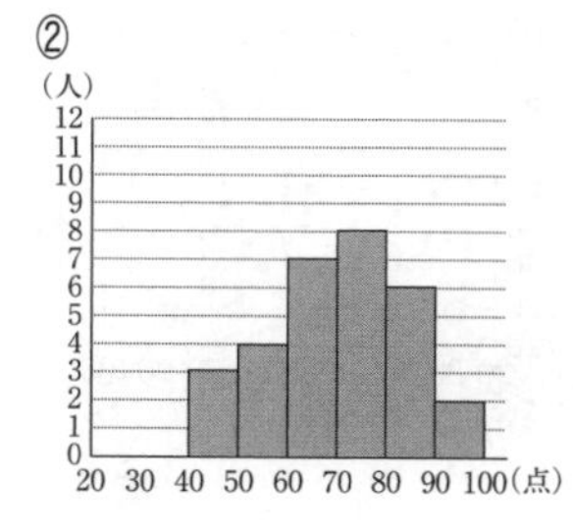

③
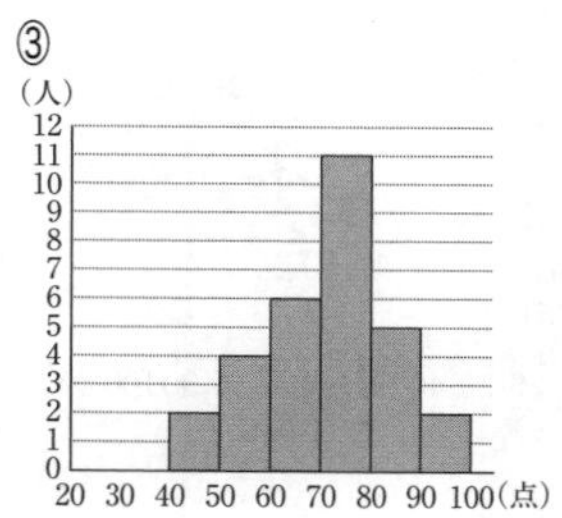

(次ページに続く。)

(3)　表3は，あるクラスの生徒30人に行った科目Xと科目Yのテストの得点であり，これらの平均値，標準偏差，共分散をまとめたものが表4である。

表3　科目Xと科目Yの得点

科目X	63	76	58	71	75	56	81	80	84	77	76	63	63	59	63
科目Y	47	78	60	46	58	63	73	59	66	49	62	58	65	50	42

科目X	77	78	68	59	72	68	79	67	79	73	77	67	63	78	76
科目Y	82	66	40	55	42	69	77	57	63	52	49	45	55	84	56

表4

	平均値	標準偏差
科目X	70.9	7.81
科目Y	58.9	11.74

科目Xと科目Yの得点の共分散	36.89

(i)　科目Xと科目Yの得点を散布図にしたものは［カ］である。

［カ］については，最も適当なものを，次の⓪～③のうちから一つ選べ。

⓪
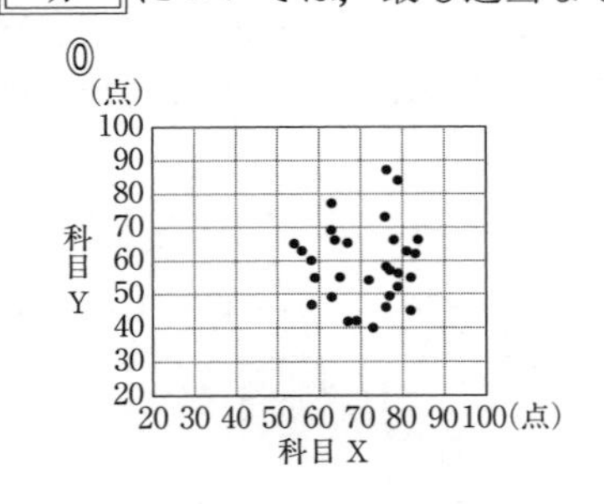

①
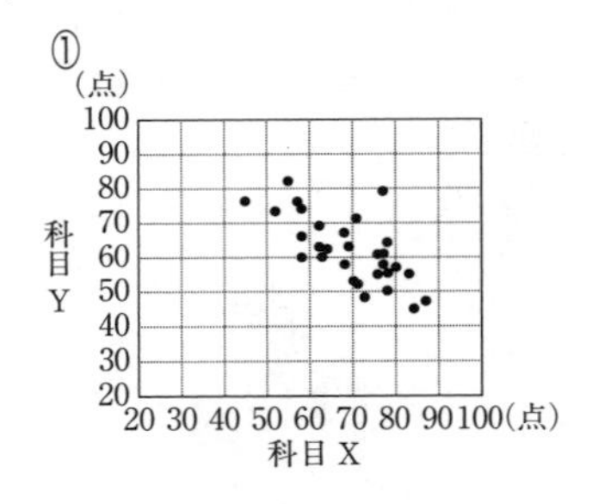

②
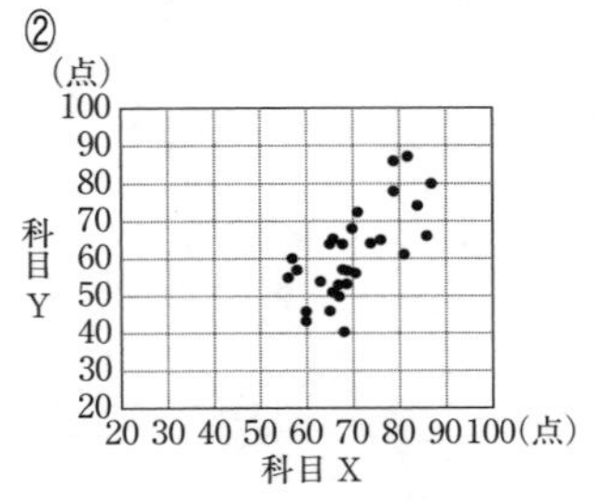

③
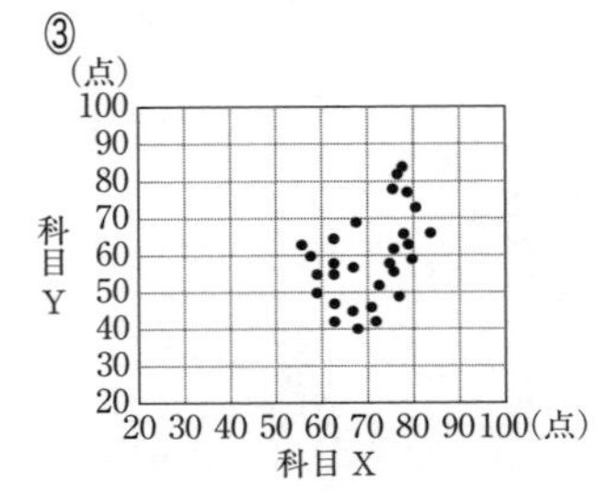

(次ページに続く。)

(ii) 表3の得点を $\frac{1}{2}$ 倍して50点満点の得点に換算した。このとき，科目Xの得点の偏差と科目Yの得点の偏差は，換算後，それぞれもとの得点の偏差の $\frac{1}{2}$ になる。したがって，科目Xについてもとの標準偏差と換算後の標準偏差を比較し，さらに科目XとYのもとの共分散と換算後の共分散を比較すると，［キ］。

［キ］の解答群

⓪ 換算後の標準偏差と共分散の値はともに，もとの値の $\frac{1}{2}$ になる

① 換算後の標準偏差と共分散の値はともに，もとの値の $\frac{1}{4}$ になる

② 換算後の標準偏差の値はもとの値の $\frac{1}{2}$ になり，共分散の値はもとの値の $\frac{1}{4}$ になる

③ 換算後の標準偏差の値はもとの値の $\frac{1}{4}$ になり，共分散の値はもとの値の $\frac{1}{2}$ になる

§6　場合の数と確率

6　　(15分・20点)

1から9までの番号がつけられた9枚のカードから，4枚のカードを同時に取り出す。取り出した4枚のカードの番号の中で，最も大きな番号をL，最も小さな番号をSとして，得点Xを次のように定める。

・Lが偶数のとき，$X=0$とする。
・Lが奇数のとき，$X=L-S$とする。

(1)　太郎さんと花子さんは，得点Xとその確率を計算することにした。

花子：まず，得点が0点になる場合を考えてみよう。
太郎：得点が0点になるのは，Lが偶数の場合だね。

(i)　9枚のカードから4枚のカードを取り出す方法は，全部で［アイウ］通りある。

(ii)　$L=4$である確率は$\dfrac{\boxed{エ}}{\boxed{オカキ}}$であり，$X=0$である確率は$\dfrac{\boxed{クケ}}{\boxed{コサ}}$である。

(次ページに続く。)

(2) 太郎さんと花子さんは，得点の最大値，最小値とその確率を考えている。

> 太郎：得点が最大になる場合と正で最小になる場合を考えるね。
> 花子：得点のとり得る値を考えてみよう。

(i) 得点の最大値は［シ］，正の得点の最小値は［ス］である。

(ii) $X=$［シ］である確率は $\frac{［セ］}{［ソ］}$，$X=$［ス］である確率は $\frac{［タ］}{［チツ］}$ である。

(iii) $X=$［シ］であったとき，番号5のカードを取り出している条件付き確率は $\frac{［テ］}{［ト］}$ である。

(3) 花子さんと太郎さんは，得点が5点になる場合の確率について話している。

> 花子：得点が5点になるのは，$L-S=5$ の場合だね。
> 太郎：そうだね。確率を計算してみよう。

$X=5$ である確率は $\frac{［ナ］}{［ニヌ］}$ である。番号9のカードを取り出したとき，$X=5$ である条件付き確率は $\frac{［ネ］}{［ノハ］}$ である。

(4) X の期待値は $\frac{［ヒフ］}{［ヘホ］}$ である。

§7　図形の性質

7　　(12分・20点)

〔1〕 太郎さんのクラスでは，数学の授業で次の**問題**が宿題として出された。

> **問題**　△ABCにおいて，AB=4，BC=2，CA=3とする。辺ABを1：3に内分する点をD，△ABCの内心をIとして，直線AIと辺BCの交点をE，直線DIと辺BCの交点をFとする。このとき，Iは線分DFをどのような比に分けるか。

(1) 内心についての記述として，次の⓪～③のうち，正しいものは［ア］である。

［ア］の解答群

> ⓪　三角形の3本の中線は1点で交わり，この点が内心である。
> ①　三角形の三つの内角の二等分線は1点で交わり，この点が内心である。
> ②　三角形の3辺の垂直二等分線は1点で交わり，この点が内心である。
> ③　三角形の3頂点から対辺またはその延長に下ろした垂線は1点で交わり，この点が内心である。

(2) 太郎さんは宿題について考え，次のように解答した。

点Iは内心であるから，$BE=\frac{\boxed{イ}}{\boxed{ウ}}$ であり，$\frac{AI}{EI}=\frac{\boxed{エ}}{\boxed{オ}}$ である。このとき，$\frac{BF}{EF}=\frac{\boxed{カキ}}{\boxed{ク}}$ であるから，$\frac{FI}{DI}=\frac{\boxed{ケ}}{\boxed{コサ}}$ である。

よって，点Iは線分DFを［コサ］：［ケ］の比に内分する。

(3) △ADIと△EFIの面積比は

$$\frac{\triangle EFI}{\triangle ADI}=\frac{\boxed{シス}}{\boxed{セソタ}}$$

である。

(次ページに続く。)

〔2〕 点Oを中心とする半径3の円Oの円周上に2点A，Bがある。点Aにおける円Oの接線と点Bにおける円Oの接線の交点をCとして，線分OCと線分ABの交点をDとする。

(1) △OACと合同な三角形は［チ］であり，△OACと合同でなく相似な三角形は［ツ］，［テ］である。

［チ］～［テ］の解答群（［ツ］，［テ］の解答の順序は問わない。）

⓪ △OAB	① △OBC	② △ODA
③ △ABC	④ △ADC	

(2) OC·OD＝［ト］である。

(3) 円Oの円周上に点Eがあり，線分ABのBの側の延長と線分OEのEの側の延長が点Fで交わっているとする。点Cから直線OFに垂線を下ろし，直線OFとの交点をHとする。

4点C，F，［ナ］は同一円周上にある。したがって，OH·OF＝［ニ］である。

［ナ］の解答群

⓪ D，E	① B，H	② D，H	③ A，H	④ O，A

— *MEMO* —

— *MEMO* —

— *MEMO* —

— *MEMO* —

— *MEMO* —

三角比の表

角	正弦（sin）	余弦（cos）	正接（tan）
0°	0.0000	1.0000	0.0000
1°	0.0175	0.9998	0.0175
2°	0.0349	0.9994	0.0349
3°	0.0523	0.9986	0.0524
4°	0.0698	0.9976	0.0699
5°	0.0872	0.9962	0.0875
6°	0.1045	0.9945	0.1051
7°	0.1219	0.9925	0.1228
8°	0.1392	0.9903	0.1405
9°	0.1564	0.9877	0.1584
10°	0.1736	0.9848	0.1763
11°	0.1908	0.9816	0.1944
12°	0.2079	0.9781	0.2126
13°	0.2250	0.9744	0.2309
14°	0.2419	0.9703	0.2493
15°	0.2588	0.9659	0.2679
16°	0.2756	0.9613	0.2867
17°	0.2924	0.9563	0.3057
18°	0.3090	0.9511	0.3249
19°	0.3256	0.9455	0.3443
20°	0.3420	0.9397	0.3640
21°	0.3584	0.9336	0.3839
22°	0.3746	0.9272	0.4040
23°	0.3907	0.9205	0.4245
24°	0.4067	0.9135	0.4452
25°	0.4226	0.9063	0.4663
26°	0.4384	0.8988	0.4877
27°	0.4540	0.8910	0.5095
28°	0.4695	0.8829	0.5317
29°	0.4848	0.8746	0.5543
30°	0.5000	0.8660	0.5774
31°	0.5150	0.8572	0.6009
32°	0.5299	0.8480	0.6249
33°	0.5446	0.8387	0.6494
34°	0.5592	0.8290	0.6745
35°	0.5736	0.8192	0.7002
36°	0.5878	0.8090	0.7265
37°	0.6018	0.7986	0.7536
38°	0.6157	0.7880	0.7813
39°	0.6293	0.7771	0.8098
40°	0.6428	0.7660	0.8391
41°	0.6561	0.7547	0.8693
42°	0.6691	0.7431	0.9004
43°	0.6820	0.7314	0.9325
44°	0.6947	0.7193	0.9657
45°	0.7071	0.7071	1.0000

角	正弦（sin）	余弦（cos）	正接（tan）
45°	0.7071	0.7071	1.0000
46°	0.7193	0.6947	1.0355
47°	0.7314	0.6820	1.0724
48°	0.7431	0.6691	1.1106
49°	0.7547	0.6561	1.1504
50°	0.7660	0.6428	1.1918
51°	0.7771	0.6293	1.2349
52°	0.7880	0.6157	1.2799
53°	0.7986	0.6018	1.3270
54°	0.8090	0.5878	1.3764
55°	0.8192	0.5736	1.4281
56°	0.8290	0.5592	1.4826
57°	0.8387	0.5446	1.5399
58°	0.8480	0.5299	1.6003
59°	0.8572	0.5150	1.6643
60°	0.8660	0.5000	1.7321
61°	0.8746	0.4848	1.8040
62°	0.8829	0.4695	1.8807
63°	0.8910	0.4540	1.9626
64°	0.8988	0.4384	2.0503
65°	0.9063	0.4226	2.1445
66°	0.9135	0.4067	2.2460
67°	0.9205	0.3907	2.3559
68°	0.9272	0.3746	2.4751
69°	0.9336	0.3584	2.6051
70°	0.9397	0.3420	2.7475
71°	0.9455	0.3256	2.9042
72°	0.9511	0.3090	3.0777
73°	0.9563	0.2924	3.2709
74°	0.9613	0.2756	3.4874
75°	0.9659	0.2588	3.7321
76°	0.9703	0.2419	4.0108
77°	0.9744	0.2250	4.3315
78°	0.9781	0.2079	4.7046
79°	0.9816	0.1908	5.1446
80°	0.9848	0.1736	5.6713
81°	0.9877	0.1564	6.3138
82°	0.9903	0.1392	7.1154
83°	0.9925	0.1219	8.1443
84°	0.9945	0.1045	9.5144
85°	0.9962	0.0872	11.4301
86°	0.9976	0.0698	14.3007
87°	0.9986	0.0523	19.0811
88°	0.9994	0.0349	28.6363
89°	0.9998	0.0175	57.2900
90°	1.0000	0.0000	—

短期攻略　大学入学共通テスト
数学Ⅰ・A［基礎編］〈改訂版〉

著　　者	吉川浩之 榎　明夫
発行者	山﨑良子
印刷・製本	日経印刷株式会社
発行所	駿台文庫株式会社

〒101-0062　東京都千代田区神田駿河台1-7-4
小畑ビル内
TEL. 編集　03(5259)3302
販売　03(5259)3301
《改③－304pp.》

落丁・乱丁がございましたら，送料小社負担にてお取替えいたします。
ISBN978－4－7961－2390－7　Printed in Japan

駿台文庫 Web サイト
https://www.sundaibunko.jp

駿台受験シリーズ

短期攻略

大学入学共通テスト 数学I・A 改訂版

基礎編

解答・解説編

類題の答

類題　1

ア イ, ウ, エ　15, 2, 8　　オ, カ, キ ク, ケ, コ　4, 9, 12, 6, 4

(1)　(左辺)$=\mathbf{15}a^2-\mathbf{2}ab-\mathbf{8}b^2$　　← 公式(4)

(2)　(左辺)$=(2a)^2+(-3b)^2+c^2+2\cdot(2a)(-3b)+2(-3b)\cdot c+2\cdot c\cdot(2a)$　　← 公式(5)

$=\mathbf{4}a^2+\mathbf{9}b^2+c^2-\mathbf{12}ab-\mathbf{6}bc+\mathbf{4}ca$

類題　2

ア イ ウ, エ オ, カ　256, 32, 1
キ ク, ケ コ, サ シ, ス セ　10, 35, 50, 24　　ソ タ　−3

(1)　(左辺)$=\{(2a-1)(2a+1)(4a^2+1)\}^2$　　← $A^2B^2C^2=(ABC)^2$

$=\{(4a^2-1)(4a^2+1)\}^2$

$=(16a^4-1)^2$

$=\mathbf{256}a^8-\mathbf{32}a^4+\mathbf{1}$

(2)　(左辺)$=(a+1)(a+4)(a+2)(a+3)$

$=(a^2+5a+4)(a^2+5a+6)$

$=(A+4)(A+6)$　　← $a^2+5a=A$ とおく。

$=A^2+10A+24$

$=(a^2+5a)^2+10(a^2+5a)+24$

$=a^4+\mathbf{10}a^3+\mathbf{35}a^2+\mathbf{50}a+\mathbf{24}$

(3)　与式を展開したときの x^2 の項は

$(x^2+ax-3)(2x^2-4x-1)$

を計算して

$x^2\cdot(-1)+ax\cdot(-4x)+(-3)(2x^2)=(-4a-7)x^2$　　← x^2の項のみを考える。

であるから

$-4a-7=5$　　$\therefore$　$a=\mathbf{-3}$

類題　3

ア, イ, ウ エ　2, 4, 18　　オ, カ, キ, ク　2, 3, 4, 5
ケ, コ, サ　2, 2, 1

(1)　(左辺)$=2(x^2-14xy-72y^2)$　　← まず2でくくる。

$=\mathbf{2}(x+\mathbf{4}y)(x-\mathbf{18}y)$

(2)　(左辺) $=(\mathbf{2}x-\mathbf{3}y)(\mathbf{4}x+\mathbf{5}y)$

← 2×-3, $4 \times +5$

(3)　(左辺) $=(x^2-4)(x^2+1)$

$=(x-\mathbf{2})(x+\mathbf{2})(x^2+\mathbf{1})$

類題　4

ア, イ, ウ　1, 4, 6　　エ, オ, カ, キ　2, 2, 2, 3
ク, ケ, コ, サ, シ　3, 4, 2, 2, 3

(1)　(左辺) $=(x-2)(x+4)(x-3)(x+5)-144$

$=(x^2+2x-8)(x^2+2x-15)-144$

$=(A-8)(A-15)-144$　← $x^2+2x=A$ とおく。

$=A^2-23A-24$

$=(A+1)(A-24)$

$=(x^2+2x+1)(x^2+2x-24)$

$=(x+\mathbf{1})^2(x-\mathbf{4})(x+\mathbf{6})$

(2)　(左辺) $=2x^3-8x-(3x^2-12)y$　← y で整理する。

$=2x(x^2-4)-3(x^2-4)y$

$=(x^2-4)(2x-3y)$

$=(x-\mathbf{2})(x+\mathbf{2})(\mathbf{2}x-\mathbf{3}y)$

(3)　(左辺) $=2x^2+(-8y+5)x+6y^2+y-12$　← x で整理する。

$=2x^2+(-8y+5)x+(3y-4)(2y+3)$

$=\{x-(3y-4)\}\{2x-(2y+3)\}$　← たすきがけ $1 \times -(3y-4)$, $2 \times -(2y+3)$

$=(x-\mathbf{3}y+\mathbf{4})(\mathbf{2}x-\mathbf{2}y-\mathbf{3})$

類題　5

ア　5　　イ　1　　ウエ　23　　$\sqrt{\text{オカ}}$　$\sqrt{13}$　　キク　11
ケコサ　119

(1)　$a=\dfrac{(\sqrt{7}-\sqrt{3})^2}{(\sqrt{7}+\sqrt{3})(\sqrt{7}-\sqrt{3})}=\dfrac{7-2\sqrt{21}+3}{7-3}=\dfrac{5-\sqrt{21}}{2}$

同様にして，$b=\dfrac{5+\sqrt{21}}{2}$ であるから　← $b=\dfrac{1}{a}$

$a+b=\mathbf{5}$，$ab=\mathbf{1}$

であり

$$\frac{b}{a}+\frac{a}{b}=\frac{a^2+b^2}{ab}=\frac{(a+b)^2-2ab}{ab}=\frac{5^2-2\cdot 1}{1}=\mathbf{23}$$

(2)
$$\frac{1}{a}=\frac{2}{3+\sqrt{13}}=\frac{2(3-\sqrt{13})}{3^2-13}=\frac{-3+\sqrt{13}}{2}$$

← 分母の有理化。

であるから

$$a+\frac{1}{a}=\sqrt{\mathbf{13}}$$

$$a^2+\frac{1}{a^2}=\left(a+\frac{1}{a}\right)^2-2\cdot a\cdot\frac{1}{a}=13-2=\mathbf{11}$$

← $x^2+y^2=(x+y)^2-2xy$

$$a^4+\frac{1}{a^4}=\left(a^2+\frac{1}{a^2}\right)^2-2\cdot a^2\cdot\frac{1}{a^2}=11^2-2=\mathbf{119}$$

← x^4+y^4
$=(x^2+y^2)^2-2(xy)^2$

類題　6

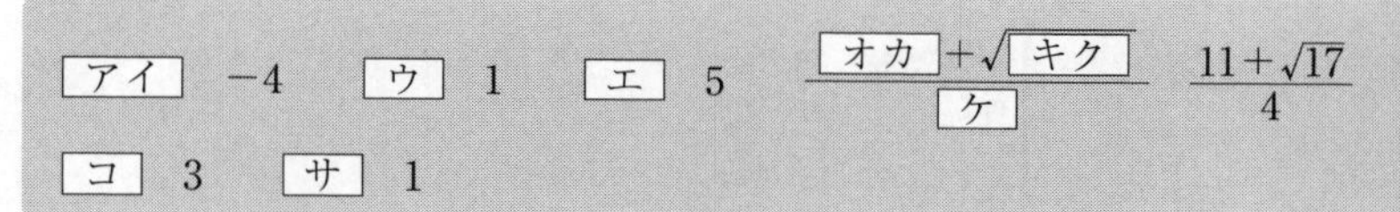
アイ　-4　　ウ　1　　エ　5　　$\dfrac{\text{オカ}+\sqrt{\text{キク}}}{\text{ケ}}$　$\dfrac{11+\sqrt{17}}{4}$

コ　3　　サ　1

(1)　$3<\sqrt{14}<4$ であるから

← $\sqrt{9}<\sqrt{14}<\sqrt{16}$

$$3<\frac{6+3\sqrt{14}}{5}<\frac{18}{5},\quad 1<\frac{2+\sqrt{14}}{5}<\frac{6}{5}$$

$$\therefore\quad -\frac{18}{5}<a<-3,\quad 1<b<\frac{6}{5}$$

よって，$m=\mathbf{-4}$，$n=\mathbf{1}$ であり，$a<x<b$ を満たす整数 x は，$x=-3,\ -2,\ -1,\ 0,\ 1$ の **5** 個。

← 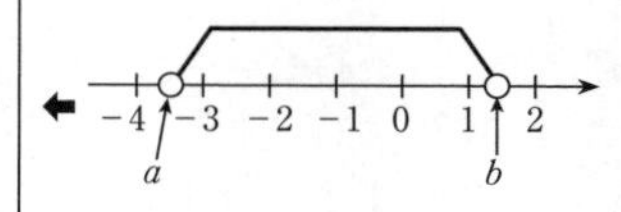

(2)
$$\alpha=\frac{\mathbf{11+\sqrt{17}}}{\mathbf{4}},\quad \beta=\frac{11-\sqrt{17}}{4}$$

← 2 次方程式の解の公式。

$4<\sqrt{17}<5$ であるから

← $-5<-\sqrt{17}<-4$

$$\frac{15}{4}<\alpha<4,\quad \frac{3}{2}<\beta<\frac{7}{4}$$

← 1　2　3　4　β　α

$$\therefore\quad m=\mathbf{3},\quad n=\mathbf{1}$$

類題　7

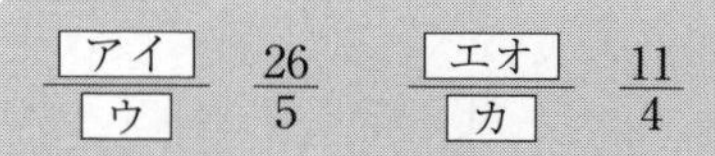
$\dfrac{\text{アイ}}{\text{ウ}}$　$\dfrac{26}{5}$　　$\dfrac{\text{エオ}}{\text{カ}}$　$\dfrac{11}{4}$

(1)　与式の両辺に 6 をかけて

$9(x-2)-4(1-x) \leqq 6(3x-8)$

$9x-18-4+4x \leqq 18x-48$

$-5x \leqq -26$　　$\therefore$　$x \geqq \mathbf{\dfrac{26}{5}}$

(2)　$x=2$ が与式を満たすので，$x=2$ を与式へ代入する。

$\dfrac{2-a}{3}-\dfrac{8-3}{2} \geqq -a$

両辺に 6 をかけると

$2(2-a)-15 \geqq -6a$

$4a \geqq 11$　　$\therefore$　$a \geqq \mathbf{\dfrac{11}{4}}$

類題　8

$\dfrac{\boxed{アイウ}}{\boxed{エ}} \leqq x \leqq \dfrac{\boxed{オカ}}{\boxed{キ}}$　$\dfrac{-41}{7} \leqq x \leqq \dfrac{-7}{4}$

$\dfrac{1+2x}{2} \leqq \dfrac{3x-1}{5}$ から

$5(1+2x) \leqq 2(3x-1)$　　⬅ 両辺に 10 をかける。

$5+10x \leqq 6x-2$

$4x \leqq -7$　　$\therefore$　$x \leqq -\dfrac{7}{4}$　　……①

$\dfrac{3x-1}{5} \leqq \dfrac{5x+4}{6}+\dfrac{1}{2}$ から

$6(3x-1) \leqq 5(5x+4)+15$　　⬅ 両辺に 30 をかける。

$18x-6 \leqq 25x+20+15$

$-7x \leqq 41$　　$\therefore$　$x \geqq -\dfrac{41}{7}$　　……②

①，②を同時に満たす x の値の範囲を求めて

$\mathbf{-\dfrac{41}{7} \leqq x \leqq -\dfrac{7}{4}}$

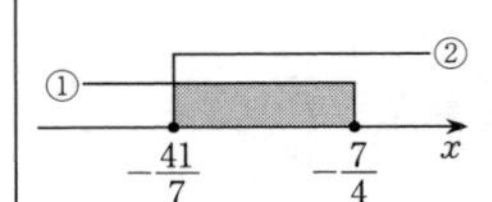

類題　9

$\dfrac{\boxed{ア}(\boxed{イ}+\sqrt{7})}{\boxed{ウ}}$ $\dfrac{2(2+\sqrt{7})}{3}$	$\boxed{エオ}(\boxed{カ}+\sqrt{7})$ $-2(2+\sqrt{7})$		
$\boxed{キク}(\sqrt{5}-\boxed{ケ})$ $-2(\sqrt{5}-2)$	$\boxed{コ}(\sqrt{5}-\boxed{サ})$ $4(\sqrt{5}-2)$	$\dfrac{\boxed{シス}}{\boxed{セ}}$ $\dfrac{13}{2}$	
$\boxed{ソタ}$ -4	$\dfrac{\boxed{チツ}}{\boxed{テ}}$ $\dfrac{-7}{2}$	$\dfrac{\boxed{ト}}{\boxed{ナ}}$ $\dfrac{8}{3}$	

(1)　与式より

$$(\sqrt{7}-2)x+2=\pm 4$$

$$(\sqrt{7}-2)x=2,\ -6$$

$$x=\frac{2}{\sqrt{7}-2},\ \frac{-6}{\sqrt{7}-2}$$

$$\therefore\quad x=\mathbf{\frac{2(2+\sqrt{7})}{3}},\ \mathbf{-2(2+\sqrt{7})}$$

← 分母，分子に $\sqrt{7}+2$ をかける。

(2)　与式より

$$-3<(\sqrt{5}+2)x-1<3$$

$$-2<(\sqrt{5}+2)x<4$$

$$\frac{-2}{\sqrt{5}+2}<x<\frac{4}{\sqrt{5}+2}$$

← $\sqrt{5}+2>0$

$$\therefore\quad \mathbf{-2(\sqrt{5}-2)}<x<\mathbf{4(\sqrt{5}-2)}$$

← 分母，分子に $\sqrt{5}-2$ をかける。

(3)　①より $y=\dfrac{1-2x}{3}$，これを②へ代入して整理すると

← y を消去。

$$|4x-16|=-2x+23 \qquad \cdots\cdots③$$

← 絶対値記号の中の式の符号で場合分け。

・$4x-16\geqq 0$　つまり　$x\geqq 4$ のとき

③より　$4x-16=-2x+23$

$$\therefore\quad x=\frac{13}{2}\quad (x\geqq 4 \text{ を満たす})$$

・$4x-16<0$　つまり　$x<4$ のとき

③より　$-(4x-16)=-2x+23$

$$\therefore\quad x=-\frac{7}{2}\quad (x<4 \text{ を満たす})$$

これと①より，求める解は

$$(x,\ y)=\left(\mathbf{\frac{13}{2}},\ \mathbf{-4}\right),\ \left(\mathbf{-\frac{7}{2}},\ \mathbf{\frac{8}{3}}\right)$$

類題の答

類題 10

$\dfrac{\boxed{ア}}{\boxed{イ}}a+\boxed{ウ}$　$\dfrac{2}{3}a+2$　$\boxed{エオ}$　-1　$\boxed{カ}$　4　$\boxed{キク}$　-3

①より　$2x-2a<-x+6$

$$3x<2a+6 \qquad \therefore\ \ x<\frac{2}{3}a+2$$

②より　$2(x-4)-3(3x-2)\leqq 5$

← 両辺に6をかける。

$$-7x-2\leqq 5$$

$$-7x\leqq 7 \qquad \therefore\ \ x\geqq -1$$

①，②を同時に満たす整数 x がちょうど6個であるとき，②より，その整数値は -1，0，1，2，3，4 であるから，

a の値の範囲は　$4<\dfrac{2}{3}a+2\leqq 5$　　$\therefore$　$3<a\leqq\dfrac{9}{2}$

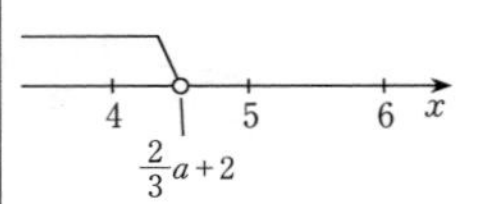

これを満たす整数 a の値は4である。

また，$x\leqq 0$ を満たすすべての x に対して①が成り立つ条件は

$$0<\frac{2}{3}a+2 \qquad \therefore\ \ a>-3$$

である。

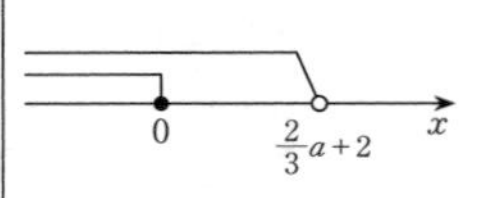

類題 11

$\boxed{ア}$，$\boxed{イ}$　③，⑤（順不同）

⓪　正しい。

①　正しい。

②　正しい。

③　8が $A\cap C$ に属していないから正しくない。

④　$(\overline{A}\cap C)\cup B=\overline{A}\cap(B\cup C)$

$=\{3,\ 6,\ 8,\ 9,\ 12,\ 14,\ 15,\ 16,\ 18\}$ より正しい。

⑤　C の要素8が $A\cup B$ に属していないから正しくない。

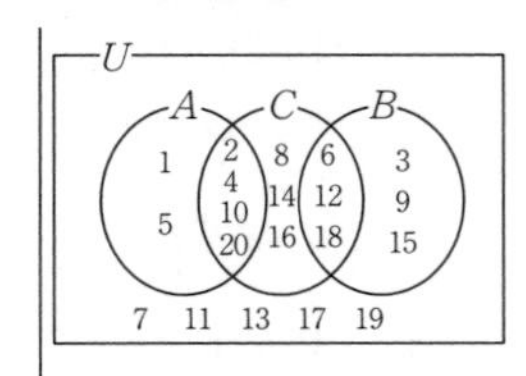

類題 12

$\boxed{ア}$　④　$\boxed{イ}$　③　$\boxed{ウ}$　⑥　$\boxed{エ}$　⑦

$A=P\cap Q$ から　④

← 4と6の最小公倍数は12

$B=\overline{P}\cap\overline{Q}=\overline{P\cup Q}$ から　③

2でも3でも割り切れる自然数は，6で割り切れる自然数であるから

$C=\overline{P}\cap Q$　⑥

$D=\overline{P}\cup\overline{Q}=\overline{P\cap Q}$ から　⑦

類題　13

ア　②

p かつ $q \iff x=1$ より　A は真

$q \iff x=\pm 1$ より　B は偽

$p \Longrightarrow q$ は真であり，対偶を考えて　$\overline{q} \Longrightarrow \overline{p}$ は真

よって，正しいものは　②

← 命題とその対偶の真偽は一致する。

類題　14

ア　①　イ　⓪　ウ，エ　⓪，⑥（順不同）

(1)　$a^2-2a-8\geqq 0 \iff (a+2)(a-4)\geqq 0$

$\iff a\leqq -2,\ 4\leqq a$

から，条件 p は q と同値である。

条件 p，q，r を満たす a の集合をそれぞれ P，Q，R とすると

p　…… $P=\{a|a\leqq -2,\ 4\leqq a\}$

q かつ $\overline{r}$　…… $Q\cap\overline{R}=\{a|a\leqq -2,\ 4\leqq a<5\}$

q または $\overline{r}$　…… $Q\cup\overline{R}=\{a|a$ はすべての実数$\}$

$\overline{q}$ かつ $\overline{r}$　…… $\overline{Q}\cap\overline{R}=\{a|-2<a<4\}$

$\overline{q}$ または $\overline{r}$　…… $\overline{Q}\cup\overline{R}=\{a|a<5\}$

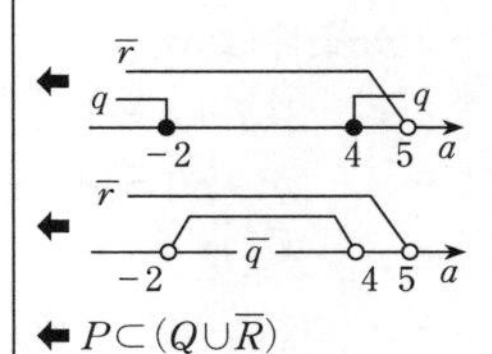

これより，P を含むものは $Q\cup\overline{R}$ のみであるから

$p \Longrightarrow$「q または $\overline{r}$」が真（①）

← $P\subset(Q\cup\overline{R})$

P が含むものは $Q\cap\overline{R}$ のみであるから

「q かつ $\overline{r}$」$\Longrightarrow p$ が真（⓪）

← $(Q\cap\overline{R})\subset P$

(2)　反例は偶数であって4の倍数でないもの

⓪と⑥

類題の答

類題 15

[ア] ⓪　[イ] ①　[ウ] ②　[エ] ⓪

(i)　p：m と n がともに偶数またはともに奇数である

ゆえに，$p \Longrightarrow r$ は偽（反例 $m=n=1$），$r \Longrightarrow p$ は真から ⓪

← p ×→ ←○ r

(ii)　(i)の対偶を考えて，$\overline{r} \Longrightarrow \overline{p}$ は偽，$\overline{p} \Longrightarrow \overline{r}$ は真から ①

← $\overline{p}$ ○→ ←× $\overline{r}$

(iii)　p かつ q：m は偶数かつ n は 4 で割り切れる

ゆえに，「p かつ q」と r は同値であるから ②

←「p かつ q」○→ ←○ r

(iv)　(iii)より「p または q」$\Longrightarrow r$ は偽（反例 $m=n=1$），

$r \Longrightarrow$「p または q」は真から ⓪

←「p または q」×→ ←○ r

類題 16

[ア]，[イ] ①，④（順不同）　[ウ] ④　[エ] ⑤　[オ] ⑧

(1)　$x \geqq 1$ を含むものが $x \geqq 1$ の必要条件であるから

①，④

←

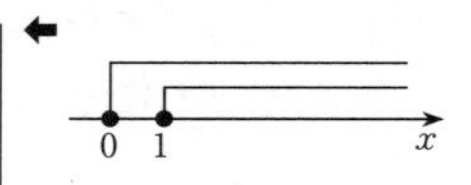

(2)

$$(|a+b|+|a-b|)^2$$
$$=|a+b|^2+2|a+b|\cdot|a-b|+|a-b|^2$$
$$=a^2+2ab+b^2+2|a^2-b^2|+a^2-2ab+b^2$$
$$=2(a^2+b^2+|a^2-b^2|) \quad (④)$$

← $|A|^2=A^2$

であるから，$(|a+b|+|a-b|)^2=4a^2$ が成り立つための必要十分条件は

$$2(a^2+b^2+|a^2-b^2|)=4a^2$$
$$\Longleftrightarrow \quad |a^2-b^2|=a^2-b^2$$
$$\Longleftrightarrow \quad a^2 \geqq b^2$$
$$\Longleftrightarrow \quad |a| \geqq |b| \quad (⑤)$$

← $A \geqq 0$ のとき　$|A|=A$

同様にして，$(|a+b|+|a-b|)^2=4b^2$ が成り立つための必要十分条件は，$|a| \leqq |b|$ であるから

$$|a+b|+|a-b|=2b$$
$$\Longleftrightarrow \quad b \geqq 0 \quad \text{かつ} \quad |a| \leqq |b|$$
$$\Longleftrightarrow \quad |a| \leqq b \quad (⑧)$$

類題　17

[ア], [イ], [ウ]　⓪, ①, ③　[エ], [オ]　②, ④
[カ], [キ], [ク]　⑤, ⑧, ⑨　[ケ], [コ]　⑥, ⑨
（いずれも順不同）

0, $-\frac{2}{3}$, $\sqrt{\frac{16}{9}}=\frac{4}{3}$ は有理数であるから

A の要素は　⓪, ①, ③

$\sqrt{\frac{7}{9}}=\frac{\sqrt{7}}{3}$, $2+\sqrt{3}$ は無理数であるから

B の要素は　②, ④

$\left\{1, \frac{1}{5}, -\frac{2}{7}\right\}$ は有理数を要素とする集合,
$\{\sqrt{2}, -\sqrt{5}, \pi\}$ は無理数を要素とする集合,
$\{\sqrt{9}, \sqrt{12}\}=\{3, 2\sqrt{3}\}$ は有理数と無理数を要素とする集合,
A は A の部分集合, $\varnothing$ は任意の集合の部分集合と考える。
よって, A の部分集合であるものは　⑤, ⑧, ⑨
　　　B の部分集合であるものは　⑥, ⑨

← 有理数は $\frac{整数}{整数}$ で表される数。

類題　18

[ア]　④　[イ]　⓪

A の反例は, a が無理数で $1+a^2=b^2$ を満たすが, b は有理数であるもの。
B の反例は, a が有理数で $1+a^2=b^2$ を満たすが, b は無理数であるもの。
$1+a^2=b^2$ を満たすのは　⓪, ②, ④, ⑤, ⑥, ⑨
このうち, ⓪は a が有理数, b が無理数。
　　　②, ⑤は a, b ともに有理数。
　　　④は a が無理数, b が有理数。
　　　⑥, ⑨は a, b ともに無理数。
したがって
　　Aの反例は　④
　　Bの反例は　⓪

← 仮定を満たすが結論を満たさないものが反例。

類題 19

[ア] 3 [イ], [ウ] 9, 6 [エ], [オ], [カ] 3, 3, 2
[キ] 1 [ク] ② [ケ] ⑤ [コ] ① [サ] ⓪ [シ] ②

(1) 3で割って1余る整数は m を整数として $3m+1$ で表すことができ，3で割って2余る整数は $3m-1$ で表すことができる。したがって，3の倍数でない整数 n は $n=3m\pm1$ と表せる。

$$(3m\pm1)^2=9m^2\pm6m+1$$
$$=3(3m^2\pm2m)+1 \quad (複号同順)$$

$3m^2\pm2m$ は整数であるから n^2 を3で割ると1余る。

(2) 「$x\geqq2$ または $y\geqq2$」(②)ではない，すなわち，$x<2$ かつ $y<2$ (⑤)と仮定すると

⬅ 背理法。

$$x+y<4 \quad (①)$$

⬅ 結論を否定する。

となる。これは $x+y\geqq4$ (⓪)であることと矛盾する。

⬅ 仮定と矛盾する。

したがって，$x\geqq2$ または $y\geqq2$ (②)である。

類題 20

$\dfrac{[アイ]}{[ウ]}a$ $\dfrac{-1}{2}a$ $\dfrac{a-[エ]}{[オ]}$, [カ] $\dfrac{a-2}{2}$, 3

右辺を平方完成する。

$$y=x^2+ax+a-4=\left(x+\frac{a}{2}\right)^2-\frac{a^2}{4}+a-4$$

よって，軸の方程式は $x=-\dfrac{1}{2}a$ であり，頂点の y 座標は

$$-\frac{a^2}{4}+a-4=-\frac{1}{4}(a^2-4a)-4$$
$$=-\frac{1}{4}\{(a-2)^2-4\}-4=-\frac{1}{4}(a-2)^2-3$$
$$=-\left(\frac{a-2}{2}\right)^2-3$$

類題　21

$\frac{\boxed{アイ}}{\boxed{ウ}}$ $\frac{-1}{4}$　$\frac{\boxed{エ}}{\boxed{オ}}$ $\frac{3}{4}$

$$y=ax^2+bx+c=a\left(x+\frac{b}{2a}\right)^2-\frac{b^2}{4a}+c$$

← $a \neq 0$ より

$$y=-3x^2+12bx=-3(x-2b)^2+12b^2$$

2つのグラフが同じ軸をもつとき

$$-\frac{b}{2a}=2b \qquad \therefore \quad a=\mathbf{-\frac{1}{4}}$$

← $b \neq 0$ より

このとき，G は $y=-\frac{1}{4}x^2+bx+c$ と表せるので，G が点 $(1,\ 2b-1)$ を通るとき

$$2b-1=-\frac{1}{4}+b+c \qquad \therefore \quad c=b-\mathbf{\frac{3}{4}}$$

類題　22

$\boxed{アイ}$，$\boxed{ウエ}$，$\boxed{オカ}$　−6，11，10　$\boxed{キ}$，$\boxed{クケ}$，$\boxed{コサ}$　6，12，11

G を表す2次関数は

$$y-b=6(x-a)^2+11(x-a)-10$$

$$\therefore \quad y=6x^2-(12a-11)x+6a^2-11a+b-10$$

← グラフの平行移動を利用する。x に $x-a$ を，y に $y-b$ を代入。

であるから，これが原点を通るとき，$x=y=0$ とおいて

$$6a^2-11a+b-10=0$$

$$\therefore \quad b=\mathbf{-6a^2+11a+10}$$

このとき，G は

$$y=\mathbf{6x^2-(12a-11)x}$$

(別解)

$$y=6x^2+11x-10=6\left(x+\frac{11}{12}\right)^2-\frac{361}{24}$$

から，G の頂点の座標は $\left(a-\frac{11}{12},\ b-\frac{361}{24}\right)$ であり，G を表す2次関数は

← 頂点の平行移動を考える。

$$y=6\left\{x-\left(a-\frac{11}{12}\right)\right\}^2+b-\frac{361}{24}$$

$$=6x^2-(12a-11)x+6a^2-11a+b-10$$

であるから，これが原点を通るとき $x=y=0$ とおいて

$$6a^2-11a+b-10=0$$

$$\therefore\quad b=\mathbf{-6a^2+11a+10}$$

このとき，Gは

$$y=\mathbf{6}x^2-(\mathbf{12}a-\mathbf{11})x$$

類題　23

ア　2　イ　4　ウエ　−1

放物線 $y=2x^2$ の頂点$(0,\ 0)$を，x 軸方向に 1，y 軸方向に -3 だけ平行移動すると$(1,\ -3)$になり，さらに，y 軸に関して対称移動すると$(-1,\ -3)$になる。x^2 の係数は2であるから

← 頂点の移動を考える。

$$y=2(x+1)^2-3=2x^2+4x-1$$

これが $y=ax^2+bx+c$ と一致するので

$$a=\mathbf{2},\ b=\mathbf{4},\ c=\mathbf{-1}$$

(別解)　2次関数 $y=2x^2$ のグラフを，x 軸方向に 1，y 軸方向に -3 だけ平行移動すると

← グラフの平行移動を考える。

$$y=2(x-1)^2-3=2x^2-4x-1$$

← x に $x-1$，y に $y+3$ を代入。

となり，このグラフを y 軸に関して対称移動すると

$$y=2(-x)^2-4(-x)-1=2x^2+4x-1$$

← x に $-x$ を代入。

となる。これが $y=ax^2+bx+c$ と一致するので

$$a=\mathbf{2},\ b=\mathbf{4},\ c=\mathbf{-1}$$

類題　24

アイ　17　$\dfrac{\text{ウエ}}{\text{オ}}$　$\dfrac{-3}{2}$　カキ　36

$x=-2,\ 3$とおいて

$$6\cdot(-2)^2-(a-11)(-2)=6\cdot3^2-(a-11)\cdot3$$

$$\therefore\quad a=\mathbf{17}$$

このとき

$$y=6x^2-6x=6\left(x-\frac{1}{2}\right)^2-\frac{3}{2}$$

から

$$x=\frac{1}{2}\qquad のとき\quad 最小値\quad \mathbf{-\frac{3}{2}}$$

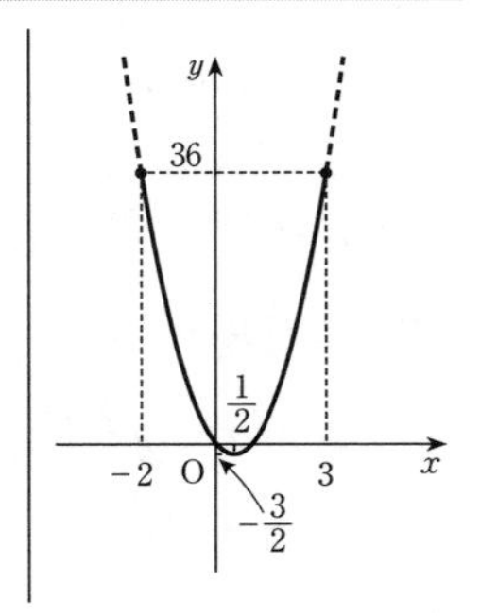

$x=-2,\ 3$ のとき　最大値　**36**

をとる。

類題　25

アイ　-6　　ウエオ　-28

$$y=ax^2-4(a-1)x+3a-10$$
$$=a\left\{x-\frac{2(a-1)}{a}\right\}^2-\frac{a^2+2a+4}{a}$$

軸：$x=\dfrac{2(a-1)}{a}=2\left(1-\dfrac{1}{a}\right)$ について，$a<-1$ より

$$2<\frac{2(a-1)}{a}<4$$

⬅ $a<-1$ のとき，$-a>1$ から $0<-\dfrac{1}{a}<1$

$1<1-\dfrac{1}{a}<2$

であるから，$x=\dfrac{2(a-1)}{a}$ で最大値をとる。

よって

$$-\frac{a^2+2a+4}{a}=\frac{14}{3}$$

両辺に $3a$ をかけて整理すると

$$3a^2+20a+12=0$$
$$(3a+2)(a+6)=0$$

$a<-1$ より　$a=\mathbf{-6}$

このとき

$$y=-6x^2+28x-28=-6\left(x-\frac{7}{3}\right)^2+\frac{14}{3}$$

から，$x=0$ で最小値 $\mathbf{-28}$ をとる。

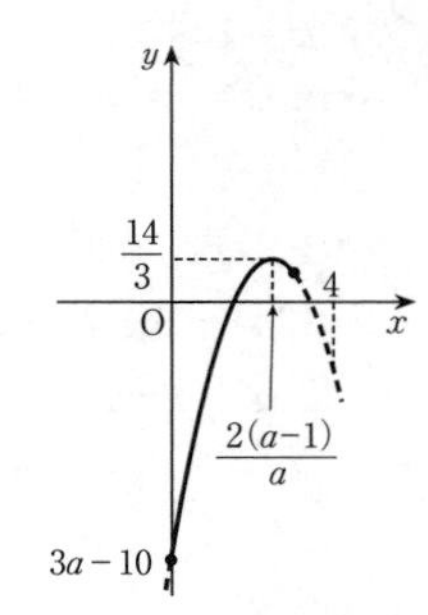

類題の答

類題　26

ア $a+$ イ　$3a+8$　　ウエ $a+$ オ　$-4a+1$

カキ ＋ ク $\sqrt{\text{ケ}}$　$-1+2\sqrt{3}$　　コサ　-3　　シ　2

(1)　$-12a^2-29a+8=-(12a^2+29a-8)$

$$=-(3a+8)(4a-1)$$

⬅ たすきがけ
3　8
4　−1

から，与式より

$$x^2+(a-9)x-(3a+8)(4a-1)=0$$
$$\{x-(3a+8)\}\{x+(4a-1)\}=0$$

$\therefore\quad x=\mathbf{3a+8,\ -4a+1}$

(2) $x\geqq1$ のとき

$(x+4)+(x-1)=-x^2+14$

$x^2+2x-11=0$

$\therefore\quad x=\mathbf{-1+2\sqrt{3}}$

⬅ $x\geqq1$ から

$-4\leqq x<1$ のとき

$(x+4)-(x-1)=-x^2+14$

$x^2-9=0$

$\therefore\quad x=\mathbf{-3}$

⬅ $-4\leqq x<1$ から

$x<-4$ のとき

$-(x+4)-(x-1)=-x^2+14$

$x^2-2x-17=0$

⬅ $x=1\pm3\sqrt{2}$
これらはともに-4より大きい。

$x<-4$ から　解なし

よって，①の実数解は全部で**2**個ある。

類題　27

$\dfrac{\boxed{ア}+\sqrt{\boxed{イウ}}}{\boxed{エ}}$　$\dfrac{1+\sqrt{17}}{2}$　　$\dfrac{\boxed{オカ}-\sqrt{\boxed{キク}}}{\boxed{ケ}}$　$\dfrac{-9-\sqrt{17}}{2}$

$x=2a$ を与式に代入して

$(2a)^2-6a\cdot2a+10a^2-2a-8=0$

$2(a^2-a-4)=0$

$\therefore\quad a=\mathbf{\dfrac{1+\sqrt{17}}{2}}$

⬅ $a>0$ より

このとき

$a^2-2a-8=(a^2-a-4)-a-4$

$=0-\dfrac{1+\sqrt{17}}{2}-4$

$=\mathbf{\dfrac{-9-\sqrt{17}}{2}}$

⬅ $a=\dfrac{1+\sqrt{17}}{2}$ は
$a^2-a-4=0$ の解。

類題　28

$\boxed{アイ}a-\boxed{ウエ}$　$10a-23$　　$\boxed{オカ}+\boxed{キ}\sqrt{\boxed{ク}}$　$-5+4\sqrt{3}$

$\boxed{ケ}-\boxed{コ}\sqrt{\boxed{サ}}$　$4-3\sqrt{3}$

実数解をもつのは $D\geqq0$ より

$(3a-1)^2-8(a^2-2a+3) \geqq 0$

$a^2+\mathbf{10}a-\mathbf{23} \geqq 0$

重解をもつのは $D=0$ より

$a^2+10a-23=0$

$\therefore \quad a=\mathbf{-5+4\sqrt{3}}$

⬅ $a>0$ より

このとき重解は

$$x=-\frac{3(-5+4\sqrt{3})-1}{2\cdot 2}=\mathbf{4-3\sqrt{3}}$$

⬅ $x=-\frac{3a-1}{4}$

類題 29

アイ $a+$ ウ　$-3a+5$　エ $a-$ オ　$2a-1$　カ　1　キク　25

$$\begin{cases} f(1)=a+b+c=4 \\ f(2)=4a+2b+c=9 \end{cases}$$

から

$$\begin{cases} b=\mathbf{-3a+5} \\ c=\mathbf{2a-1} \end{cases}$$

2 次方程式 $ax^2+bx+c=0$ が異なる二つの実数解をもつような条件は

$b^2-4ac>0$

⬅ 判別式 $D>0$

$(-3a+5)^2-4a(2a-1)>0$

$a^2-26a+25>0$

$(a-1)(a-25)>0$

⬅ a の 2 次不等式。

$a>0$ より　$0<a<\mathbf{1}$, $\mathbf{25}<a$

類題 30

ア　4　イウ　20　エ　4

放物線が x 軸と接するとき

$D=a^2-4\cdot(-2)\cdot(-3a+10)=0$

⬅ 判別式 $D=0$

$a^2-24a+80=0$, $(a-4)(a-20)=0$

$\therefore \quad a=\mathbf{4}, \mathbf{20}$

接点の x 座標は $x=\frac{a}{4}$ であるから

$a=4$ のとき　$x=1$,　　$a=20$ のとき　$x=5$

よって，接点の x 座標の差は $5-1=\mathbf{4}$ である。

(別解)　$y=-2x^2+ax-3a+10$

$$=-2\left(x-\frac{a}{4}\right)^2+\frac{1}{8}a^2-3a+10$$

放物線が x 軸と接するとき，(頂点の y 座標)$=0$ であるから

$$\frac{1}{8}a^2-3a+10=0,\qquad a^2-24a+80=0$$

$$(a-4)(a-20)=0\qquad\therefore\quad a=\mathbf{4},\ \mathbf{20}$$

接点の x 座標は，頂点の x 座標 $x=\frac{a}{4}$ であるから

$a=4$ のとき　$x=1$,　　$a=20$ のとき　$x=5$

よって，接点の x 座標の差は $5-1=\mathbf{4}$ である。

類題　31

ア　1　イ　1　ウ　2　エ　1　オ　3

グラフが x 軸と交わるとき

$$D/4=(-2a)^2-(4a^2+4a+3b-11)>0$$

← 判別式 $D>0$

$$\therefore\quad 4a+3b<11$$

a，b は自然数であるから　$a=\mathbf{1}$，$b=\mathbf{1}$，$\mathbf{2}$

← $b\geqq1$ より $4a<8$ であるから　$a<2$

$a=1$，$b=2$ のとき，与式へ代入して

$$y=x^2-4x+3=(x-1)(x-3)$$

であるから，交点の座標は$(\mathbf{1},\ \mathbf{0})$，$(\mathbf{3},\ \mathbf{0})$である。

(別解)　$y=x^2-4ax+4a^2+4a+3b-11$

$$=(x-2a)^2+4a+3b-11$$

グラフが x 軸と交わるとき，(頂点の y 座標)<0 であるから

$$4a+3b-11<0$$

$$\therefore\quad 4a+3b<11$$

a，b は自然数であるから　$a=\mathbf{1}$，$b=\mathbf{1}$，$\mathbf{2}$

$a=1$，$b=2$ のとき

$$y=x^2-4x+3=(x-1)(x-3)$$

であるから，交点の座標は $(\mathbf{1},\ \mathbf{0})$，$(\mathbf{3},\ \mathbf{0})$ である。

類題 32

$\dfrac{\boxed{アイ}}{\boxed{ウ}}<x<\boxed{エオ}$　$\dfrac{-5}{2}<x<-1$

$(x+1)^2<\dfrac{9}{4}$ より　$-\dfrac{3}{2}<x+1<\dfrac{3}{2}$

$\therefore\ -\dfrac{5}{2}<x<\dfrac{1}{2}$

$x^2-2x-3=(x+1)(x-3)>0$ より

$x<-1,\ 3<x$

よって　$\boldsymbol{-\dfrac{5}{2}<x<-1}$

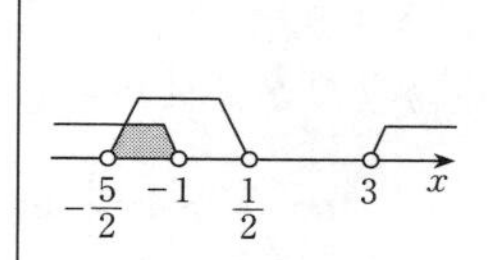

類題 33

$\boxed{ア}$　0

条件より　$a+1>0$　……①

かつ　$D/4=a^2-2a(a+1)<0$　……②

⬅ (x^2の係数)>0

①より　$a>-1$

②より　$-a^2-2a<0$　$\therefore\ a(a+2)>0$

$\therefore\ a<-2,\ 0<a$

よって　$\boldsymbol{a>0}$

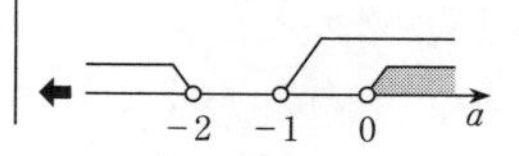

類題 34

$\boxed{ア}$ ①　$\boxed{イ}$ ⓪　$\boxed{ウ}$ ①　$\boxed{エ}$ ⓪　$\boxed{オ}$ ⓪　$\boxed{カ}$ ②

(1)　グラフは上に凸であるから a は負。(**①**)

⬅

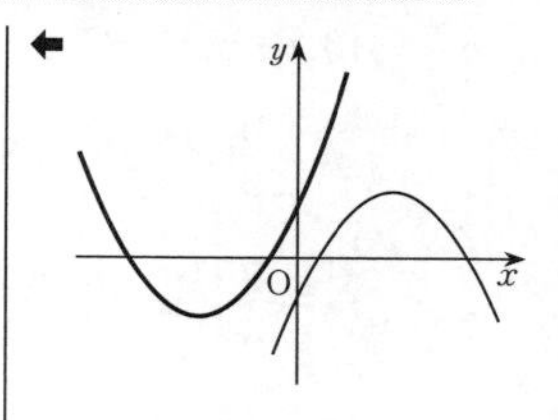

軸：$x=-\dfrac{b}{2a}$ が正で a は負であるから b は正。(**⓪**)

y 軸と $y<0$ の部分で交わっているから c は負。(**①**)

x 軸と 2 点で交わっているから b^2-4ac は正。(**⓪**)

$x=1$ のときの y 座標は正であるから $a+b+c$ は正。(**⓪**)

(2)　a の値の符号が変わると下に凸になり，c の値の符号が変わると y 軸との交点が原点に関して対称な点になる。b の値は変わらないので軸は y 軸に関して対称になるから，グラフは元のグラフに対して原点対称になる。(**②**)

類題 35

アイ　-7　ウエ　17　オカ　20　キクケ　-10　$\dfrac{\text{コ}}{\text{サ}}$　$\dfrac{5}{3}$

$\dfrac{\text{シス}}{\text{セ}}$　$\dfrac{-9}{2}$

放物線 C が x 軸と異なる 2 点で交わる条件は

$$(a-5)^2-4\cdot\frac{9}{2}\cdot 8>0$$

$$(a+7)(a-17)>0 \qquad \therefore\quad a<\mathbf{-7},\ \mathbf{17}<a$$

C と x 軸の交点の x 座標は，$y=0$ とおいて

$$\frac{9}{2}x^2+(a-5)x+8=0$$

$$x=\frac{-(a-5)\pm\sqrt{a^2-10a-119}}{9}$$

であるから

$$\mathrm{PQ}=\frac{-(a-5)+\sqrt{a^2-10a-119}}{9}-\frac{-(a-5)-\sqrt{a^2-10a-119}}{9}$$

$$=\frac{2}{9}\sqrt{a^2-10a-119}$$

$\mathrm{PQ}=2$ のとき

$$\sqrt{a^2-10a-119}=9$$
$$a^2-10a-119=81$$
$$a^2-10a-200=0$$
$$(a-20)(a+10)=0$$
$$\therefore\quad a=\mathbf{20},\ \mathbf{-10}$$

$a=-10$ のとき，C は

$$y=\frac{9}{2}x^2-15x+8=\frac{9}{2}\left(x^2-\frac{10}{3}x\right)+8$$

$$=\frac{9}{2}\left\{\left(x-\frac{5}{3}\right)^2-\left(\frac{5}{3}\right)^2\right\}+8=\frac{9}{2}\left(x-\frac{5}{3}\right)^2-\frac{9}{2}$$

となるので，頂点の座標は $\left(\mathbf{\frac{5}{3}},\ \mathbf{-\frac{9}{2}}\right)$ である。

⬅ 判別式 $D>0$

⬅ $(a-5)^2-12^2$
$=(a+7)(a-17)$

類題 36

ア 3　イ, ウ 2, 8　エオ, カ −2, 4　キ, ク 1, 4

$f(x)=x^2-6ax+10a^2-2a-8$

$\quad=(x-3a)^2+a^2-2a-8$

とおく。Gの頂点の座標は

$(3a,\ a^2-2a-8)$

G が x 軸と異なる 2 点で交わるのは

$a^2-2a-8<0$

$(a+2)(a-4)<0$

$\therefore\quad \boldsymbol{-2<a<4}$

⬅（頂点の y 座標）<0。判別式 $D>0$ でもよい。

G が x 軸の正の部分と異なる 2 点で交わるのは

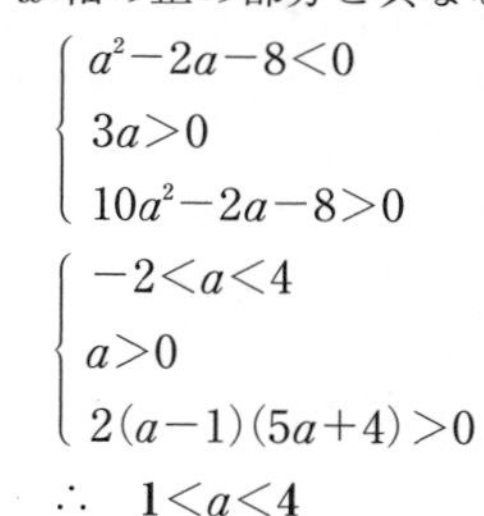

$$\begin{cases} a^2-2a-8<0 \\ 3a>0 \\ 10a^2-2a-8>0 \end{cases}$$

$$\begin{cases} -2<a<4 \\ a>0 \\ 2(a-1)(5a+4)>0 \end{cases}$$

$\therefore\quad \boldsymbol{1<a<4}$

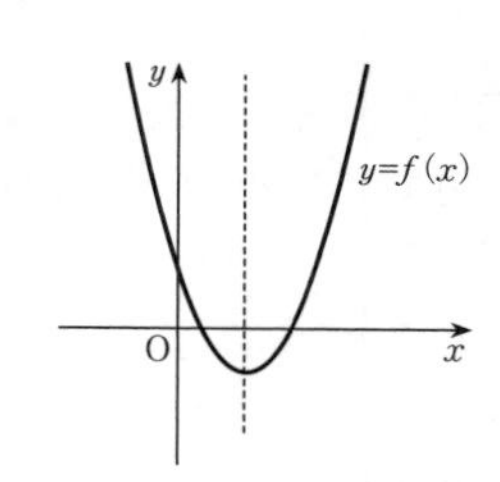

⬅（頂点の y 座標）<0
軸>0
$f(0)>0$

⬅ 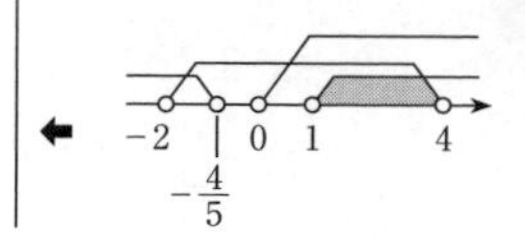

類題 37

ア 4　イ 8　ウ 6　エ, オカ, キク 2, 22, 67
ケ, コサ, シス 2, 14, 19　セ + ソ √タ　$3+2\sqrt{3}$
チツ − テ √ト　$19-4\sqrt{3}$

$y=\{x-(a-1)\}^2+a^2-6a+3$

2 次関数①のグラフの頂点の x 座標は $x=a-1$ であるから

$3\leqq a-1\leqq 7\quad\therefore\quad \boldsymbol{4\leqq a\leqq 8}$

軸：$x=a-1$ について

$3\leqq a-1\leqq 5$ つまり $4\leqq a\leqq \boldsymbol{6}$ のとき

$x=7$ で最大になるので　$M=\boldsymbol{2}a^2-\boldsymbol{22}a+\boldsymbol{67}$

⬅ 区間 $3\leqq x\leqq 7$ の中央は $x=5$

$5\leqq a-1\leqq 7$ つまり $6\leqq a\leqq 8$ のとき

$x=3$ で最大になるので　$M=\boldsymbol{2}a^2-\boldsymbol{14}a+\boldsymbol{19}$

2 次関数①の $3\leqq x\leqq 7$ における最小値は

$a^2-6a+3\quad(x=a-1)$

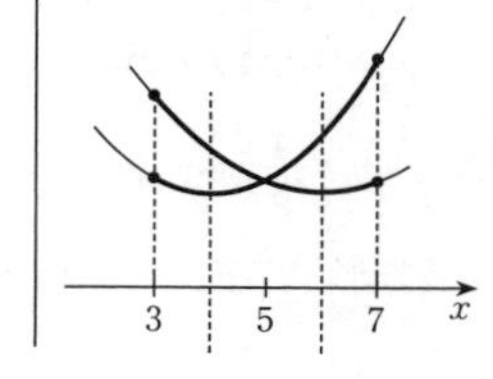

であるから

$$a^2-6a+3=6 \qquad \therefore \quad a=3\pm2\sqrt{3}$$

$4\leqq a\leqq 8$ より　$a=\mathbf{3+2\sqrt{3}}$

$6<3+2\sqrt{3}<8$ であるから

$$M=2(3+2\sqrt{3})^2-14(3+2\sqrt{3})+19$$
$$=\mathbf{19-4\sqrt{3}}$$

⬅ $a=3+2\sqrt{3}$ は $a^2-6a-3=0$ の解であることから
$M=2a^2-14a+19$
$=2(a^2-6a-3)-2a+25$
$=-2(3+2\sqrt{3})+25$
$=19-4\sqrt{3}$

類題 38

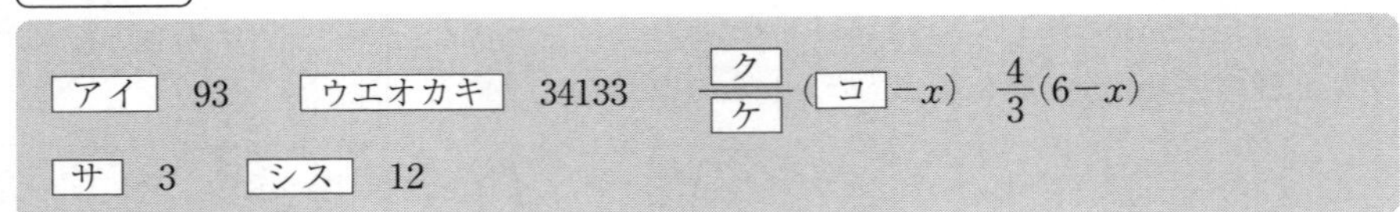

(1)　この商品を$(200-x)$円で売ると$(40+3x)$個売れるから，売り上げを y 円とすると

$$y=(200-x)(40+3x)$$
$$=-3x^2+560x+8000$$
$$=-3\left(x-\frac{280}{3}\right)^2+\frac{280^2}{3}+8000$$

⬅ $\frac{280^2}{3}+8000$ を計算する必要はない。

x のとり得る値の範囲は，$x>0$，$200-x>0$ より

$$0<x<200$$

⬅ x のとり得る値の範囲。

$x=\frac{280}{3}=93.3\cdots\cdots$ より，y を最大にする整数 x は $x=\mathbf{93}$ のときで，このとき売り上げ y は

⬅

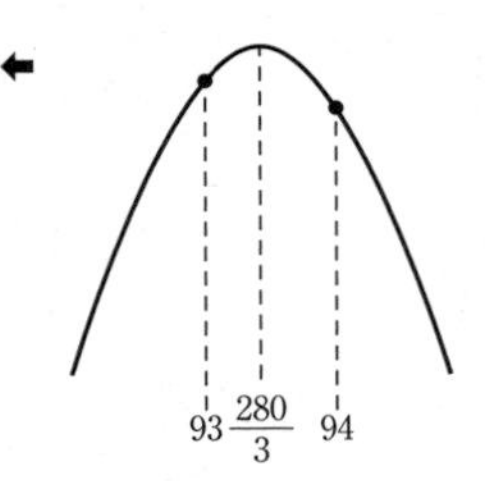

$$y=(200-93)(40+3\cdot93)$$
$$=107\cdot319$$
$$=\mathbf{34133}\text{（円）}$$

(2)　AF$=y$ とすると

△ABC ∽ △DBE より

AB：DB＝AC：DE

$6:6-x=8:y$

$8(6-x)=6y$

$$y=\mathbf{\frac{4}{3}(6-x)}$$

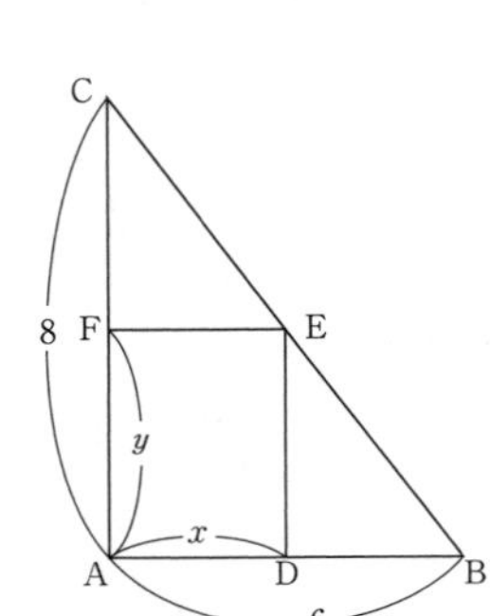

長方形ADEFの面積 S は

$$S=xy$$
$$=\frac{4}{3}x(6-x)$$
$$=-\frac{4}{3}x^2+8x$$
$$=-\frac{4}{3}(x-3)^2+12$$

$0<x<6$ より，$x=\mathbf{3}$ のとき S は最大値 **12** をとる。

類題 39

［ア］ 8　［イ］ 6　［ウ］$\sqrt{［エオ］}$ $2\sqrt{10}$　$\frac{［カ］\sqrt{［キク］}}{［ケコ］}$ $\frac{3\sqrt{10}}{10}$　［サ］ 3

△AHC において

$$\mathrm{AH}=\mathrm{AC}\cos\angle\mathrm{BAC}$$
$$=10\cdot\frac{4}{5}=\mathbf{8}$$

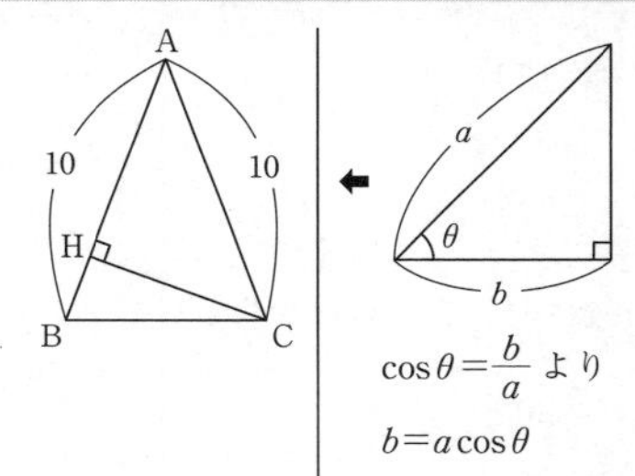

$\cos\theta=\frac{b}{a}$ より

$b=a\cos\theta$

三平方の定理により

$$\mathrm{CH}=\sqrt{\mathrm{AC}^2-\mathrm{AH}^2}=\sqrt{10^2-8^2}=\sqrt{36}=\mathbf{6}$$

また

$$\mathrm{BH}=\mathrm{AB}-\mathrm{AH}=10-8=2$$

△BHC に三平方の定理を用いて

$$\mathrm{BC}=\sqrt{\mathrm{BH}^2+\mathrm{CH}^2}=\sqrt{2^2+6^2}=\sqrt{40}=\mathbf{2\sqrt{10}}$$

△ABC は AB＝AC の二等辺三角形であるから

$$\angle\mathrm{ACB}=\angle\mathrm{ABC}$$

よって，△BCH において

$$\sin\angle\mathrm{ACB}=\sin\angle\mathrm{ABC}=\frac{\mathrm{CH}}{\mathrm{BC}}=\frac{6}{2\sqrt{10}}=\mathbf{\frac{3\sqrt{10}}{10}}$$

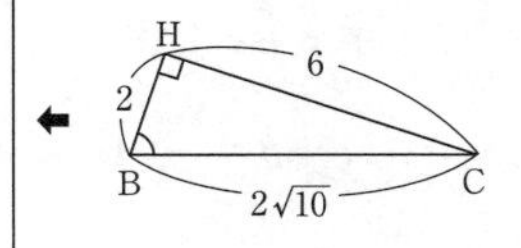

$$\tan\angle\mathrm{ACB}=\tan\angle\mathrm{ABC}=\frac{\mathrm{CH}}{\mathrm{BH}}=\frac{6}{2}=\mathbf{3}$$

類題 40

［アイ］° 45°　［ウエオ］° 135°　［カキク］° 150°　［ケコ］° 30°

$0^\circ\leqq\theta\leqq180^\circ$ において，特別な角度の三角比の値を表にまとめると

θ	$0°$	$30°$	$45°$	$60°$	$90°$	$120°$	$135°$	$150°$	$180°$
$\sin\theta$	0	$\frac{1}{2}$	$\frac{1}{\sqrt{2}}$	$\frac{\sqrt{3}}{2}$	1	$\frac{\sqrt{3}}{2}$	$\frac{1}{\sqrt{2}}$	$\frac{1}{2}$	0
$\cos\theta$	1	$\frac{\sqrt{3}}{2}$	$\frac{1}{\sqrt{2}}$	$\frac{1}{2}$	0	$-\frac{1}{2}$	$-\frac{1}{\sqrt{2}}$	$-\frac{\sqrt{3}}{2}$	-1
$\tan\theta$	0	$\frac{1}{\sqrt{3}}$	1	$\sqrt{3}$	╳	$-\sqrt{3}$	-1	$-\frac{1}{\sqrt{3}}$	0

(1)　$\sin\theta=\dfrac{\sqrt{2}}{2}$ であるから

$\theta=\mathbf{45°},\ \mathbf{135°}$

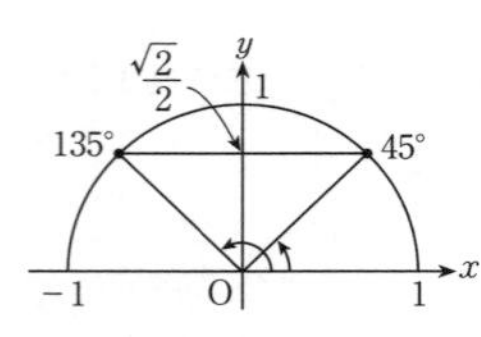

⬅ $\sin\theta$ は y 座標。

(2)　$\cos\theta=-\dfrac{\sqrt{3}}{2}$ であるから

$\theta=\mathbf{150°}$

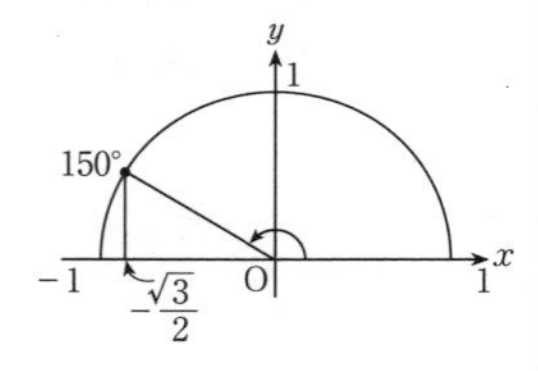

⬅ $\cos\theta$ は x 座標。

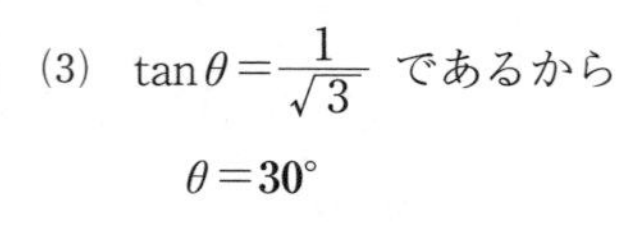

(3)　$\tan\theta=\dfrac{1}{\sqrt{3}}$ であるから

$\theta=\mathbf{30°}$

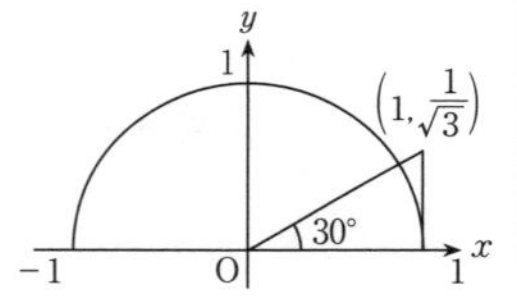

⬅ $\tan\theta$ は傾き。

類題　41

$\dfrac{\boxed{アイ}}{\boxed{ウ}}$	$\dfrac{-3}{4}$	$\dfrac{\boxed{エ}\sqrt{\boxed{オ}}}{\boxed{カ}}$	$\dfrac{-\sqrt{7}}{3}$	$\dfrac{\boxed{キ}\sqrt{\boxed{ク}}}{\boxed{ケ}}$	$\dfrac{2\sqrt{2}}{3}$	$\dfrac{\boxed{コ}}{\boxed{サ}}$	$\dfrac{1}{3}$

(1)　$90°<\theta<180°$ より　$\cos\theta<0$

$$\cos\theta=-\sqrt{1-\sin^2\theta}=-\sqrt{\frac{9}{16}}=\mathbf{-\frac{3}{4}}$$

$$\tan\theta=\frac{\sin\theta}{\cos\theta}=\frac{\frac{\sqrt{7}}{4}}{-\frac{3}{4}}=\mathbf{-\frac{\sqrt{7}}{3}}$$

(2)　$\sqrt{1^2+(2\sqrt{2})^2}=\sqrt{9}=3$ より

$\sin\theta=\mathbf{\dfrac{2\sqrt{2}}{3}}$，$\cos\theta=\mathbf{\dfrac{1}{3}}$

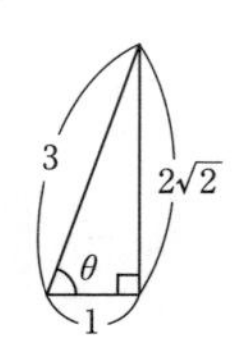

⬅ 直角をはさむ2辺の長さを1，$2\sqrt{2}$ として，斜辺を求めればよい。

類題　42

ア/イ		ウエ/オ		カ/キ		ク/ケ	
$\dfrac{\boxed{ア}}{\boxed{イ}}$	$\dfrac{3}{5}$	$\dfrac{\boxed{ウエ}}{\boxed{オ}}$	$\dfrac{-3}{5}$	$\dfrac{\boxed{カ}}{\boxed{キ}}$	$\dfrac{4}{5}$	$\dfrac{\boxed{ク}}{\boxed{ケ}}$	$\dfrac{3}{5}$

△ADC において

$$\cos\angle\mathrm{ADC}=\frac{\mathrm{CD}}{\mathrm{AD}}=\boldsymbol{\frac{3}{5}}$$

∠ADC＝θ とおくと

$$\cos\angle\mathrm{ADB}=\cos(180^\circ-\theta)=-\cos\theta=\boldsymbol{-\frac{3}{5}}$$

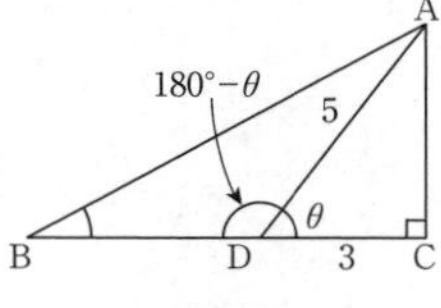

⬅ $\cos(180^\circ-\theta)=-\cos\theta$

AC＝$\sqrt{5^2-3^2}=4$ であるから

$$\sin\theta=\frac{\mathrm{AC}}{\mathrm{AD}}=\frac{4}{5}$$

よって

$$\sin\angle\mathrm{ADB}=\sin(180^\circ-\theta)=\sin\theta=\boldsymbol{\frac{4}{5}}$$

⬅ $\sin(180^\circ-\theta)=\sin\theta$

⬅ $\sin\angle\mathrm{ADB}$ $=\sqrt{1-\cos^2\angle\mathrm{ADB}}$ からも求めることができる。

△ABC∽△DAC のとき

$$\angle\mathrm{ABC}=\angle\mathrm{DAC}=90^\circ-\theta$$

よって

$$\sin\angle\mathrm{ABC}=\sin(90^\circ-\theta)=\cos\theta=\boldsymbol{\frac{3}{5}}$$

⬅ $\sin(90^\circ-\theta)=\cos\theta$

類題　43

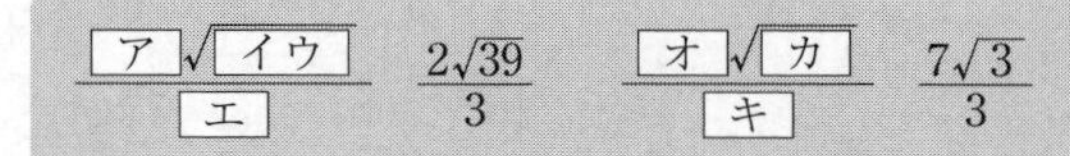

OA(OB)は△ABC の外接円の半径であるから，正弦定理により

$$\mathrm{OA}=\frac{\mathrm{BC}}{2\sin120^\circ}=\frac{2\sqrt{13}}{2\left(\frac{\sqrt{3}}{2}\right)}=\frac{2\sqrt{13}}{\sqrt{3}}=\boldsymbol{\frac{2\sqrt{39}}{3}}$$

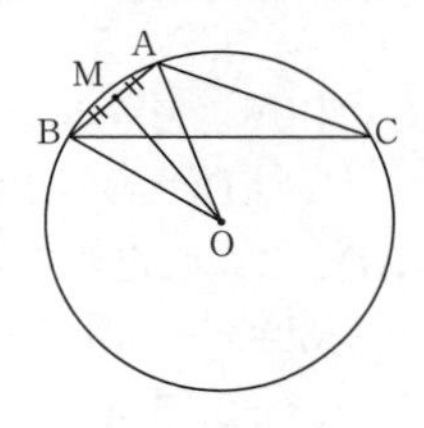

△OAB は OA＝OB の二等辺三角形であるから

$\angle OMA = 90°$

△OAM に三平方の定理を用いて

$$OM = \sqrt{OA^2 - AM^2}$$
$$= \sqrt{\left(\frac{2\sqrt{13}}{\sqrt{3}}\right)^2 - 1^2}$$
$$= \sqrt{\frac{49}{3}} = \frac{7}{\sqrt{3}} = \mathbf{\frac{7\sqrt{3}}{3}}$$

⬅ 二等辺三角形の性質。

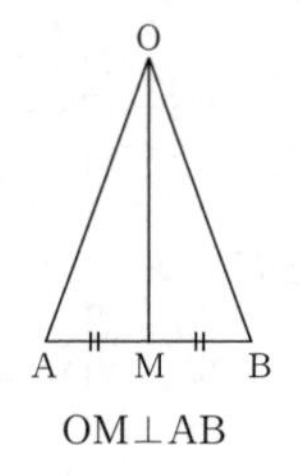

類題 44

$\frac{\boxed{ア}}{\boxed{イ}}$　$\frac{3}{5}$　　$\frac{\boxed{ウ}\sqrt{\boxed{エ}}}{\boxed{オ}}$　$\frac{6\sqrt{2}}{5}$

△ABC に正弦定理を用いて

$$\frac{3}{\sin C} = \frac{2}{\sin A} \qquad \therefore \quad \sin C = \frac{3}{2}\sin A = \mathbf{\frac{3}{5}}$$

△BCD に正弦定理を用いて

$$\frac{2}{\sin 45°} = \frac{BD}{\sin C} \qquad \therefore \quad BD = \frac{2\sin C}{\sin 45°} = \mathbf{\frac{6\sqrt{2}}{5}}$$

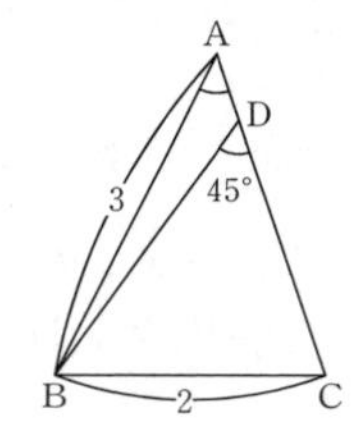

類題 45

$\boxed{ア}$　5　　$\boxed{イウ}°$　45°　　$\boxed{エ}\sqrt{\boxed{オ}}$，$\boxed{カキ}$　$2\sqrt{5}$，15

$\boxed{ク}\sqrt{\boxed{ケ}}$　$3\sqrt{5}$

△ABC に余弦定理を用いて

$$CA^2 = 7^2 + (4\sqrt{2})^2 - 2\cdot7\cdot4\sqrt{2}\cos 45° = 25$$
$$\therefore \quad CA = \mathbf{5}$$

$\overset{\frown}{AC}$ の円周角を考えて

$$\angle ADC = \angle ABC = \mathbf{45°}$$

△ADC に余弦定理を用いて

$$5^2 = x^2 + (\sqrt{10})^2 - 2\cdot x\cdot\sqrt{10}\cos 45°$$
$$x^2 - \mathbf{2\sqrt{5}}\,x - \mathbf{15} = 0$$
$$\therefore \quad x = 3\sqrt{5},\ -\sqrt{5}$$

$x > 0$ より

$$x = (AD=)\mathbf{3\sqrt{5}}$$

⬅ 円周角の性質。

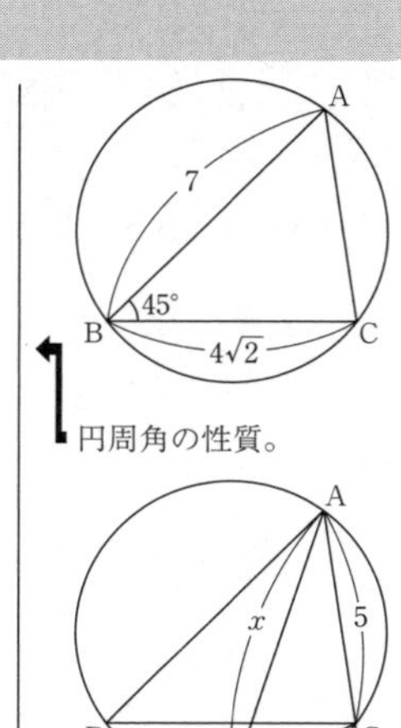

類題 46

ア $\sqrt{}$ イ　$3\sqrt{6}$　　ウ $\sqrt{}$ エオ　$3\sqrt{10}$　　カキ　12　　$\dfrac{\text{ク}}{\text{ケ}}$　$\dfrac{1}{8}$

三平方の定理により

$$\mathrm{EF}=\sqrt{8^2-(\sqrt{10})^2}=\sqrt{54}=\mathbf{3\sqrt{6}}$$

$$\mathrm{EH}=\sqrt{10^2-(\sqrt{10})^2}=\sqrt{90}=\mathbf{3\sqrt{10}}$$

$$\mathrm{FH}=\sqrt{(3\sqrt{6})^2+(3\sqrt{10})^2}=\sqrt{144}=\mathbf{12}$$

△AFH に余弦定理を用いて

$$\cos\angle\mathrm{FAH}=\frac{8^2+10^2-12^2}{2\cdot8\cdot10}=\frac{20}{2\cdot8\cdot10}=\frac{1}{8}$$

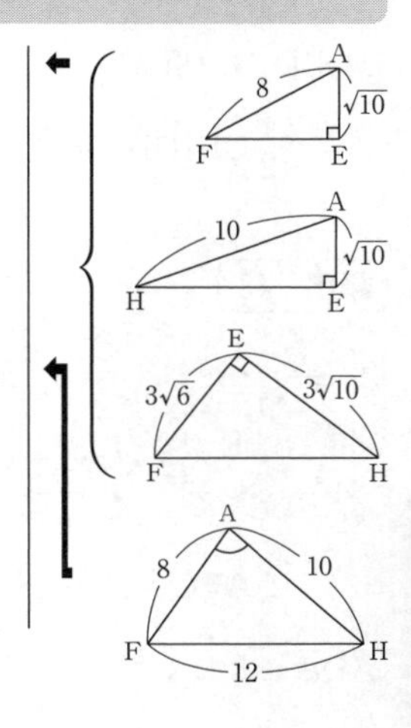

類題 47

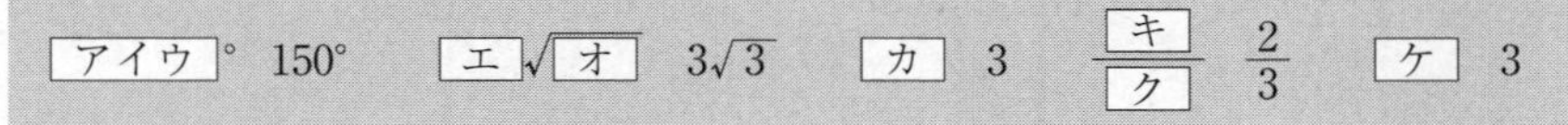
アイウ°　150°　　エ $\sqrt{}$ オ　$3\sqrt{3}$　　カ　3　　$\dfrac{\text{キ}}{\text{ク}}$　$\dfrac{2}{3}$　　ケ　3

(1)　余弦定理により

$$\cos\angle\mathrm{BAC}=\frac{(2\sqrt{3})^2+6^2-(2\sqrt{21})^2}{2\cdot2\sqrt{3}\cdot6}$$

$$=\frac{-36}{24\sqrt{3}}=-\frac{\sqrt{3}}{2}$$

∴　$\angle\mathrm{BAC}=\mathbf{150°}$

よって，△ABC の面積は

$$\frac{1}{2}\cdot2\sqrt{3}\cdot6\cdot\sin150°=6\sqrt{3}\cdot\frac{1}{2}=\mathbf{3\sqrt{3}}$$

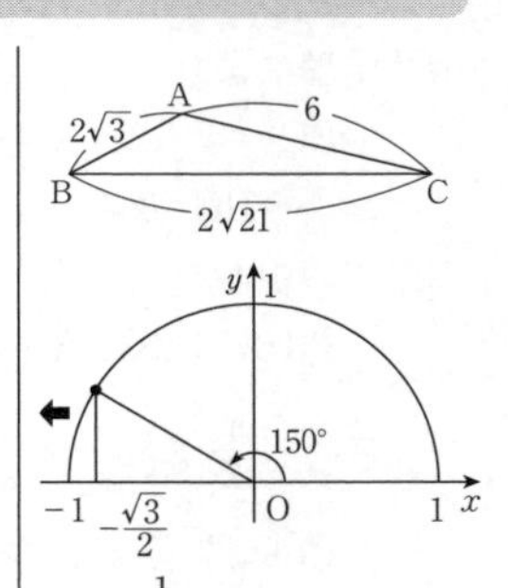

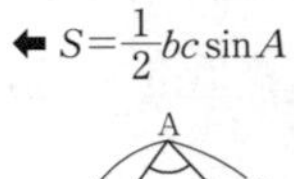

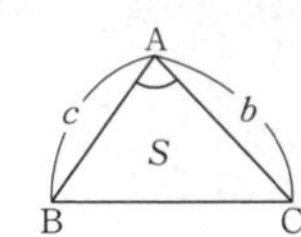

(2)　正弦定理により

$$2\mathrm{OB}=\frac{\mathrm{BC}}{\sin\angle\mathrm{BAC}}=\frac{4}{\frac{2}{3}}=6$$

∴　$\mathrm{OB}=\mathbf{3}$

$$\angle BOD=\frac{1}{2}\angle BOC=\frac{1}{2}\left(2\angle BAC\right)=\angle BAC$$

← 円周角と中心角の関係。

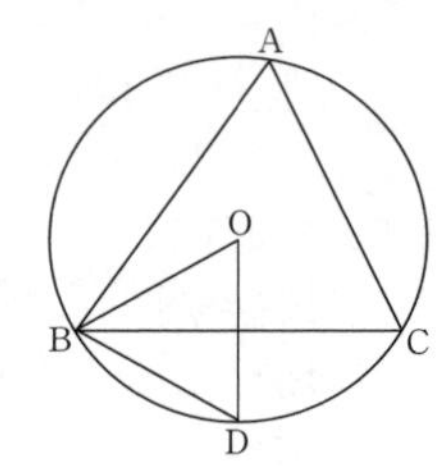

よって　$\sin\angle BOD=\sin\angle BAC=\mathbf{\frac{2}{3}}$

△OBD の面積は

$$\frac{1}{2}OB\cdot OD\cdot\sin\angle BOD=\frac{1}{2}\cdot 3^2\cdot\frac{2}{3}=\mathbf{3}$$

類題　48

ア$\sqrt{\text{イ}}$　$2\sqrt{3}$　　$\frac{\text{ウ}}{\text{エ}}$　$\frac{4}{3}$　　オ$\sqrt{\text{カ}}$　$2\sqrt{7}$

キ$\sqrt{\text{ク}}-\sqrt{\text{ケコ}}$　$3\sqrt{3}-\sqrt{21}$

$$\triangle ABC=\frac{1}{2}\cdot 4\cdot 2\cdot\sin 120^\circ=\mathbf{2\sqrt{3}}$$

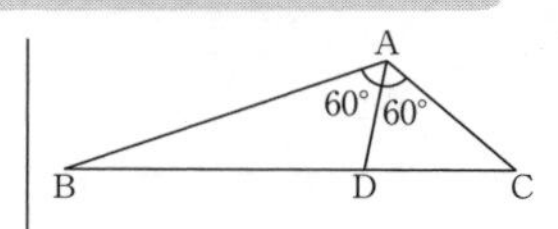

AD$=x$ とおくと，△ABD＋△ACD＝△ABC から

$$\frac{1}{2}\cdot 4\cdot x\cdot\sin 60^\circ+\frac{1}{2}\cdot 2\cdot x\cdot\sin 60^\circ=2\sqrt{3}$$

$$\frac{3}{2}\sqrt{3}\,x=2\sqrt{3}\qquad\therefore\quad x=\mathbf{\frac{4}{3}}$$

余弦定理により

$$BC^2=4^2+2^2-2\cdot 4\cdot 2\cdot\cos 120^\circ=28$$

$$\therefore\quad BC=\mathbf{2\sqrt{7}}$$

内接円の中心を I，半径を r とすると

$$\triangle IBC+\triangle ICA+\triangle IAB=\triangle ABC$$

$$\therefore\quad\frac{1}{2}\cdot 2\sqrt{7}\,r+\frac{1}{2}\cdot 2r+\frac{1}{2}\cdot 4r=2\sqrt{3}$$

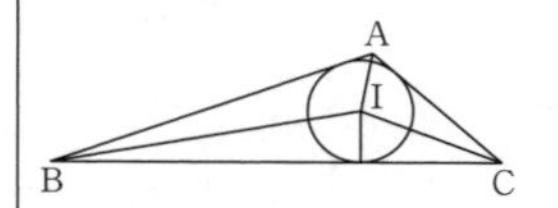

$$(3+\sqrt{7})r=2\sqrt{3}$$

$$r=\frac{2\sqrt{3}}{3+\sqrt{7}}=\frac{2\sqrt{3}\,(3-\sqrt{7})}{9-7}=\mathbf{3\sqrt{3}-\sqrt{21}}$$

類題 49

アイ　36　ウ　⑤　エ　④

(1)　はしごの角度が75°になる場合を考えて，三角比の表より

$$2+35\sin 75^\circ=2+35\cdot 0.9659$$
$$=35.8065$$
$$\fallingdotseq \mathbf{36}$$

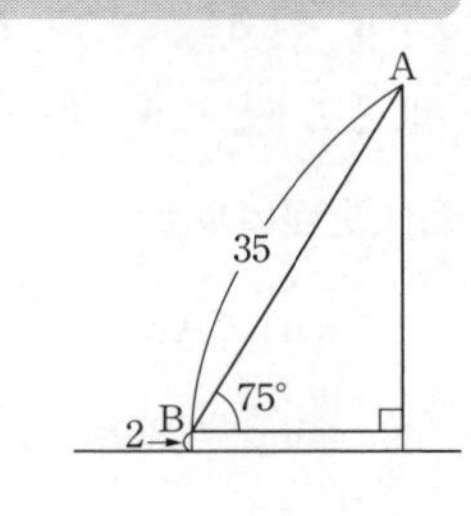

(2)(i)　$\angle ABQ=\alpha$，$\angle ABC=\beta$とする。

$$\tan\alpha=\frac{24}{18}=\frac{4}{3}=1.333\cdots\cdots$$

であるから，三角比の表より

$\alpha\fallingdotseq 53^\circ$

△ABQで三平方の定理を用いると

$AB=\sqrt{18^2+24^2}=30$

△ABCで余弦定理を用いると

$$\cos\beta=\frac{30^2+25^2-10^2}{2\cdot 30\cdot 25}=\frac{19}{20}=0.95$$

であるから，三角比の表より

$\beta\fallingdotseq 18^\circ$

よって

$\angle QBC=\alpha+\beta\fallingdotseq 71^\circ$　(**⑤**)

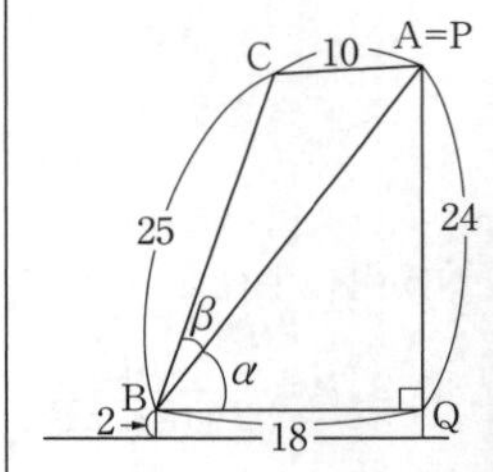

(ii)　右図のように，フェンスをDEとし，フェンスとBQの交点をFとする。点AがPに一致したとき，(i)より$\angle QBC\fallingdotseq 71^\circ$であるから，三角比の表より

$DF=6\tan 71^\circ=6\cdot 2.9042=17.4252$

よって，フェンスの長さの最大値は

$DE\fallingdotseq 2+17=19$　(**④**)

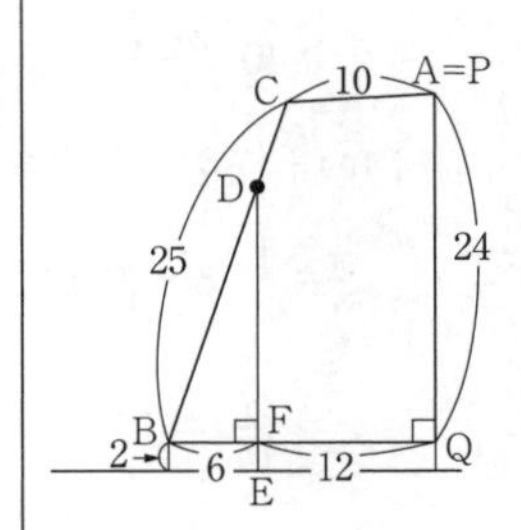

類題　50

$\frac{\boxed{ア}}{\boxed{イ}}$　$\frac{1}{8}$　　$\frac{\boxed{ウ}\sqrt{\boxed{エ}}}{\boxed{オ}}$　$\frac{3\sqrt{7}}{8}$　　$\frac{\boxed{カキ}\sqrt{\boxed{ク}}}{\boxed{ケ}}$　$\frac{16\sqrt{7}}{7}$

$\boxed{コサ}\sqrt{\boxed{シ}}$　$15\sqrt{7}$　　$\sqrt{\boxed{ス}}$　$\sqrt{7}$

余弦定理により

$$\cos\angle\mathrm{ABC}=\frac{8^2+10^2-12^2}{2\cdot8\cdot10}=\mathbf{\frac{1}{8}}$$

⬅ $\cos B=\frac{c^2+a^2-b^2}{2ca}$

$$\sin\angle\mathrm{ABC}=\sqrt{1-\cos^2\angle\mathrm{ABC}}$$

⬅ $\sin\theta=\sqrt{1-\cos^2\theta}$

$$=\sqrt{1-\left(\frac{1}{8}\right)^2}=\sqrt{\frac{63}{64}}$$

$$=\mathbf{\frac{3\sqrt{7}}{8}}$$

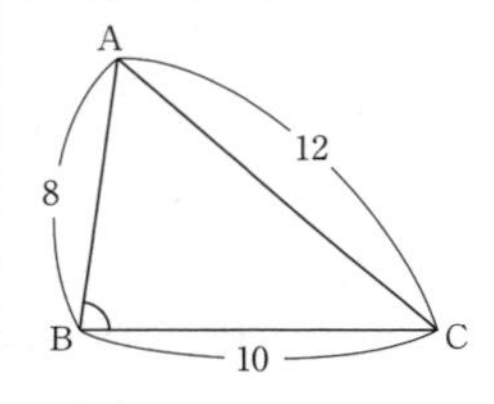

外接円の半径を R とすると，正弦定理により

$$R=\frac{\mathrm{AC}}{2\sin\angle\mathrm{ABC}}=\frac{6}{\frac{3\sqrt{7}}{8}}=\frac{16}{\sqrt{7}}=\mathbf{\frac{16\sqrt{7}}{7}}$$

⬅ $2R=\frac{b}{\sin B}$

△ABC の面積を S とすると

$$S=\frac{1}{2}\cdot8\cdot10\cdot\sin\angle\mathrm{ABC}$$

⬅ $S=\frac{1}{2}ca\sin B$

$$=40\cdot\frac{3\sqrt{7}}{8}=\mathbf{15\sqrt{7}}$$

内接円の半径を r とすると

$$S=\frac{1}{2}(8+10+12)r$$

⬅ $S=\frac{1}{2}(a+b+c)r$

$$r=\frac{S}{15}=\mathbf{\sqrt{7}}$$

類題　51

$\boxed{ア}$　3　　$\boxed{イウ}^\circ$　30°　　$\boxed{エ}+\sqrt{\boxed{オ}}$　$3+\sqrt{6}$

$\frac{\boxed{カ}\sqrt{3}+\boxed{キ}\sqrt{\boxed{ク}}}{2}$　$\frac{3\sqrt{3}+3\sqrt{2}}{2}$

△ABC の外接円の半径を R とすると，正弦定理により

$$\frac{3}{\sin B}=\frac{2\sqrt{3}}{\sin C}=2R$$

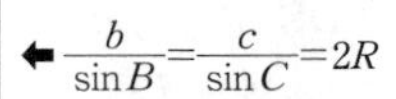

よって

$$R=\frac{2\sqrt{3}}{2\sin C}=\frac{2\sqrt{3}}{2\cdot\frac{1}{\sqrt{3}}}=\mathbf{3}$$

$$\therefore\quad \sin B=\frac{3}{2R}=\frac{1}{2}\qquad \therefore\quad \angle\mathrm{B}=30^\circ\quad または\quad 150^\circ$$

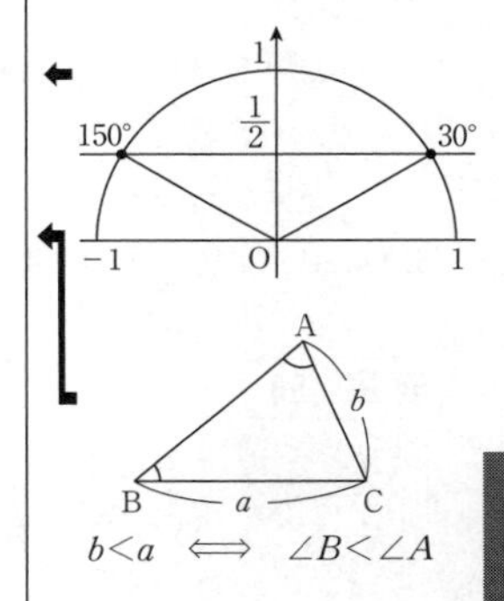

AC<BC より　∠ABC<∠BAC

したがって　∠ABC=**30°**

BC=xとおくと，余弦定理により

$$3^2=x^2+(2\sqrt{3})^2-2\cdot x\cdot 2\sqrt{3}\cdot\cos 30^\circ$$

$$x^2-6x+3=0$$

$$x=3\pm\sqrt{6}$$

AC<BC より　$3<x$

よって　BC=x=$\mathbf{3+\sqrt{6}}$

△ABC の面積は

$$\frac{1}{2}\cdot 2\sqrt{3}\cdot(3+\sqrt{6})\cdot\sin 30^\circ=\mathbf{\frac{3\sqrt{3}+3\sqrt{2}}{2}}$$

類題　52

$\frac{\boxed{ア}}{\boxed{イ}}$　$\frac{4}{5}$	$\frac{\boxed{ウエ}+\boxed{オ}\sqrt{\boxed{カ}}}{2}$　$\frac{12+3\sqrt{3}}{2}$	$\boxed{キ}\sqrt{\boxed{ク}}$　$2\sqrt{3}$
$\frac{\boxed{ケ}}{\boxed{コ}}$　$\frac{4}{5}$	$\boxed{サ}-\sqrt{\boxed{シ}}$　$4-\sqrt{3}$	

余弦定理により

$$\cos\angle\mathrm{BAC}=\frac{5^2+(4+\sqrt{3})^2-(2\sqrt{3})^2}{2\cdot 5\cdot(4+\sqrt{3})}$$

$$=\frac{8(4+\sqrt{3})}{10(4+\sqrt{3})}=\mathbf{\frac{4}{5}}$$

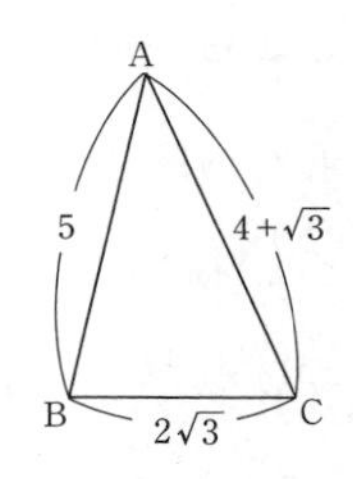

$$\sin\angle\mathrm{BAC}=\sqrt{1-\left(\frac{4}{5}\right)^2}=\frac{3}{5}$$

よって，△ABC の面積は

$$\frac{1}{2}\cdot 5\cdot(4+\sqrt{3})\cdot\sin A=\mathbf{\frac{12+3\sqrt{3}}{2}}$$

AC // DB より　$\angle$BAC $=\angle$ABD

よって　AD $=$ BC $=\mathbf{2\sqrt{3}}$

$$\cos\angle\mathrm{ABD}=\cos\angle\mathrm{BAC}=\mathbf{\frac{4}{5}}$$

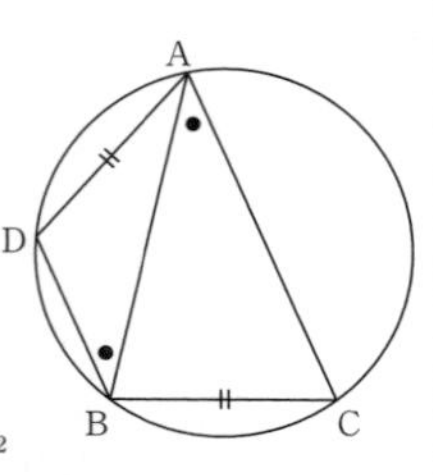

BD $=x$ とおいて，△ABD に余弦定理を用いると

$$x^2+5^2-2\cdot x\cdot 5\cdot\cos\angle\mathrm{ABD}=(2\sqrt{3})^2$$

$$x^2-8x+13=0$$

$$x=4\pm\sqrt{3}$$

BD $<$ AC より　BD $=\mathbf{4-\sqrt{3}}$

← 平行線の錯角。

← 円周角が等しいなら弦の長さは等しい。

← 四角形ADBCは AD $=$ BC の等脚台形であり，$\angle$ACB $<90^\circ$ より DB $<$ AC である。

類題 53

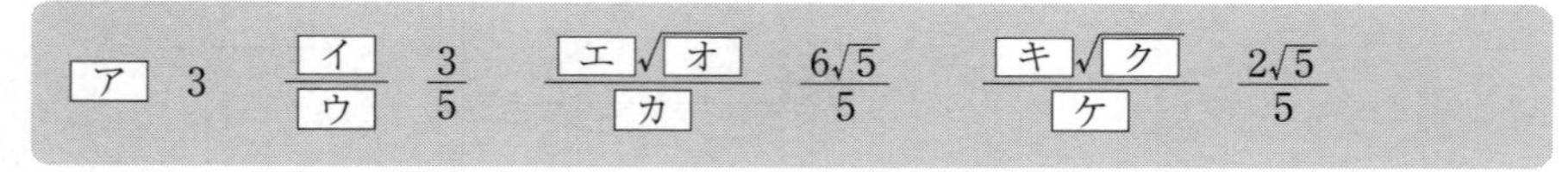

△ABC は AB $=$ AC の二等辺三角形であるから，Q は辺 BC の中点。

BP $=$ BQ であるから　BP $=\mathbf{3}$

△ABQ において，$\angle$AQB $=90^\circ$ であるから

$$\cos\angle\mathrm{PBQ}=\frac{\mathrm{BQ}}{\mathrm{AB}}=\mathbf{\frac{3}{5}}$$

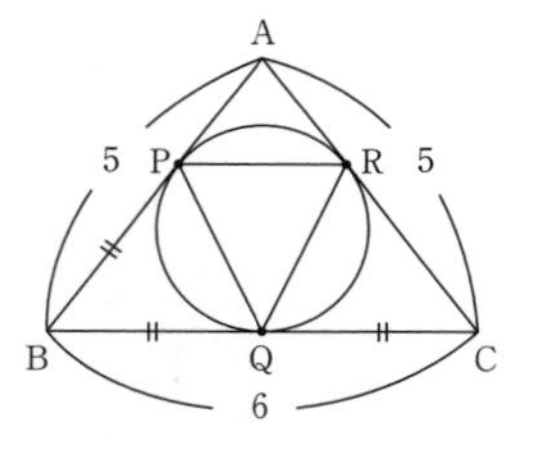

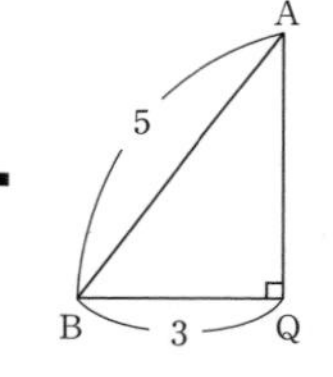

△PBQ に余弦定理を用いると

$$\mathrm{PQ}^2=3^2+3^2-2\cdot 3\cdot 3\cdot\cos\angle\mathrm{PBQ}$$

$$=\frac{36}{5}$$

PQ >0 より　$\mathrm{PQ}=\frac{6}{\sqrt{5}}=\mathbf{\frac{6\sqrt{5}}{5}}$

△ABC の内接円の半径を r とすると

$$\triangle\mathrm{ABC}=\frac{r}{2}(6+5+5)=8r$$

一方，$\mathrm{AQ}=\sqrt{5^2-3^2}=4$ から

$$\triangle\mathrm{ABC}=\frac{1}{2}\cdot 6\cdot 4=12$$

よって

AP $=$ AR より PR // BC であるから
$\angle$QPR $=\angle$PQB
△PBQ に正弦定理を用いて

$$\frac{3}{\sin\angle\mathrm{PQB}}=\frac{\frac{6}{5}\sqrt{5}}{\sin\angle\mathrm{PBQ}}$$

$$\sin\angle\mathrm{ABC}=\sqrt{1-\left(\frac{3}{5}\right)^2}=\frac{4}{5}$$ より

$$\sin\angle\mathrm{PQB}=\frac{3}{\frac{6}{5}\sqrt{5}}\sin\angle\mathrm{ABC}=\frac{\sqrt{5}}{2}\cdot\frac{4}{5}=\mathbf{\frac{2\sqrt{5}}{5}}$$

とすることもできる。

$$8r=12 \qquad \therefore \quad r=\frac{3}{2}$$

△PQR に正弦定理を用いると，PQ=QRより

$$\sin\angle\mathrm{QPR}=\frac{\mathrm{QR}}{2r}=\frac{\frac{6}{5}\sqrt{5}}{2\cdot\frac{3}{2}}=\boldsymbol{\frac{2\sqrt{5}}{5}}$$

類題 54

ア$\sqrt{\text{イウ}}$　$2\sqrt{13}$　エ$\sqrt{\text{オ}}$　$3\sqrt{3}$　$\frac{\text{カ}}{\text{キ}}$　$\frac{3}{2}$

円錐の側面の展開図において，扇形の中心角をθとすると，扇形の弧の長さと底面の円周が等しいことから

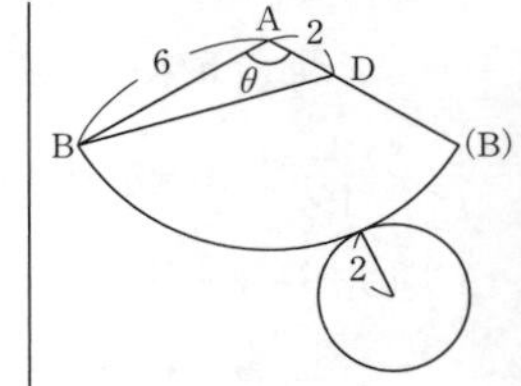

$$2\cdot6\pi\cdot\frac{\theta}{360^\circ}=2\cdot2\pi \qquad \therefore \quad \theta=120^\circ$$

糸の長さ BD は，△ABD に余弦定理を用いて

$$\mathrm{BD}^2=6^2+2^2-2\cdot6\cdot2\cdot\cos120^\circ=52$$

$$\therefore \quad \mathrm{BD}=\boldsymbol{2\sqrt{13}}$$

側面において，糸で分けられる2つの部分のうち，点Aを含む側は，展開図における△ABD のことであり，その面積は

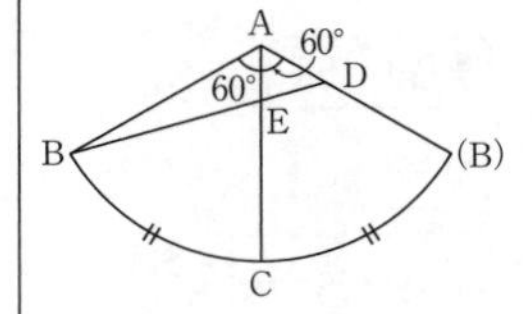

$$\frac{1}{2}\cdot6\cdot2\cdot\sin120^\circ=\boldsymbol{3\sqrt{3}}$$

展開図において，C は扇形の弧の中点であるから

$$\angle\mathrm{BAC}=\angle\mathrm{DAC}=60^\circ$$

⬅ 弧が等しければ中心角は等しい。

△ABE と△AED の面積に注目すると

$$\triangle\mathrm{ABE}+\triangle\mathrm{AED}=\triangle\mathrm{ABD}$$

AE=x とおくと

$$\frac{1}{2}\cdot6\cdot x\cdot\sin60^\circ+\frac{1}{2}\cdot2\cdot x\cdot\sin60^\circ=3\sqrt{3}$$

$$2\sqrt{3}\,x=3\sqrt{3} \qquad \therefore \quad x=\boldsymbol{\frac{3}{2}}$$

類題 55

ア 7　イ.ウ 7.0　エ.オ 6.6　カ.キ 6.0

平均値が7であるから

$$\frac{1}{10}(10+4+8+6+8+5+9+7+6+a)=7$$

$\therefore\ a=\mathbf{7}$

データを大きさの順に並べると

4, 5, 6, 6, 7, 7, 8, 8, 9, 10

中央値は，5番目と6番目の平均値であるから

$$\frac{7+7}{2}=\mathbf{7.0}\ (点)$$

← 中央値の求め方はデータの個数が偶数か奇数かで異なる。

さらに，別の5人の得点を加えたときの平均値は

$$\frac{1}{15}(7\cdot10+6+9+6+3+5)=\frac{99}{15}=\mathbf{6.6}\ (点)$$

15人のデータを大きさの順に並べると

3, 4, 5, 5, 6, 6, 6, 6, 7, 7, 8, 8, 9, 9, 10

中央値は，8番目の得点であるから　**6.0** 点

類題 56

ア 3　イウ 11　エ.オ 8.0　カ 2　キク 12
ケ.コ 8.3

人数について

$x+3+5+10+y+8=40\quad\therefore\ x+y=14$

(1)　最頻値が9点であるとき　$y>10$

x が最も大きくなるのは　$x=\mathbf{3}$, $y=\mathbf{11}$

このとき，9点以上が19人，8点以上が29人であるから，中央値は　**8.0** 点

← 20番目と21番目の平均値。

(2)　中央値が8.5点であるとき，9点以上が20人，8点以下が20人であるから　$x=\mathbf{2}$, $y=\mathbf{12}$

← $x+3+5+10=20$
$y+8=20$

このとき，平均値は

$$\frac{1}{40}(5\cdot2+6\cdot3+7\cdot5+8\cdot10+9\cdot12+10\cdot8)=8.275$$

であるから，小数第2位を四捨五入すると　**8.3** 点

類題 57

[アイ] 29　[ウエ] 37　[オカ] 43

中央値は b であるから　$b=\mathbf{37}$

平均値は

$$\frac{1}{9}(20+25+a+32+37+40+c+51+56)=\frac{1}{9}(a+c)+29$$

であるから，$\frac{1}{9}(a+c)+29=37$ より　$a+c=72$　……①

第1四分位数は　$\frac{25+a}{2}$，　第3四分位数は　$\frac{c+51}{2}$

四分位偏差は

$$\frac{1}{2}\left(\frac{c+51}{2}-\frac{25+a}{2}\right)=\frac{1}{4}(c-a+26)$$

←（第3四分位数）−（第1四分位数）

であるから，$\frac{1}{4}(c-a+26)=10$ より　$c-a=14$　……②

①，②より　$a=\mathbf{29}$，　$c=\mathbf{43}$

← $25<a<32$，$40<c<51$ を満たしている。

類題 58

[ア].[イ] 7.9　[ウエ].[オ] 15.6　[カキ].[ク] 22.2　[ケ] ①

[コ] ②　[サ] ⓪　[シ] ①

データの値を小さい方から並べると右のようになる。

東京の

　第1四分位数は　**7.9**℃

　中央値は　**15.6**℃

　第3四分位数は　**22.2**℃

東京の範囲が最も大きいから，箱ひげ図は　**①**

中央値が一番大きいのはシドニー（**②**）。

四分位範囲が最も大きいのは東京（**⓪**）。

中央値が平均値より小さいのはロンドン（**①**）。

	東京		ロンドン		シドニー	
	4.7		3.6		12.4	
	5.4		4.1		13.4	
第1四分位数	7.4	7.9	4.4	5.0	13.4	14.35
	8.4		5.6		15.3	
	12.3		6.4		15.6	
中央値	13.9	15.6	7.9	9.3	17.7	18.3
	17.3		10.7		18.9	
	18.4		11.1		19.6	
第3四分位数	21.5	22.2	13.7	14.0	21.5	21.5
	22.9		14.3		21.5	
	25.2		15.9		22.3	
	26.7		16.1		22.4	

類題 59

アイ．ウ　56.0　エオ．カ　12.0　キ　⑥

中央値は $\frac{56+56}{2}=\mathbf{56.0}$，第1四分位数($Q_1$)は

$\frac{52+53}{2}=52.5$，第3四分位数(Q_3)は $\frac{63+66}{2}=64.5$ であるから，四分位範囲は　$Q_3-Q_1=\mathbf{12.0}$

$$Q_1-1.5\times(Q_3-Q_1)=52.5-1.5\times12=34.5$$
$$Q_3+1.5\times(Q_3-Q_1)=64.5+1.5\times12=82.5$$

よって，外れ値は　83，84，86（**⑥**）

← データは20個あり，大きい順に並んでいる。

類題 60

ア　2　イ　②

中央値は41，第1四分位数(Q_1)は33，第3四分位数(Q_3)は46であり

$$Q_1-1.5\times(Q_3-Q_1)=33-1.5\times13=13.5$$
$$Q_3+1.5\times(Q_3-Q_1)=46+1.5\times13=65.5$$

よって，外れ値は10，67の**2**個あり，箱ひげ図は　**②**

← データは19個あり，小さい順に並んでいる。

類題 61

アイ　40　ウエオ　400　カ　①

平均値は

$$\frac{1}{5}(50+70+40+30+10)=\mathbf{40}\ (個)$$

偏差とその平方を表にすると

	1日	2日	3日	4日	5日
偏差	10	30	0	−10	−30
(偏差)^2	100	900	0	100	900

分散は　$\frac{1}{5}(100+900+0+100+900)=\mathbf{400}$

← (分散)＝(偏差)^2 の平均値

標準偏差は　$\sqrt{400}=20$

6日目は40個であるから平均値は変化しないので，6日間の分散は

$$\frac{1}{6}(100+900+0+100+900+0)=\frac{2000}{6}<400$$

よって，標準偏差は減少する(**①**)。

類題 62

[ア] 1　[イ] 4　[ウエオ] 324　[カ].[キ] 5.4　[ク].[ケ] 1.8

人数について

$a+3+b+2=10$ より　$a+b=5$

xf の合計について

$2a+12+6b+16=54$ より　$a+3b=13$

よって　$a=\mathbf{1}$，　$b=\mathbf{4}$

表を完成させると

点(x)	人数(f)	xf	x^2f
2	1	2	4
4	3	12	48
6	4	24	144
8	2	16	128
計	10	54	**324**

平均値は　$\frac{54}{10}=\mathbf{5.4}$

2 乗の平均は　$\frac{324}{10}=32.4$

標準偏差は　$\sqrt{32.4-5.4^2}=\sqrt{3.24}=\mathbf{1.8}$

(2 乗の平均)−(平均の 2 乗)

類題 63

[ア] ②　[イ] ③

⓪は 4 番の学生(英語 40，数学 58)が正しく表されていない。

①は 2 番の学生(英語 68，数学 52)が正しく表されていない。

②はすべての学生が正しく表されている。

③は 2 番の学生(英語 68，数学 52)が正しく表されていない。

したがって　**②**

②の散布図から数学の得点と英語の得点には弱い正の相関関係があるから，相関係数として適当な数値は　0.3（**③**）

(参考)　英語の得点を x，数学の得点を y とする。

	x	y	$x-\overline{x}$	$(x-\overline{x})^2$	$y-\overline{y}$	$(y-\overline{y})^2$	$(x-\overline{x})(y-\overline{y})$
1	40	36	−21.7	470.89	−20.7	428.49	449.19
2	68	52	6.3	39.69	−4.7	22.09	−29.61
3	72	63	10.3	106.09	6.3	39.69	64.89
4	40	58	−21.7	470.89	1.3	1.69	−28.21
5	82	80	20.3	412.09	23.3	542.89	472.99
6	70	48	8.3	68.89	−8.7	75.69	−72.21
7	55	70	−6.7	44.89	13.3	176.89	−89.11
8	72	42	10.3	106.09	−14.7	216.09	−151.41
9	58	76	−3.7	13.69	19.3	372.49	−71.41
10	60	42	−1.7	2.89	−14.7	216.09	24.99
計	617	567	0	1736.1	0	2092.1	570.1

$$r=\frac{\frac{1}{10}\times 570.1}{\sqrt{\frac{1}{10}\times 1736.1}\sqrt{\frac{1}{10}\times 2092.1}}=0.299\cdots$$

⬅ $r=\frac{570.1}{\sqrt{1736.1}\sqrt{2092.1}}$ でも求めることができる。

類題　64

アイ　33　ウエ　36　オ　8　カ　5　キク　28
ケ.コ　0.7

$\overline{x}=\frac{264}{8}=\mathbf{33}$，　$\overline{y}=\frac{288}{8}=\mathbf{36}$

⬅ $x-\overline{x}$，$y-\overline{y}$ の値からも求められる。

$s_x=\sqrt{\frac{512}{8}}=\sqrt{64}=\mathbf{8}$，　$s_y=\sqrt{\frac{200}{8}}=\sqrt{25}=\mathbf{5}$

$s_{xy}=\frac{224}{8}=\mathbf{28}$，　$r=\frac{s_{xy}}{s_xs_y}=\frac{28}{8\cdot 5}=\frac{7}{10}=\mathbf{0.7}$

類題　65

ア　⓪　イ　⓪　ウ　①

・X の偏差の平均値は

$$\frac{(x_1-\overline{x})+(x_2-\overline{x})+\cdots\cdots+(x_n-\overline{x})}{n}$$

$$=\frac{x_1+x_2+\cdots\cdots+x_n-n\overline{x}}{n}$$

$$=\frac{x_1+x_2+\cdots\cdots+x_n}{n}-\overline{x}$$

⬅ (Xの平均値)$-\overline{x}$
$=\overline{x}-\overline{x}$
$=0$

$=\overline{x}-\overline{x}$

$=0$　(⓪)

・X' の平均値は

$$\frac{1}{n}\left(\frac{x_1-\overline{x}}{s}+\frac{x_2-\overline{x}}{s}+\cdots\cdots+\frac{x_n-\overline{x}}{s}\right)$$

$$=\frac{1}{s}\cdot\frac{(x_1-\overline{x})+(x_2-\overline{x})+\cdots\cdots+(x_n-\overline{x})}{n}$$

$=0$　(⓪)

⬅ $\frac{1}{s}$(Xの偏差の平均値)
$=\frac{1}{s}\cdot 0$
$=0$

・X' の分散は

$$\frac{(x_1')^2+(x_2')^2+\cdots\cdots+(x_n')^2}{n}-(X' \text{ の平均値})^2$$

$$=\frac{1}{n}\left\{\left(\frac{x_1-\overline{x}}{s}\right)^2+\left(\frac{x_2-\overline{x}}{s}\right)^2+\cdots\cdots+\left(\frac{x_n-\overline{x}}{s}\right)^2\right\}-0^2$$

$$=\frac{1}{s^2}\cdot\frac{(x_1-\overline{x})^2+(x_2-\overline{x})^2+\cdots\cdots+(x_n-\overline{x})^2}{n}$$

$$=\frac{1}{s^2}\cdot s^2=1$$

⬅ $\frac{1}{s^2}$(Xの分散)
$=\frac{1}{s^2}\cdot s^2$
$=1$

・X' の標準偏差は

$\sqrt{(X' \text{ の分散})}=1$　(①)

⬅ $\frac{1}{s}$(Xの標準偏差)
$=\frac{1}{s}\cdot s$
$=1$

類題 66

$X'=aX+b$,　$Y'=cY+d$ とおくとき

　X' の分散は，X の分散の a^2 倍

　X' の標準偏差は，X の標準偏差の $\sqrt{a^2}=|a|$ 倍

同様に

　Y' の分散は，Y の分散の c^2 倍

　Y' の標準偏差は，Y の標準偏差の $\sqrt{c^2}=|c|$ 倍

また

　X' と Y' の共分散は，X と Y の共分散の ac 倍　(③)

よって，X' と Y' の相関係数は，X と Y の相関係数の

$$\frac{ac}{|a||c|}=\frac{ac}{|ac|} \text{ 倍}\quad (④)$$

である。

類題 67

[ア] ③　[イ] ⓪　[ウ] ②　[エ] ①　[オ] ②　[カ] ①
[キ] ⓪

各ヒストグラムの度数は 20，最小値は 3，最大値は 9 である。
第 1 四分位数，中央値，第 3 四分位数をまとめると

	第 1 四分位数	中央値	第 3 四分位数
A	5	6	7
B	4	6	8
C	3	4	6
D	6	7.5	8

⬅ 小さい方から 5 番目と 6 番目の平均値が第 1 四分位数，10 番目と 11 番目の平均値が中央値，15 番目と 16 番目の平均値が第 3 四分位数。

よって，それぞれの箱ひげ図は

A－③　B－⓪　C－②　D－①

B のヒストグラムは左右対称であるから

(中央値)＝(平均値)　(②)

⬅ B：平均値 6

C のヒストグラムは左に偏っているので

(中央値)＜(平均値)　(①)

⬅ C：平均値 4.7

D のヒストグラムは右に偏っているので

(中央値)＞(平均値)　(⓪)

⬅ D：平均値 7.1

類題 68

[アイ].[ウ] 43.0　[エオ].[カ] 45.0　[キク].[ケ] 40.0
[コサ].[シ] 25.0　[スセ].[ソ] 25.6　[タ] ④

10 人全員について，右手の握力を変量 x，左手の握力を変量 y で表し，x，y の平均値を $\overline{x}$，$\overline{y}$ で表す。
第 1 グループと第 2 グループはともに 5 人ずつであり，平均値がそれぞれ右手の握力は 41.0，45.0，左手の握力は 38.0，42.0 であるから

$$\overline{x}=\frac{1}{2}(41.0+45.0)=\mathbf{43.0}\ (\mathrm{kg})$$

$$\overline{y}=\frac{1}{2}(38.0+42.0)=\mathbf{40.0}\ (\mathrm{kg})$$

番号	x	y	$x-\overline{x}$	$(x-\overline{x})^2$	$y-\overline{y}$	$(y-\overline{y})^2$	$(x-\overline{x})(y-\overline{y})$
1	32	34	−11	121	−6	36	66
2	31	34	−12	144	−6	36	72
3	48	40	5	25	0	0	0
4	44	40	1	1	0	0	0
5	50	42	7	49	2	4	14
6	49	50	6	36	10	100	60
7	40	34	−3	9	−6	36	18
8	43	45	0	0	5	25	0
9	42	38	−1	1	−2	4	2
10	51	43	8	64	3	9	24
合計	430	400	0	450	0	250	256
平均値	43.0	40.0	0	45.0	0	25.0	25.6

← $(x-\overline{x})(y-\overline{y})$ がすべて正の数であるから，強い正の相関関係があることがわかる。

上の表より，右手の握力の分散は**45.0**，左手の握力の分散は**25.0**，右手の握力と左手の握力の共分散は**25.6**。

よって，相関係数 r は

$$r=\frac{25.6}{\sqrt{45}\sqrt{25}}=\frac{25.6}{3\sqrt{5}\cdot 5}=\frac{25.6}{75}\sqrt{5}=0.76\cdots$$

← $\sqrt{5}=2.236\cdots$

であるから，$0.7 \leqq r \leqq 0.9$ を満たす（④）。

類題　69

ア，イ　④，⑤（順不同）

図2の箱ひげ図から，期間A，Bにおける U のデータの最小値(m)，第1四分位数(Q_1)，中央値(Q_2)，第3四分位数(Q_3)，最大値(M)は，おおよそ次のように読み取れる。

	m	Q_1	Q_2	Q_3	M
期間A	−2.7	−0.28	0.0584	0.4	3.22
期間B	−2.02	−0.32	0.0252	0.38	1.56

⓪　正しくない。期間Aにおける最大値は約3.22，期間Bにおける最大値は約1.56である。

①　正しくない。期間Aにおける第1四分位数は約−0.28，期間Bにおける第1四分位数は約−0.32であり，期間Aの方が期間Bよりやや大きい。

② 正しくない。期間 A，B における四分位範囲(Q_3-Q_1)は，おおよそ次のようになる。

A …… $0.4-(-0.28)=0.68$

B …… $0.38-(-0.32)=0.70$

A と B の差が 0.2 より大きいと読み取ることはできない。

③ 正しくない。期間 A，B における範囲$(M-m)$は，おおよそ次のようになる。

A …… $3.22-(-2.7)=5.92$

B …… $1.56-(-2.02)=3.58$

A の方が B より大きい。

④ 正しい。期間 A，B における四分位範囲は，おおよそ

A …… 0.68

B …… 0.70

であり，中央値の絶対値の 8 倍は

A …… $0.0584\cdot8=0.4672$

B …… $0.0252\cdot8=0.2016$

である。

⑤ 正しい。期間 A において，第 3 四分位数は 0.4 であり，度数が最大の階級は，図 1 より 0～0.5 である。

⑥ 正しくない。期間 B において，第 1 四分位数は約 -0.32 であり，度数が最大の階級は，図 1 より 0～0.5 である。

よって　**④，⑤**

類題 70

ア . イ　5.8　ウ　①　エ　①

仮説 H_1 を

H_1：P 空港は便利であると思う人が多い

とし，仮説 H_0 を

H_0：P 空港を「便利だと思う」と回答する割合と「便利だと思う」と回答しない割合が等しい

とする。

実験結果から，30 枚の硬貨のうち 20 枚以上が表になった割合は

$3.2+1.4+1.0+0.1+0.1=5.8\%$

であり，5.8% は 5% より大きいので，H_0 は誤っているとは判

断されず(①)，P 空港は便利だと思う人の方が多いとはいえない(①)。

類題 71

アイウ　100　エオ　80

2 の倍数は　300÷2＝150（個）

3 の倍数は　300÷3＝100（個）

6 の倍数は　300÷6＝50（個）

よって，2 でも 3 でも割り切れないものは

300－(150＋100－50)＝**100**（個）

$300=2^2\times3\times5^2$ より，300 との最大公約数が 1 であるものは，2 でも 3 でも 5 でも割り切れないもの

5 の倍数は　300÷5＝60（個）

10 の倍数は　300÷10＝30（個）

15 の倍数は　300÷15＝20（個）

30 の倍数は　300÷30＝10（個）

よって

300－(150＋100＋60－50－30－20＋10)＝**80**（個）

← $U=\{1,\ 2,\ \cdots,\ 300\}$
$A=\{2,\ 4,\ \cdots,\ 300\}$
$B=\{3,\ 6,\ \cdots,\ 300\}$

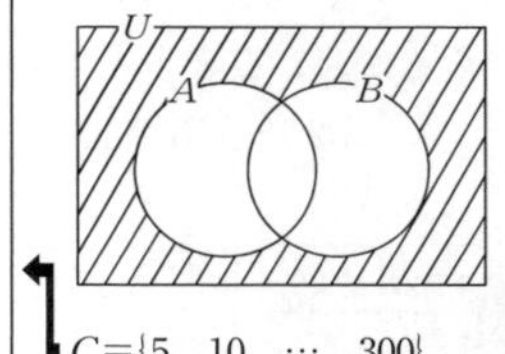

← $C=\{5,\ 10,\ \cdots,\ 300\}$

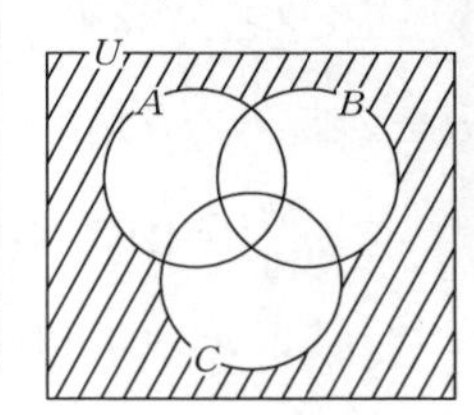

類題 72

ア　6　イウ　24　エオカ　144

1 に赤，2 に青，3 に黄を塗ったとき，4 から 7 の区画の塗り方を樹形図で書くと

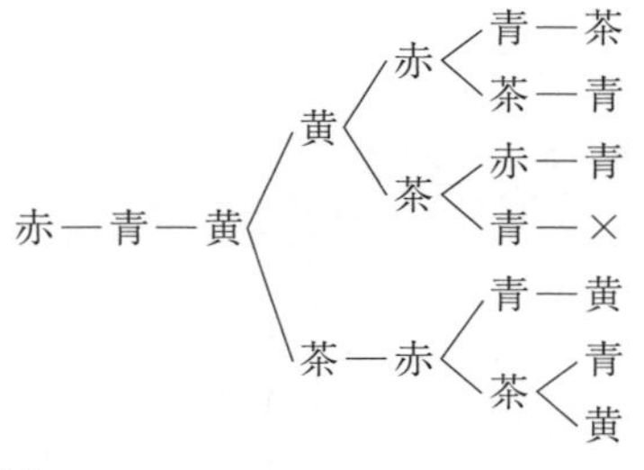

の **6** 通り。

← 4 には 1，2 以外の色
5 には 2，3，4 以外の色
6 には 3，5 以外の色
7 には 1，4，5，6 以外の色

1，2，3 の 3 つの区画の塗り方は

4･3･2＝**24**（通り）

← 4 つの色から 3 つを選び順に塗る塗り方。

あるから，すべての塗り方は

6･24＝**144**（通り）

← 積の法則

類題 73

アイウ　625　エオカ　120　キクケ　369

各位の数がすべて 1，3，5，7，9 のいずれかの場合であるから

$5^4=\mathbf{625}$（通り）

← 重複順列

このうち，各位の数がすべて異なる場合は

$5\cdot4\cdot3\cdot2=\mathbf{120}$（通り）

← 順列

また，各位の数がすべて 3，5，7，9 のいずれかの場合は

$4^4=256$（通り）

← 1 を含まないものを考える。

あるから，1 を含むものは

$625-256=\mathbf{369}$（通り）

類題 74

アイウエ　1260　オカキ　360　クケコ　360

a を 2 個，b を 2 個含む 7 文字の順列になるから

$\dfrac{7!}{2!2!}=\mathbf{1260}$（通り）

このうち，a 2 個が隣り合うものは，2 個の a を 1 つと考え

$\dfrac{6!}{2!}=\mathbf{360}$（通り）

c，d，e が隣り合わない場合は，まず，a 2 個，b 2 個を並べ，その両端または間に c，d，e を並べればよいから

$\dfrac{4!}{2!2!}\cdot(5\cdot4\cdot3)=\mathbf{360}$（通り）

← ↑①　a　↑②　a　↑③　b　↑④　b　↑⑤

①～⑤に c，d，e を順に並べる。

類題 75

アイウ　120　エオカ　900　キクケ　570

奇数 10 個から 3 個を選ぶ選び方は

${}_{10}C_3=\mathbf{120}$（通り）

奇数と偶数の両方が含まれるような選び方は，奇数 1 個，偶数 2 個を選ぶ場合と，奇数 2 個，偶数 1 個を選ぶ場合があるから

${}_{10}C_1\cdot{}_{10}C_2+{}_{10}C_2\cdot{}_{10}C_1=450+450=\mathbf{900}$（通り）

← すべての選び方から，奇数 3 個を選ぶ場合と偶数 3 個を選ぶ場合を除いて

${}_{20}C_3-{}_{10}C_3-{}_{10}C_3$

$=1140-120-120$

$=900$（通り）

としてもよい。

3 個の数字の和が奇数になるのは，3 個とも奇数か，奇数 1 個，偶数 2 個を選ぶ場合であるから

$120+450=\mathbf{570}$（通り）

類題 76

アイ 40　ウエオ 116

10 個の点から 2 個の点を選ぶ選び方は　${}_{10}C_2$ 通り
このうち，同じ直線上にある 4 点から 2 点を選んでも異なる直線にならないから

$${}_{10}C_2-{}_4C_2+1=45-6+1=\mathbf{40}$$（本）

10 個の点から 3 個の点を選ぶ選び方は　${}_{10}C_3$ 通り
このうち，同じ直線上にある 4 点から 3 点を選んでも三角形はできないから

$${}_{10}C_3-{}_4C_3=120-4=\mathbf{116}$$（個）

⬅ 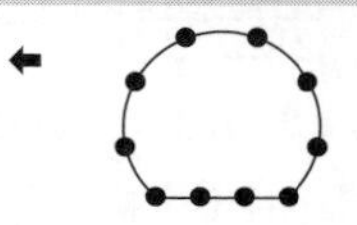

⬅ ${}_4C_2$ の 6 本は 1 本として数える。

類題 77

アイ 90　ウエ 10

大人を A，B，C とすると，A と同じ組になる 2 人を選ぶ選び方は，${}_6C_2$ 通り。B と同じ組になる 2 人を選ぶ選び方は，${}_4C_2$ 通り。残り 2 人が C と同じ組になる。

$${}_6C_2\cdot{}_4C_2=\frac{6\cdot5}{2\cdot1}\cdot\frac{4\cdot3}{2\cdot1}=\mathbf{90}$$（通り）

⬅ (A，子，子)
(B，子，子)
(C，子，子)

また，大人 3 人，子供 3 人ずつに分ける場合は，大人 3 人で 1 組，子供 6 人から 3 人を選ぶのは ${}_6C_3$ 通りであるが，子供の 2 組は区別がつかないので

$$\frac{{}_6C_3}{2}=\mathbf{10}$$（通り）

⬅ (A，B，C)
(子，子，子)
(子，子，子)

類題 78

アイ 70　ウエ 20　オカ 38

㊨ 4 個，㊤ 4 個の合計 8 個の文字の並び方の総数を求めて

$$\frac{8!}{4!4!}=\mathbf{70}$$（通り）

P を通る経路は，㊨ 1 個，㊤ 1 個に続いて㊨，さらに㊨ 2 個，㊤ 3 個の並び方を求めて

$$2!\cdot\frac{5!}{2!3!}=\mathbf{20}$$（通り）

Qを通る経路は，㊨2個，㊤2個に続いて㊤，さらに㊨2個，㊤1個の並び方を求めて

$$\frac{4!}{2!2!}\cdot\frac{3!}{2!}=18\text{（通り）}$$

P，Qの両方を通る経路は，㊨1個，㊤1個に続いて㊨，㊤，㊤，さらに㊨2個，㊤1個の並び方を求めて

$$2!\cdot\frac{3!}{2!}=6\text{（通り）}$$

よって，P，Qのどちらも通らない経路は

$$70-(20+18-6)=\mathbf{38}\text{（通り）}$$

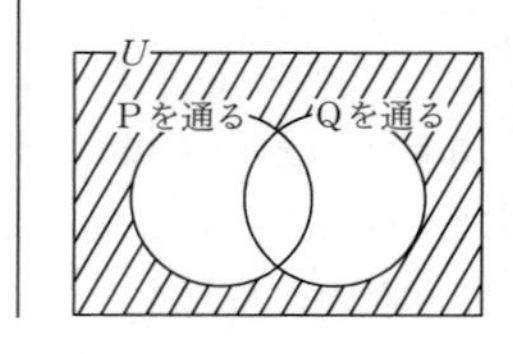

類題 79

$\frac{\boxed{ア}}{\boxed{イウ}}$ $\frac{7}{12}$　$\frac{\boxed{エ}}{\boxed{オ}}$ $\frac{1}{4}$　$\frac{\boxed{カキ}}{\boxed{クケ}}$ $\frac{11}{18}$

目の和を表にすると

	1	2	3	4	5	6
1	2	3	4	5	6	7
2	3	4	5	6	7	8
3	4	5	6	7	8	9
4	5	6	7	8	9	10
5	6	7	8	9	10	11
6	7	8	9	10	11	12

和が7以下になる確率は

$$\frac{21}{36}=\mathbf{\frac{7}{12}}$$

和が4の倍数になる確率は

$$\frac{9}{36}=\mathbf{\frac{1}{4}}$$

⬅ 和が4，8，12であるマス目の個数を数える。

一方の目が他方の目の約数になるのは，表の◯印の所。

	1	2	3	4	5	6
1	◯	◯	◯	◯	◯	◯
2	◯	◯		◯		◯
3	◯		◯			◯
4	◯	◯		◯		
5	◯				◯	
6	◯	◯	◯			◯

よって，その確率は

$$\frac{22}{36}=\mathbf{\frac{11}{18}}$$

類題　80

$\dfrac{\boxed{ア}}{\boxed{イウ}}$ $\dfrac{8}{27}$　$\dfrac{\boxed{エオ}}{\boxed{カキク}}$ $\dfrac{37}{216}$　$\dfrac{\boxed{ケ}}{\boxed{コサシ}}$ $\dfrac{5}{108}$

3 個の目がすべて 4 以下である確率は　$\dfrac{4^3}{6^3}=\dfrac{\mathbf{8}}{\mathbf{27}}$

最大の目が 4 になるのは，3 個の目が 4 以下で少なくとも 1 個 4 が出る場合であるから，その確率は　$\dfrac{4^3-3^3}{6^3}=\dfrac{\mathbf{37}}{\mathbf{216}}$

⬅ 3 個とも 1〜4 の場合から，3 個とも 1〜3 の場合を除く。

また，目の和が 5 以下になる 3 数の組合せは

(1, 1, 1)　(1, 1, 2)　(1, 1, 3)　(1, 2, 2)

⬅ 組合せを書き出す。

このうち，(1, 1, 1)は 1 通り，他は 3 通りずつあるから，その確率は　$\dfrac{1+3\cdot3}{6^3}=\dfrac{\mathbf{5}}{\mathbf{108}}$

類題　81

$\dfrac{\boxed{ア}}{\boxed{イウ}}$ $\dfrac{1}{28}$　$\dfrac{\boxed{エ}}{\boxed{オカ}}$ $\dfrac{9}{28}$　$\dfrac{\boxed{キ}}{\boxed{クケ}}$ $\dfrac{9}{14}$

3 個がすべて同じ色になるのは，すべて白球かすべて青球の 2 通りであるから，その確率は　$\dfrac{2}{{}_8C_3}=\dfrac{\mathbf{1}}{\mathbf{28}}$

3 個がすべて異なる色である確率は　$\dfrac{{}_2C_1\cdot{}_3C_1\cdot{}_3C_1}{{}_8C_3}=\dfrac{\mathbf{9}}{\mathbf{28}}$

少なくとも 1 個赤球を取り出す確率は，白球と青球を合わせた 6 個から 3 個取り出す場合を除いて

⬅ 余事象を考える。

$$1-\frac{{}_6C_3}{{}_8C_3}=\frac{\mathbf{9}}{\mathbf{14}}$$

類題　82

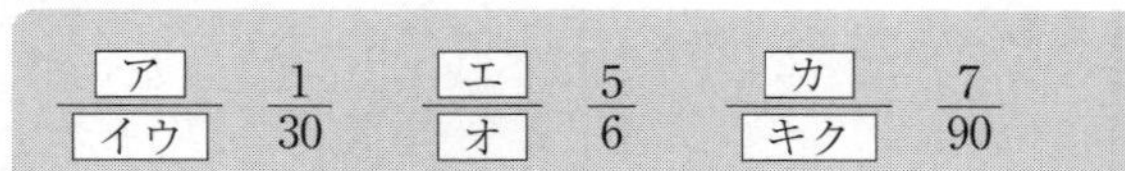

(1)　$\dfrac{1}{6}\cdot\dfrac{{}_3C_2}{{}_6C_2}=\dfrac{1}{6}\cdot\dfrac{3}{15}=\dfrac{\mathbf{1}}{\mathbf{30}}$

(2)　少なくとも 1 枚 0 を取り出す場合であるから，0 を取り出

⬅ 余事象を考える。

さない場合を考えて

$$1-\frac{5}{6}\cdot\frac{{}_3C_2}{{}_6C_2}=1-\frac{5}{6}\cdot\frac{3}{15}=\mathbf{\frac{5}{6}}$$

(3)　Aから1，Bから1と2を取り出す場合と，Aから2，Bから1を2枚取り出す場合があるから

$$\frac{2}{6}\cdot\frac{{}_2C_1\cdot{}_1C_1}{{}_6C_2}+\frac{3}{6}\cdot\frac{{}_2C_2}{{}_6C_2}=\frac{2}{6}\cdot\frac{2}{15}+\frac{3}{6}\cdot\frac{1}{15}=\mathbf{\frac{7}{90}}$$

類題 83

$\frac{\boxed{アイ}}{\boxed{ウエオ}}$　$\frac{40}{243}$　　$\frac{\boxed{カキク}}{\boxed{ケコサ}}$　$\frac{131}{243}$　　$\frac{\boxed{シ}}{\boxed{スセ}}$　$\frac{7}{81}$

2以下の目が3回出る確率は　${}_5C_3\left(\frac{1}{3}\right)^3\left(\frac{2}{3}\right)^2=\mathbf{\frac{40}{243}}$

2以下の目が少なくとも2回出る確率は，余事象を考えて

$$1-\left\{\left(\frac{2}{3}\right)^5+{}_5C_1\left(\frac{1}{3}\right)\left(\frac{2}{3}\right)^4\right\}=\mathbf{\frac{131}{243}}$$

2以下の目が連続して3回以上出る確率は，5回連続する場合が1通り，4回連続する場合が2通り，3回連続する場合について2以下の目が4回出る場合が2通り，2以下の目が3回出る場合が3通りあるから

$$\left(\frac{1}{3}\right)^5+2\left(\frac{1}{3}\right)^4\left(\frac{2}{3}\right)+2\left(\frac{1}{3}\right)^4\left(\frac{2}{3}\right)+3\left(\frac{1}{3}\right)^3\left(\frac{2}{3}\right)^2=\mathbf{\frac{7}{81}}$$

⬅2以下の目

……　$\frac{2}{6}=\frac{1}{3}$

3以上の目

……　$\frac{4}{6}=\frac{2}{3}$

⬅○○○×○
○○○××
×○○○×
××○○○
○×○○○

類題 84

$\frac{\boxed{ア}}{\boxed{イ}}$　$\frac{1}{3}$　　$\frac{\boxed{ウ}}{\boxed{エ}}$　$\frac{1}{3}$　　$\frac{\boxed{オ}}{\boxed{カキ}}$　$\frac{4}{27}$　　$\frac{\boxed{クケ}}{\boxed{コサ}}$　$\frac{16}{81}$

2人のジャンケンによる手の出し方は

　　$3^2=9$ 通り

このうち，Aが勝つ場合は3通りであるから

　　Aが勝つ確率は　$\frac{3}{9}=\mathbf{\frac{1}{3}}$

　　Bが勝つ確率も同じであるから　$\mathbf{\frac{1}{3}}$

3回目までにAが2勝して，4回目にAが勝つ確率は

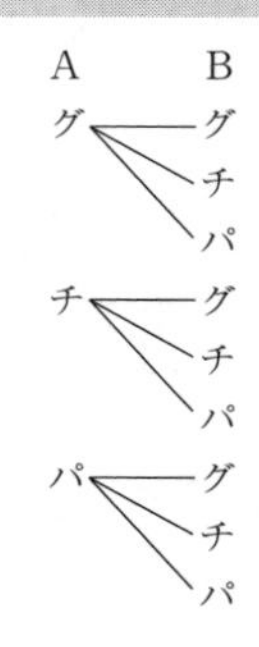

$${}_3C_2\left(\frac{1}{3}\right)^2\left(\frac{2}{3}\right)\cdot\frac{1}{3}=\frac{2}{27}$$

← A が 3 勝して，4 回で終わる確率。

B についても同じであるから，4 回で終わる確率は

$$\frac{2}{27}+\frac{2}{27}=\mathbf{\frac{4}{27}}$$

4 回目までに A が 2 勝して，5 回目に A が勝つ確率は

← A が 3 勝して，5 回で終わる確率。

$${}_4C_2\left(\frac{1}{3}\right)^2\left(\frac{2}{3}\right)^2\cdot\frac{1}{3}=\frac{8}{81}$$

B についても同じであるから，5 回で終わる確率は

$$\frac{8}{81}+\frac{8}{81}=\mathbf{\frac{16}{81}}$$

類題　85

$\frac{\boxed{ア}}{\boxed{イ}}$ $\frac{2}{5}$　$\frac{\boxed{ウ}}{\boxed{エ}}$ $\frac{1}{2}$　$\frac{\boxed{オ}}{\boxed{カ}}$ $\frac{1}{2}$

赤球は 5 個であり，このうち偶数が書かれている球は 2 個であるから，取り出した球が赤球であるとき，偶数が書かれている条件付き確率は　$\mathbf{\frac{2}{5}}$

白球は 4 個であり，このうち偶数が書かれている球は 2 個であるから，取り出した球が白球であるとき，偶数が書かれている条件付き確率は　$\frac{2}{4}=\mathbf{\frac{1}{2}}$

偶数が書かれている球は 4 個であり，このうち赤球は 2 個あるから，取り出した球に偶数が書かれているとき，その球が赤球である条件付き確率は　$\frac{2}{4}=\mathbf{\frac{1}{2}}$

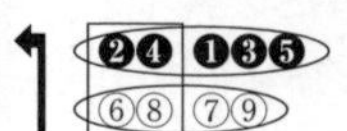

A：赤球をとる。
B：偶数をとる。
$P_A(B)=\frac{2}{5}$
$P_{\overline{A}}(B)=\frac{2}{4}$
$P_B(A)=\frac{2}{4}$

類題　86

A，B，C の 3 人が当たる確率は

$$\frac{3}{12}\cdot\frac{2}{11}\cdot\frac{1}{10}=\mathbf{\frac{1}{220}}$$

← A，B，C のそれぞれの確率をかける。
（確率の乗法定理）

Aがはずれ，B，Cの2人が当たる確率は

$$\frac{9}{12}\cdot\frac{3}{11}\cdot\frac{2}{10}=\frac{9}{220}$$

よって，B，Cの2人が当たる確率は

$$\frac{1}{220}+\frac{9}{220}=\frac{10}{220}=\frac{1}{22}$$

⬅ Aが当たる場合の確率とAがはずれる場合の確率を加える。

類題 87

$\frac{\boxed{ア}}{\boxed{イ}}$　$\frac{1}{4}$　$\boxed{ウエオ}$　175

1回で終わる確率は $\frac{1}{2}$，2回で終わる確率は

$$\frac{1}{2}\times\frac{1}{2}=\frac{1}{4}$$

よって，3回投げる確率は

$$1-\left(\frac{1}{2}+\frac{1}{4}\right)=\frac{1}{4}$$

金額の期待値は

$$100\times\frac{1}{2}+200\times\frac{1}{4}+300\times\frac{1}{4}=175\text{(円)}$$

類題 88

$\frac{\boxed{アイ}}{\boxed{ウ}}$　$\frac{14}{3}$　$\boxed{エ}$　①

$$e_1=0\cdot\frac{3}{6}+4\cdot\frac{2}{6}+6\cdot\frac{1}{6}=\frac{7}{3}$$

⑥	④	④
⓪	⓪	⓪

2個の合計得点を x とすると，x の取り得る値は

$x=0,\ 4,\ 6,\ 8,\ 10$

であり，その確率は

⬅ $0=0+0$
$4=0+4$
$6=0+6$
$8=4+4$
$10=4+6$

$$x=0\ \cdots\cdots\ \frac{{}_3C_2}{{}_6C_2}=\frac{3}{15}=\frac{1}{5}$$

$$x=4\ \cdots\cdots\ \frac{{}_3C_1\cdot{}_2C_1}{{}_6C_2}=\frac{6}{15}=\frac{2}{5}$$

$x=6$ …… $\dfrac{{}_3C_1\cdot{}_1C_1}{{}_6C_2}=\dfrac{3}{15}=\dfrac{1}{5}$

$x=8$ …… $\dfrac{{}_2C_2}{{}_6C_2}=\dfrac{1}{15}$

$x=10$ …… $\dfrac{{}_2C_1\cdot{}_1C_1}{{}_6C_2}=\dfrac{2}{15}$

よって

$$e_2=0\cdot\frac{3}{15}+4\cdot\frac{6}{15}+6\cdot\frac{3}{15}+8\cdot\frac{1}{15}+10\cdot\frac{2}{15}=\mathbf{\frac{14}{3}}$$

であり

$e_2=2e_1$　(①)

x	0	4	6	8	10	計
確率	$\frac{1}{5}$	$\frac{2}{5}$	$\frac{1}{5}$	$\frac{1}{15}$	$\frac{2}{15}$	1

類題　89

$\dfrac{\boxed{ア}}{\boxed{イウ}}$ $\dfrac{3}{91}$　$\dfrac{\boxed{エオ}}{\boxed{カキ}}$ $\dfrac{67}{91}$　$\dfrac{\boxed{クケ}}{\boxed{コサシ}}$ $\dfrac{16}{455}$

15個の数字から3個の数字を選ぶ場合の数は

${}_{15}C_3=455$（通り）

(1)　3個の円がすべて同じ段にあるのは3段目から5段目までで，それぞれの場合の数は

${}_3C_3=1$，${}_4C_3={}_4C_1=4$，${}_5C_3={}_5C_2=10$

通りであるから，その確率は　$\dfrac{1+4+10}{455}=\mathbf{\dfrac{3}{91}}$

(2)　1段目から4段目までの10個の円から3個の円を選ぶ場合を除けばよいから，求める確率は　$1-\dfrac{{}_{10}C_3}{455}=1-\dfrac{24}{91}=\mathbf{\dfrac{67}{91}}$

←余事象を考える。

(3)　接している3つの円は(1, 2, 3)，(2, 4, 5)，(3, 5, 6)，…，(10, 14, 15)と(2, 3, 5)，(4, 5, 8)，…，(9, 10, 14)の16通りあるから，求める確率は　$\mathbf{\dfrac{16}{455}}$

← (図) が10個
(図) が6個

類題 90

$\frac{\boxed{アイ}}{\boxed{ウエ}}$ $\frac{11}{36}$　$\frac{\boxed{オ}}{\boxed{カ}}$ $\frac{1}{2}$　$\frac{\boxed{キク}}{\boxed{ケコ}}$ $\frac{11}{18}$　$\frac{\boxed{サ}}{\boxed{シス}}$ $\frac{3}{11}$　$\frac{\boxed{セ}}{\boxed{ソ}}$ $\frac{7}{2}$

$\frac{\boxed{タチ}}{\boxed{ツテ}}$ $\frac{65}{36}$

(1) 出る目の和を X とすると，X の値の表は右のようになるから，$X=4$ になる確率は

A＼B	1	1	2	2	2	3
1	②	②	3	3	3	4
1	②	②	3	3	3	4
1	②	②	3	3	3	4
2	3	3	$\boxed{4}$	$\boxed{4}$	$\boxed{4}$	5
2	3	3	$\boxed{4}$	$\boxed{4}$	$\boxed{4}$	5
3	$\boxed{4}$	$\boxed{4}$	5	5	5	⑥

$$\mathbf{\frac{11}{36}}$$

← $X=4$ のマスは 11 個。

X が偶数になる確率は

$$\frac{18}{36}=\mathbf{\frac{1}{2}}$$

← X が偶数であるマスは 18 個。

(2) X が偶数であるとき，$X=4$ になる条件付き確率は

$$\mathbf{\frac{11}{18}}$$

← $\dfrac{□+■のマスの個数}{○+□+■のマスの個数}$

$X=4$ であるとき，B の目が 3 である条件付き確率は

$$\mathbf{\frac{3}{11}}$$

← $X=4$ かつ B の目が 3 であるマスは 3 個。

← $\dfrac{■のマスの個数}{□+■のマスの個数}$

(3) X の期待値は，(1)の表より

$$\frac{2\times6+3\times13+4\times11+5\times5+6\times1}{36}=\mathbf{\frac{7}{2}}$$

(4) 得点を表す表は右のようになるから，得点の期待値は

A＼B	1	1	2	2	2	3
1	1	1	2	2	2	1
1	1	1	2	2	2	1
1	1	1	2	2	2	1
2	1	1	2	2	2	2
2	1	1	2	2	2	2
3	3	3	3	3	3	3

$$\frac{1\times13+2\times17+3\times6}{36}$$

$$=\mathbf{\frac{65}{36}}$$

類題 91

$\dfrac{\boxed{ア}}{\boxed{イ}}$ $\dfrac{1}{6}$	$\dfrac{\boxed{ウ}}{\boxed{エオ}}$ $\dfrac{5}{18}$	$\dfrac{\boxed{カ}}{\boxed{キク}}$ $\dfrac{5}{63}$	$\dfrac{\boxed{ケコ}}{\boxed{サシ}}$ $\dfrac{10}{21}$	$\dfrac{\boxed{ス}}{\boxed{セ}}$ $\dfrac{2}{7}$

偶数は全部で4枚，奇数は全部で5枚ある。
1回目に取り出した2枚について

A：2枚とも偶数
B：2枚とも奇数
C：偶数と奇数が1枚ずつ

とすると

$$P(A)=\frac{{}_4C_2}{{}_9C_2}=\frac{6}{36}=\mathbf{\frac{1}{6}}$$

$$P(B)=\frac{{}_5C_2}{{}_9C_2}=\frac{10}{36}=\mathbf{\frac{5}{18}}$$

$$P(C)=1-\frac{1}{6}-\frac{5}{18}=\frac{10}{18}=\frac{5}{9}$$

⬅ 余事象の確率。

2回目に取り出した2枚について

D：2枚とも奇数

とすると

$$P(A\cap D)=\frac{1}{6}\cdot\frac{{}_5C_2}{{}_7C_2}=\frac{1}{6}\cdot\frac{10}{21}=\mathbf{\frac{5}{63}}$$

⬅ Aが起こったとき偶数2枚，奇数5枚

であり

$$P_A(D)=\frac{P(A\cap D)}{P(A)}=\frac{\frac{5}{63}}{\frac{1}{6}}=\mathbf{\frac{10}{21}}$$

また

$$P(B\cap D)=\frac{5}{18}\cdot\frac{{}_3C_2}{{}_7C_2}=\frac{5}{18}\cdot\frac{3}{21}=\frac{5}{126}$$

⬅ Bが起こったとき偶数4枚，奇数3枚

$$P(C\cap D)=\frac{5}{9}\cdot\frac{{}_4C_2}{{}_7C_2}=\frac{5}{9}\cdot\frac{6}{21}=\frac{10}{63}$$

⬅ Cが起こったとき偶数3枚，奇数4枚

よって

$$\begin{aligned}P(D)&=P(A\cap D)+P(B\cap D)+P(C\cap D)\\&=\frac{5}{63}+\frac{5}{126}+\frac{10}{63}=\frac{35}{126}\end{aligned}$$

後に取り出した2枚のカードが2枚とも奇数であったとき，先に取り出した2枚のカードが2枚とも偶数である条件付き確率は

類題の答

$$P_D(A)=\frac{P(A\cap D)}{P(D)}=\frac{\frac{5}{63}}{\frac{35}{126}}=\mathbf{\frac{2}{7}}$$

類題 92

$\frac{\boxed{ア}}{\boxed{イウ}}$ $\frac{1}{36}$	$\frac{\boxed{エ}}{\boxed{オカ}}$ $\frac{1}{18}$	$\frac{\boxed{キ}}{\boxed{クケ}}$ $\frac{1}{18}$	$\frac{\boxed{コ}}{\boxed{サシ}}$ $\frac{7}{36}$

(1)　右図のように点 D，E をとると，

2 回の移動で P が B に移るのは

A → D → B

のときであるから，その確率は

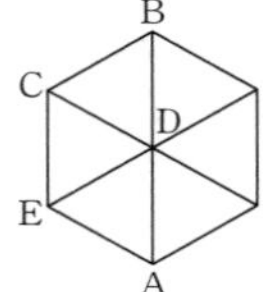

$$\frac{1}{6}\cdot\frac{1}{6}=\mathbf{\frac{1}{36}}$$

C に移るのは，A $\begin{matrix}\nearrow D \searrow \\ \searrow E \nearrow\end{matrix}$ C　のときであるから，その確率は

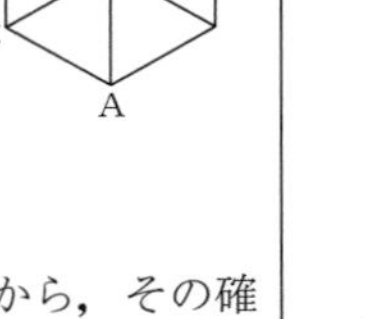

$$\left(\frac{1}{6}\cdot\frac{1}{6}\right)\cdot 2=\mathbf{\frac{1}{18}}$$

(2)　3 回の移動で A に戻るのは 1 回目の移動は 6 通り，2 回目の移動では各点で 2 通りずつあり，3 回目の移動では A に戻る 1 通りであるから，求める確率は

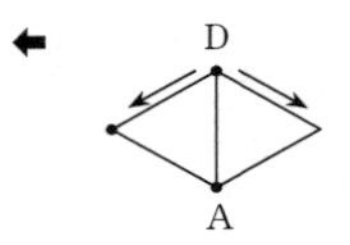

$$\frac{6}{6}\cdot\frac{2}{6}\cdot\frac{1}{6}=\mathbf{\frac{1}{18}}$$

(3)　3 回の移動で外周に移るのは，例えば 2 回の移動で B に移ったとするとそこから 3 通り，C に移ったとするとそこから 2 通り，B，C のような位置はそれぞれ 6 通りずつあるから，求める確率は

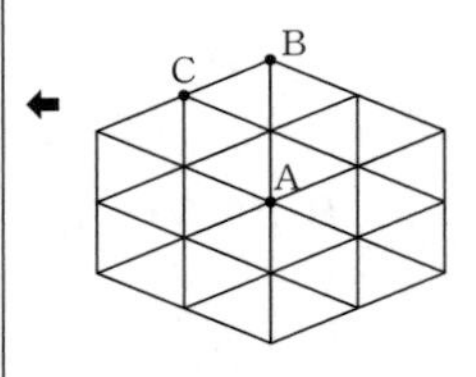

$$\left(\frac{1}{36}\cdot\frac{3}{6}+\frac{1}{18}\cdot\frac{2}{6}\right)\cdot 6=\mathbf{\frac{7}{36}}$$

類題 93

ア 2　イ 2　ウ 3

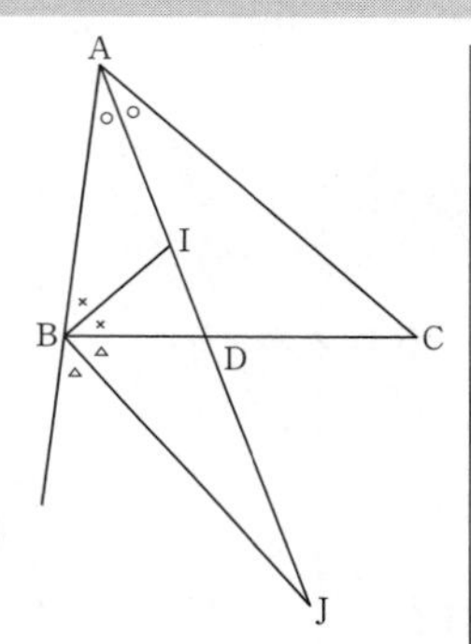

$\angle BAD = \angle CAD$ より

$BD : DC = AB : AC = 2 : 3$

$\therefore \quad BD = \dfrac{2}{5}BC = \mathbf{2}$

← 点 I は△ABC の内心。

$\angle ABI = \angle DBI$ より

$AI : ID = AB : BD = 2 : 1$

$\therefore \quad AI = \mathbf{2}ID$

また，線分 BJ は∠ABD の外角の二等分線になる。よって

← 点 J は△ABC の傍心。

$AJ : JD = AB : BD = 2 : 1$

$\therefore \quad AJ = 2JD$

$\therefore \quad AJ = 2AD = 2\left(\dfrac{3}{2}AI\right) = \mathbf{3}AI$

類題の答

類題 94

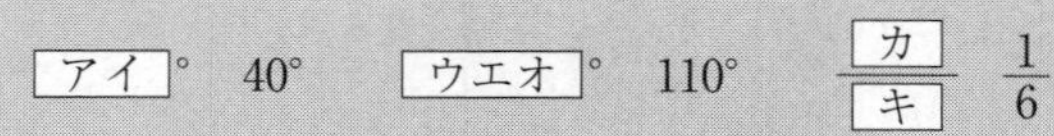
アイ° 40°　ウエオ° 110°　$\dfrac{\text{カ}}{\text{キ}}$ $\dfrac{1}{6}$

(1)　$\angle BAC = \dfrac{1}{2}\angle BOC = \mathbf{40^\circ}$

← 円周角は中心角の $\dfrac{1}{2}$

$\angle BIC = 90^\circ + \dfrac{1}{2}\angle BAC$

← $\angle IBC + \angle ICB = 70^\circ$

$= \mathbf{110^\circ}$

(2)　辺 BC の中点を N とすると，点 G は△BCM の重心であるから

$MG : GN = 2 : 1$

よって

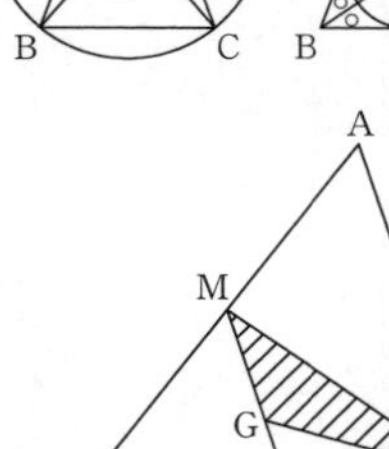

$\triangle CMG = \dfrac{2}{3}\triangle CMN$

$= \dfrac{2}{3}\left(\dfrac{1}{2}\triangle BCM\right)$

$= \dfrac{1}{3}\left(\dfrac{1}{2}\triangle ABC\right)$

← 線分 CM の中点を L として，BG : GL＝2 : 1 より

$\triangle CMG = \dfrac{1}{3}\triangle BCM$

$= \dfrac{1}{3}\left(\dfrac{1}{2}\triangle ABC\right)$

$= \dfrac{1}{6}\triangle ABC$

とすることもできる。

$$=\frac{1}{6}\triangle ABC$$

類題　95

$\dfrac{\boxed{ア}}{\boxed{イ}}$ $\dfrac{5}{2}$　$\dfrac{\boxed{ウ}}{\boxed{エ}}$ $\dfrac{4}{3}$

△ABE と直線 DF にメネラウスの定理を用いると

$$\frac{AD}{DB}\cdot\frac{BC}{CE}\cdot\frac{EF}{FA}=1$$

$$\therefore\quad \frac{AF}{FE}=\frac{AD}{DB}\cdot\frac{BC}{CE}$$

$$=\frac{1}{1}\cdot\frac{5}{2}=\frac{5}{2}$$

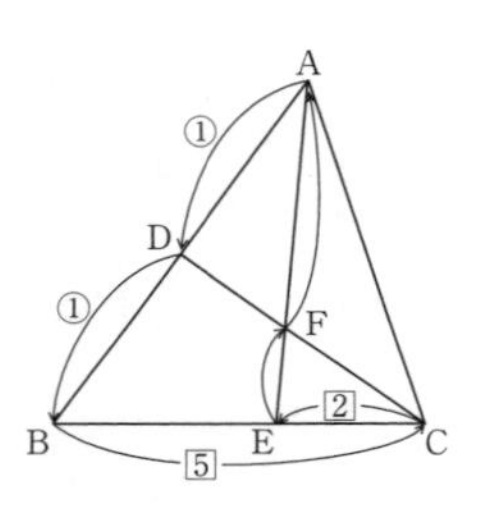

△CDB と直線 EF にメネラウスの定理を用いると

$$\frac{CF}{FD}\cdot\frac{DA}{AB}\cdot\frac{BE}{EC}=1$$

$$\therefore\quad \frac{CF}{FD}=\frac{AB}{DA}\cdot\frac{EC}{BE}$$

$$=\frac{2}{1}\cdot\frac{2}{3}=\frac{4}{3}$$

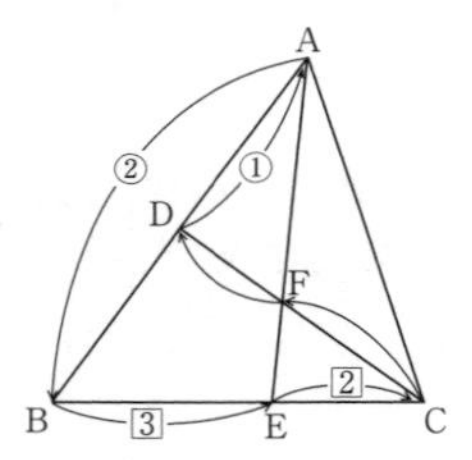

類題　96

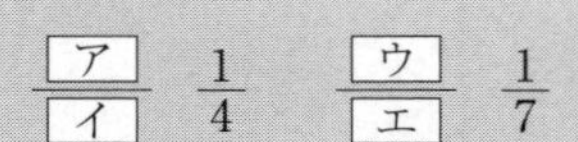

$\dfrac{\boxed{ア}}{\boxed{イ}}$ $\dfrac{1}{4}$　$\dfrac{\boxed{ウ}}{\boxed{エ}}$ $\dfrac{1}{7}$

チェバの定理により

$$\frac{AP}{PB}\cdot\frac{BD}{DC}\cdot\frac{CE}{EA}=1$$

$$\therefore\quad \frac{AP}{PB}=\frac{DC}{BD}\cdot\frac{EA}{CE}$$

$$=\frac{1}{2}\cdot\frac{1}{2}=\frac{1}{4}$$

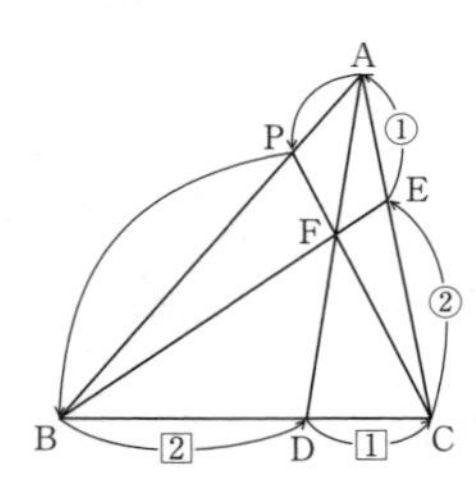

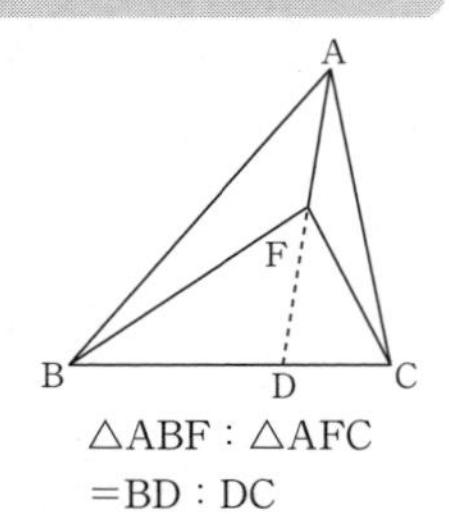

△ABF : △AFC
=BD : DC

$$\frac{\triangle \mathrm{ABF}}{\triangle \mathrm{ACF}}=\frac{\mathrm{BD}}{\mathrm{CD}}=\frac{2}{1},\quad \frac{\triangle \mathrm{ABF}}{\triangle \mathrm{BCF}}=\frac{\mathrm{AE}}{\mathrm{CE}}=\frac{1}{2}=\frac{2}{4}$$

よって

$$\frac{\triangle \mathrm{AFC}}{\triangle \mathrm{ABC}}=\frac{1}{1+2+4}=\mathbf{\frac{1}{7}}$$

(注)　△BCE と直線 DF にメネラウスの定理を用いると

$\dfrac{\mathrm{BD}}{\mathrm{DC}}\cdot\dfrac{\mathrm{CA}}{\mathrm{AE}}\cdot\dfrac{\mathrm{EF}}{\mathrm{FB}}=1$ から

$$\frac{\mathrm{EF}}{\mathrm{FB}}=\frac{1}{6}\qquad \therefore\ \frac{\triangle \mathrm{AFC}}{\triangle \mathrm{ABC}}=\frac{1}{7}$$

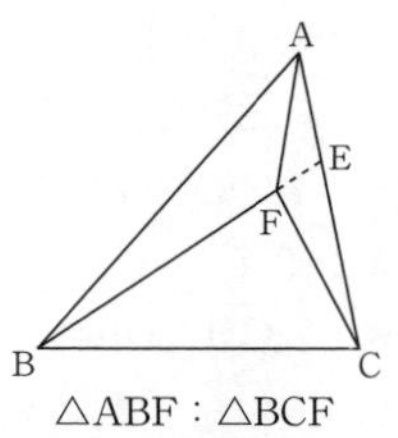

△ABF：△BCF
＝AE：EC

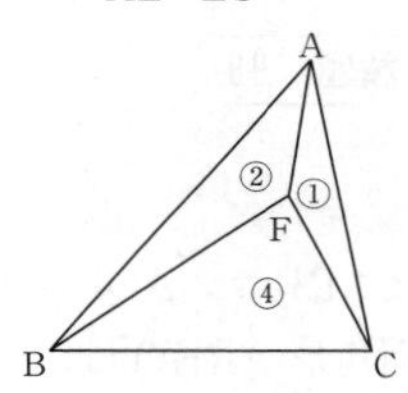

類題　97

アイ ° 34°　ウエ ° 95°　オカキ ° 112°　ク : ケ 6：7

$\overset{\frown}{\mathrm{AE}}:\overset{\frown}{\mathrm{AB}}:\overset{\frown}{\mathrm{BC}}=1:3:2$ より

$\angle \mathrm{ADE}:\angle \mathrm{ADB}:\angle \mathrm{BDC}=1:3:2$

← 円周角の大きさと弧の長さは比例する。

$\angle \mathrm{CDE}=102^\circ$ より

$$\angle \mathrm{ADE}=\frac{1}{6}\angle \mathrm{CDE}=17^\circ$$

$$\angle \mathrm{ADB}=\frac{3}{6}\angle \mathrm{CDE}=51^\circ$$

$$\angle \mathrm{BDC}=\frac{2}{6}\angle \mathrm{CDE}=34^\circ$$

$\overset{\frown}{\mathrm{BC}}$ の円周角を考えて

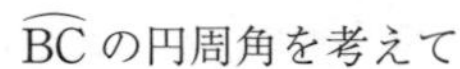

$$\angle \mathrm{BAC}=\angle \mathrm{BDC}=\mathbf{34^\circ}$$

四角形 ABCD に注目して

$$\angle \mathrm{ABC}=180^\circ-\angle \mathrm{ADC}=180^\circ-(51^\circ+34^\circ)$$
$$=\mathbf{95^\circ}$$

四角形 ABDE に注目して

$$\angle \mathrm{BAE}=180^\circ-\angle \mathrm{BDE}=180^\circ-(17^\circ+51^\circ)$$
$$=\mathbf{112^\circ}$$

$\angle \mathrm{BCD}=110^\circ$ とすると，△BCD に注目して

$$\angle \mathrm{CBD}=180^\circ-(\angle \mathrm{BCD}+\angle \mathrm{BDC})$$
$$=180^\circ-(110^\circ+34^\circ)=36^\circ$$

四角形ABCDに注目して

$\angle BAD = 180° - \angle BCD = 70°$

$\angle DAE = 112° - 70° = 42°$

よって

$\overset{\frown}{CD} : \overset{\frown}{DE} = \angle CBD : \angle DAE$

$= 36° : 42° = \mathbf{6 : 7}$

← $\angle CAD = \angle CBD = 36°$ から
$\angle DAE = 112° - (34° + 36°)$
$= 42°$
でもよい。

類題 98

ア	①	イ	⓪	ウ	④	エ	②

$\angle ARH = \angle AQH = 90°$ より

四角形ARHQは円に内接する。

よって

$\angle BHR = \angle BAC = 60°$（①）

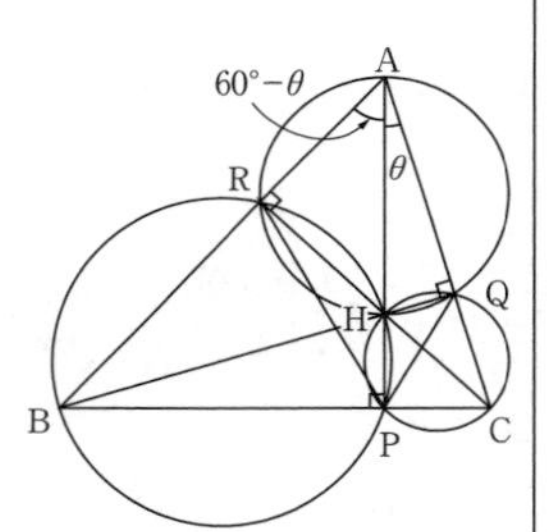

$\angle CPH = \angle CQH = 90°$ より

四角形CQHPは円に内接する。

よって

$\angle HPQ = \angle HCQ$

← $\overset{\frown}{HQ}$ の円周角。

△ARCに注目して　$\angle RAC = 60°$

$\angle ARC = 90°$ より　$\angle ACR = 30°$

よって

$\angle HPQ = 30°$（⓪）

また　$\angle HQP = \angle HCP$

← $\overset{\frown}{HP}$ の円周角。

$= \angle ACP - \angle HCQ$

$= (90° - \theta) - 30°$

$= 60° - \theta$（④）

← 四角形ARPCも円に内接するから
$\angle HCP = \angle RCP$
$= \angle RAP = 60° - \theta$

$\angle BPH = \angle BRH = 90°$ より，四角形BPHRは円に内接する。

よって

$\angle HRP = \angle HBP$

$= \angle CAP = \theta$（②）

類題　99

ア　6　イ　4　ウ　2　エr　$2r$　オ−カr　$8-2r$

$\dfrac{\text{キ}}{\text{ク}}$　$\dfrac{3}{2}$

(1)　内接円の中心をO，内接円と辺AB，ACとの接点をそれぞれQ，R，半径をrとすると

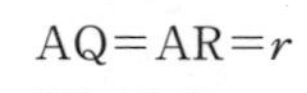

$AQ=AR=r$

$BP=BQ=6$

$CP=CR=4$

であるから

$AB=r+\mathbf{6}$，$AC=r+\mathbf{4}$

三平方の定理により

$(6+r)^2+(4+r)^2=10^2$

$r^2+10r-24=0$

$(r+12)(r-2)=0$

$r>0$ より　$r=\mathbf{2}$

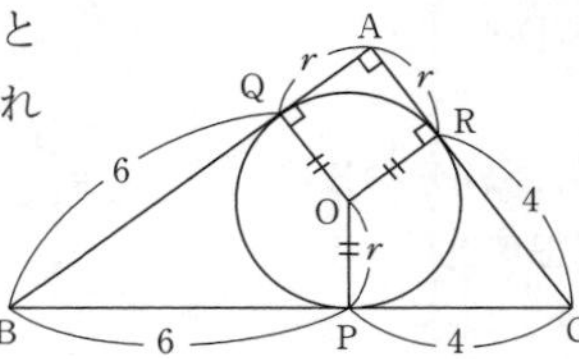

⬅ 四角形AQORは正方形。

⬅ $AQ=AR$，$BP=BQ$，$CP=CR$

(2)　内接円の中心をO，内接円と辺AB，BC，CD，DAとの接点をP，Q，R，S，半径をrとすると

$CD=SQ=\mathbf{2r}$

$SD=QC=OR=r$ より

$AP=AS=2-r$，$BP=BQ=6-r$

∴　$AB=(2-r)+(6-r)=\mathbf{8-2r}$

点Aから辺BCに垂線AHを引くと

$BH=6-2=4$，$AH=2r$

△ABHに三平方の定理を用いると

$4^2+(2r)^2=(8-2r)^2$

$16+4r^2=64-32r+4r^2$

∴　$r=\dfrac{\mathbf{3}}{\mathbf{2}}$

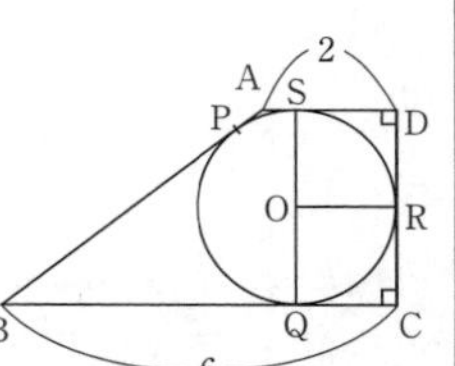

⬅ 四角形SORD，OQCRは正方形。

⬅ $AP=AS$，$BP=BQ$，$CQ=CR$，$DR=DS$

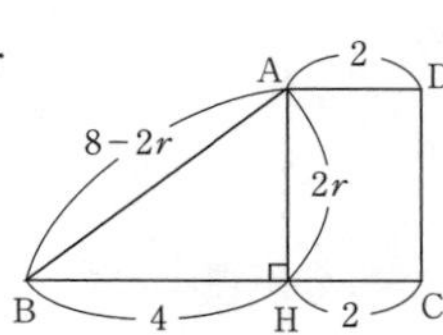

⬅ 四角形ABCDは円に外接するから

$AB+CD=AD+BC$

$AB=2+6-2r$

$\quad=8-2r$

類題 100

アイ°　24°　　$\frac{\text{ウ}\sqrt{\text{エオ}}}{\text{カ}}$　$\frac{7\sqrt{15}}{8}$

(1)　△ACD において

$\angle CAD=24^\circ$，$\angle ADC=90^\circ$

より　$\angle ACD=66^\circ$

$\angle ABC=\angle ACD$ であり，線分 AB は直径であるから　$\angle ACB=90^\circ$

← 接線と弦の作る角。

よって

$\angle BAC=90^\circ-66^\circ=\mathbf{24^\circ}$

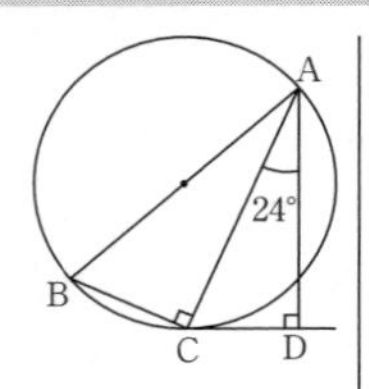

(2)　△ABC に三平方の定理を用いると

$BC=\sqrt{8^2-7^2}=\sqrt{15}$

△ABC ∽ △ACD より

$AB:BC=AC:CD$

$8:\sqrt{15}=7:CD$

$8CD=7\sqrt{15}$

$CD=\mathbf{\frac{7\sqrt{15}}{8}}$

類題 101

ア±√イ　$3\pm\sqrt{3}$　　ウエ＋√オカ　$-2+\sqrt{14}$

(1)　BE$=x$ とおくと，方べきの定理により

← EA·EC＝EB·ED

$2\cdot3=x(6-x)$

$x^2-6x+6=0$

$\therefore\quad x=\mathbf{3\pm\sqrt{3}}$

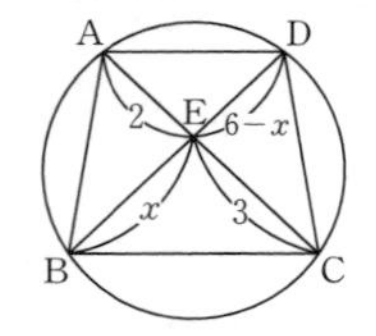

(2)　CE$=x$ とおくと，方べきの定理により

$x(x+4)=2\cdot5$

$x^2+4x-10=0$

$x>0$より

$x=\mathbf{-2+\sqrt{14}}$

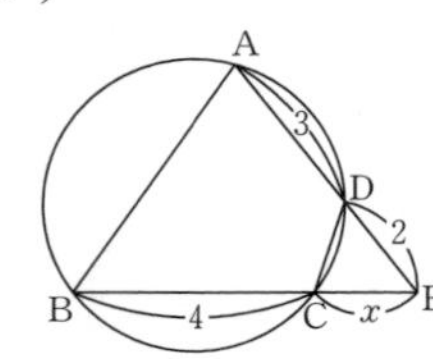

類題 102

ア　2　イ　2　$\dfrac{\text{ウ}\sqrt{\text{エ}}}{\text{オ}}$　$\dfrac{6\sqrt{5}}{5}$

方べきの定理により　$BC^2=4\cdot1=4$　∴　$BC=\mathbf{2}$

また　$AC:CD=BC:BD=\mathbf{2}:1$

さらに線分 AD が直径のとき，$\angle ACD=90°$

より $CD=x$ とおくと

$$x^2+(2x)^2=3^2 \quad ∴ \quad x=\frac{3}{\sqrt{5}}$$

$$∴ \quad AC=2\cdot\frac{3}{\sqrt{5}}=\mathbf{\frac{6\sqrt{5}}{5}}$$

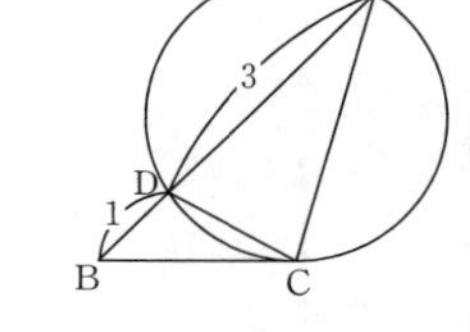

⬅ $BC^2=AB\cdot BD$

⬅ $\triangle ABC \backsim \triangle CBD$

⬅ $AC=2x$

類題 103

アイ°　30°　ウエ°　60°　オカ°　60°　$\sqrt{\text{キ}}$　$\sqrt{6}$

FH∥BD より直線 AB と直線 FH のなす角は，直線 AB と直線 BD のなす角に等しい。

$AD=1$，$AB=\sqrt{3}$，$\angle BAD=90°$ より

$\angle ABD=\mathbf{30°}$

直線 AC と直線 FH のなす角は，直線 AC と直線 BD のなす角に等しく，線分 AC と線分 BD の交点を I とすると，

$\angle IAD=\angle IDA=60°$ より，$\triangle IDA$ は正三角形。

よって　$\angle AID=\mathbf{60°}$

また，2 平面 AEHD と AEGC の交線は AE，$AE\perp AC$，$AE\perp AD$ より，2 平面 AEHD と AEGC のなす角は 2 直線 AD と AC のなす角に等しい。

よって　$\angle CAD=\mathbf{60°}$

2 平面 ACF と BFGC の交線は CF であり，線分 CF と線分 BG の交点を J とすると，$BJ\perp CF$，$AJ\perp CF$ より，2 平面 ACF と BFGC のなす角は 2 直線 AJ と BJ のなす角に等しい。

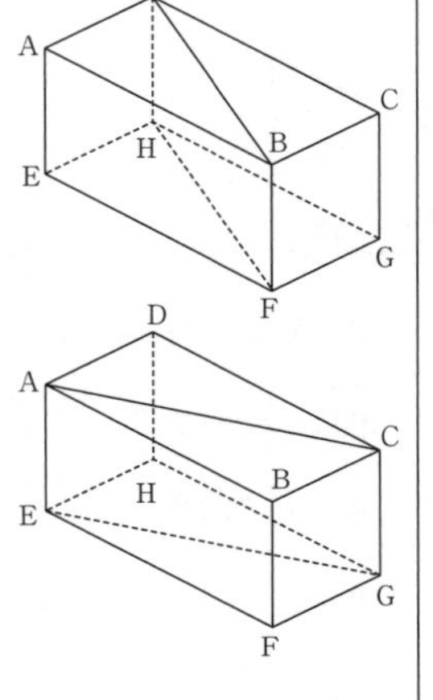

⬅
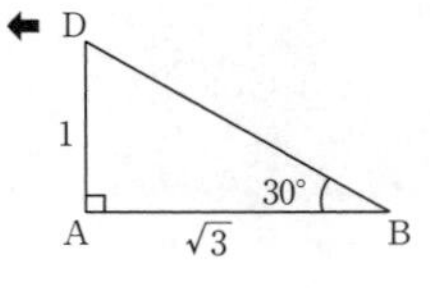

⬅
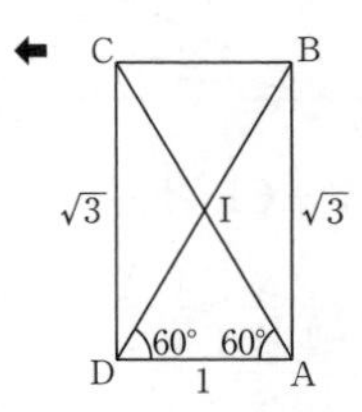

よって　$\tan\theta = \tan\angle \mathrm{AJB}$

$$= \frac{\mathrm{AB}}{\mathrm{BJ}} = \frac{\sqrt{3}}{\frac{\sqrt{2}}{2}} = \sqrt{6}$$

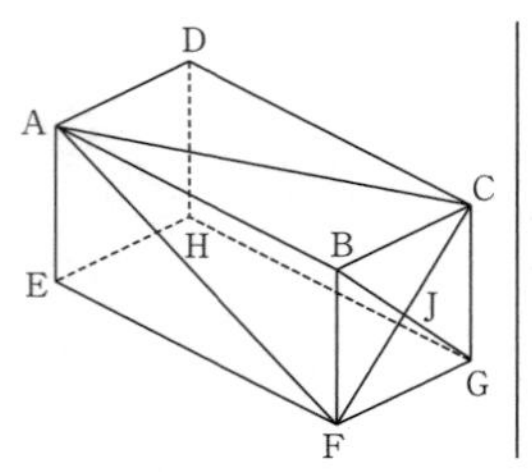

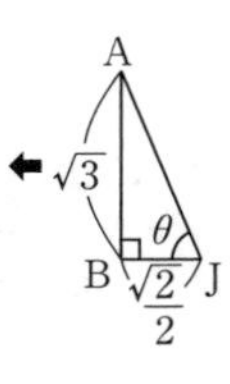

類題 104

正八面体の各面の重心を結ぶ立体は右図のようになり，正六面体(①)であり，頂点の数は **8**，辺の数は **12**，面の数は **6** である。

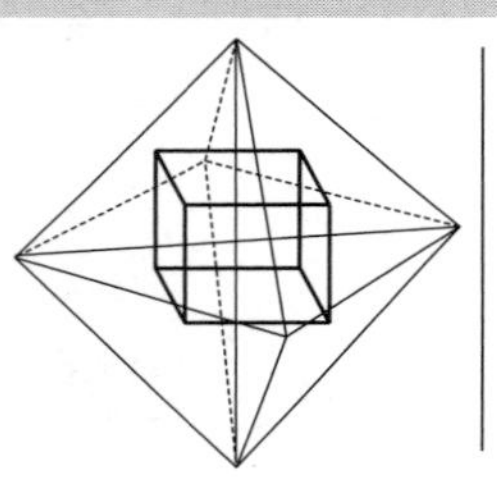

類題 105

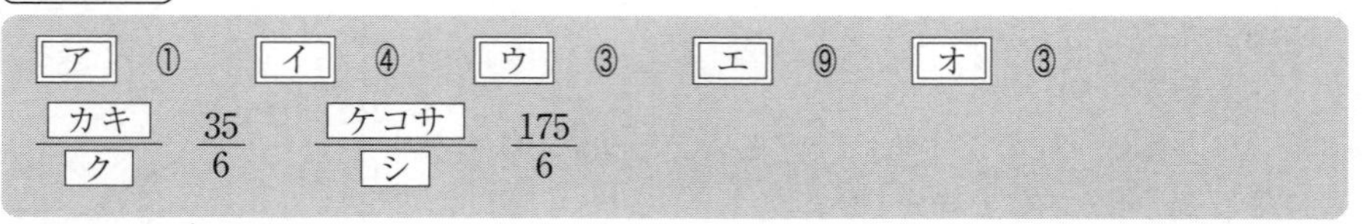

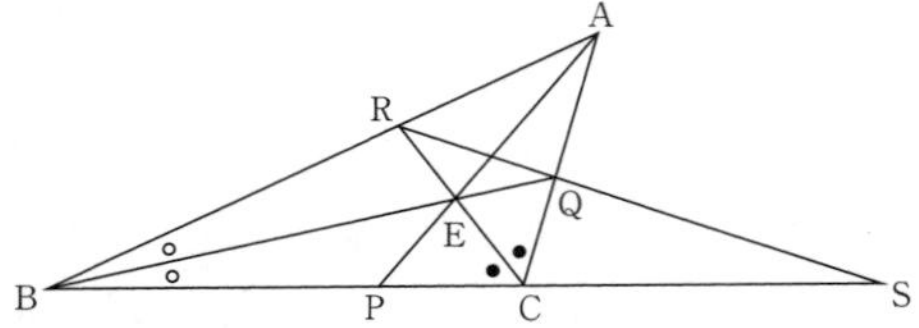

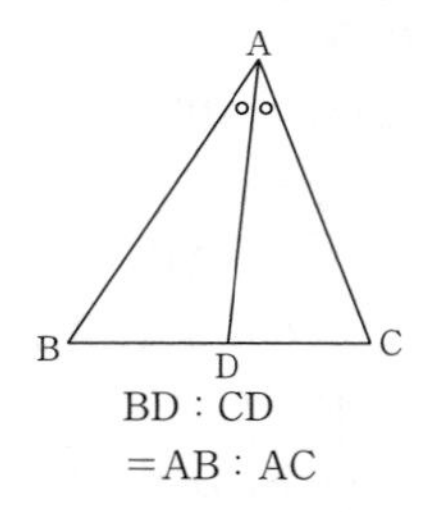

BD : CD
=AB : AC

(1)　線分 CR は∠ACB の二等分線であるから

$$\frac{\mathrm{AR}}{\mathrm{BR}} = \frac{\mathrm{CA}}{\mathrm{BC}} = \frac{b}{a} \quad (①) \qquad \cdots\cdots ①$$

線分 BQ は∠ABC の二等分線であるから

$$\frac{\mathrm{AQ}}{\mathrm{CQ}} = \frac{\mathrm{AB}}{\mathrm{BC}} = \frac{c}{a} \quad (④) \qquad \cdots\cdots ②$$

①，②とメネラウスの定理により

$$\frac{\mathrm{AR}}{\mathrm{RB}}\cdot\frac{\mathrm{BS}}{\mathrm{SC}}\cdot\frac{\mathrm{CQ}}{\mathrm{QA}}=1,\quad \frac{b}{a}\cdot\frac{\mathrm{BS}}{\mathrm{SC}}\cdot\frac{a}{c}=1$$

$$\therefore\quad \frac{\mathrm{BS}}{\mathrm{CS}}=\frac{c}{b}\quad (❸)\qquad \cdots\cdots ③$$

←△ABC と直線 RS に用いる。

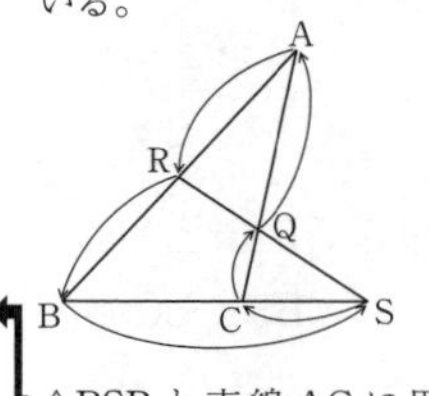

①，③とメネラウスの定理により

$$\frac{\mathrm{SQ}}{\mathrm{QR}}\cdot\frac{\mathrm{RA}}{\mathrm{AB}}\cdot\frac{\mathrm{BC}}{\mathrm{CS}}=1,\quad \frac{\mathrm{SQ}}{\mathrm{QR}}\cdot\frac{b}{a+b}\cdot\frac{c-b}{b}=1$$

$$\therefore\quad \frac{\mathrm{SQ}}{\mathrm{RQ}}=\frac{a+b}{c-b}\quad (❾)$$

△BSR と直線 AC に用いる。

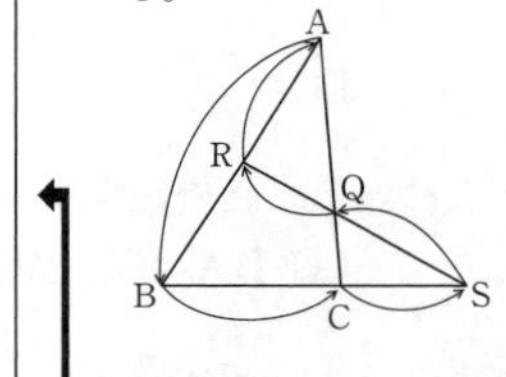

また，①，②とチェバの定理により

$$\frac{\mathrm{AR}}{\mathrm{RB}}\cdot\frac{\mathrm{BP}}{\mathrm{PC}}\cdot\frac{\mathrm{CQ}}{\mathrm{QA}}=1,\quad \frac{b}{a}\cdot\frac{\mathrm{BP}}{\mathrm{PC}}\cdot\frac{a}{c}=1$$

$$\therefore\quad \frac{\mathrm{BP}}{\mathrm{PC}}=\frac{c}{b}\quad (❸)$$

△ABCに用いる。

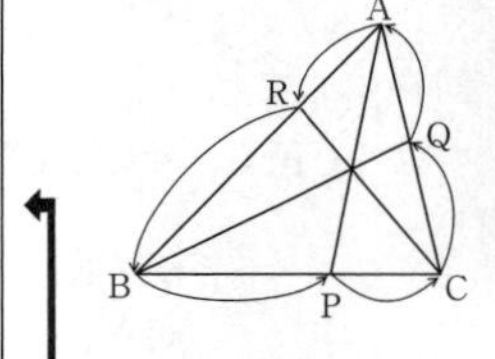

(注)　点 E は△ABC の内心であるから

∠BAP＝∠CAP

よって

$$\frac{\mathrm{BP}}{\mathrm{CP}}=\frac{\mathrm{AB}}{\mathrm{AC}}=\frac{c}{b}$$

角の二等分線の交点は内心。

(2)　(1)より

$$\frac{\mathrm{BP}}{\mathrm{CP}}=\frac{c}{b}=\frac{7}{5}$$

よって

$$\mathrm{BP}=\frac{7}{7+5}\cdot 10=\mathbf{\frac{35}{6}},\quad \mathrm{CP}=\frac{5}{7+5}\cdot 10=\frac{25}{6}$$

また，(1)より $\dfrac{\mathrm{BS}}{\mathrm{CS}}=\dfrac{c}{b}=\dfrac{7}{5}$ であるから

$$\mathrm{CS}=\frac{5}{7-5}\cdot 10=25$$

したがって

$$\mathrm{PS}=\mathrm{PC}+\mathrm{CS}=\frac{25}{6}+25=\mathbf{\frac{175}{6}}$$

類題 106

$\dfrac{\boxed{ア}}{\boxed{イ}}$ ⑤/⑦　$\dfrac{\boxed{ウ}}{\boxed{エ}}$ ③/⑦　$\dfrac{\boxed{オ}}{\boxed{カ}}$ ⓪/⑨

線分 AE は∠A の二等分線であるから

$$\mathrm{BE}:\mathrm{EC}=\mathrm{AB}:\mathrm{AC}=c:b$$

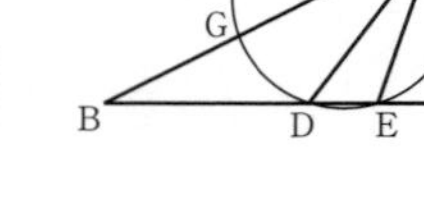

$$\mathrm{BE}=\frac{c}{b+c}\mathrm{BC}=\frac{ac}{b+c}\quad\left(\frac{⑤}{⑦}\right)$$

$$\mathrm{EC}=\frac{b}{b+c}\mathrm{BC}=\frac{ab}{b+c}\quad\left(\frac{③}{⑦}\right)$$

また，方べきの定理により

$$\mathrm{BG}\cdot\mathrm{BA}=\mathrm{BD}\cdot\mathrm{BE}$$

$$\mathrm{BG}=\frac{\mathrm{BD}\cdot\mathrm{BE}}{\mathrm{BA}}=\frac{\frac{a}{2}\cdot\frac{ac}{b+c}}{c}=\frac{a^2}{2(b+c)}\quad\left(\frac{⓪}{⑨}\right)$$

⬅ 点 D は辺 BC の中点。

同様にして

$$\mathrm{CF}\cdot\mathrm{CA}=\mathrm{CE}\cdot\mathrm{CD}$$

$$\mathrm{CF}=\frac{\mathrm{CE}\cdot\mathrm{CD}}{\mathrm{CA}}=\frac{\frac{ab}{b+c}\cdot\frac{a}{2}}{b}=\frac{a^2}{2(b+c)}$$

類題 107

$\boxed{ア}\sqrt{\boxed{イ}}$ $4\sqrt{2}$　$\boxed{ウ}\sqrt{\boxed{エ}}$ $3\sqrt{2}$　$\boxed{オ}$ 6　$\boxed{カ}\sqrt{\boxed{キ}}$ $3\sqrt{6}$

∠ADB＝90° であるから，△ABD で三平方の定理を用いると

⬅ AD⊥BC

$$\mathrm{AD}=\sqrt{6^2-2^2}=\mathbf{4\sqrt{2}}$$

線分 BI は∠ABC の二等分線であるから

$$\mathrm{AI}:\mathrm{ID}=\mathrm{AB}:\mathrm{BD}=3:1$$

$$\therefore\quad \mathrm{AI}=\frac{3}{4}\mathrm{AD}=\mathbf{3\sqrt{2}}$$

⬅ 点 G は傍心。

また，∠GAD＝90° であるから

⬅ ∠BAD＝∠CAD
∠CAG＝∠EAG
から∠GAD＝90°

AG // BC

よって，∠AGI＝∠CBI＝∠ABI となり

AG＝AB＝**6**

△IAG で三平方の定理を用いると

$$\mathrm{IG}=\sqrt{(3\sqrt{2})^2+6^2}=\mathbf{3\sqrt{6}}$$

類題 108

ア $\sqrt{\text{イ}}$	$6\sqrt{3}$	$\dfrac{\text{ウエ}\sqrt{\text{オ}}}{\text{カ}}$	$\dfrac{12\sqrt{3}}{5}$	$\dfrac{\text{キ}\sqrt{\text{ク}}}{\text{ケ}}$	$\dfrac{6\sqrt{3}}{5}$
コ	③				

$$\triangle ABC=\frac{1}{2}\cdot 6\cdot 4\cdot \sin 60^\circ=\mathbf{6\sqrt{3}}$$

AD$=x$ とおくと

$$\triangle ABD+\triangle ADC=\triangle ABC$$

← §4 ■48
面積の利用参照。

より

$$\frac{1}{2}\cdot 6\cdot x\cdot \sin 30^\circ+\frac{1}{2}\cdot 4\cdot x\cdot \sin 30^\circ=6\sqrt{3}$$

$$\frac{5}{2}x=6\sqrt{3}$$

$$\therefore\quad x=\mathbf{\frac{12\sqrt{3}}{5}}$$

円Dと辺ABとの接点をEとすると，△AEDにおいて，

AD$=\dfrac{12}{5}\sqrt{3}$，∠DAE$=30^\circ$，∠AED$=90^\circ$ より

$$DE=\frac{1}{2}AD=\frac{6\sqrt{3}}{5}$$

← DE＝AD sin 30°

よって，円Dの半径は　$\mathbf{\dfrac{6\sqrt{3}}{5}}$

円Pと辺ABとの接点をFとすると，△AFPにおいて，

PF$=\dfrac{\sqrt{3}}{3}$，∠PAF$=30^\circ$，∠AFP$=90^\circ$ より

$$AP=2PF=\frac{2\sqrt{3}}{3}$$

よって

$$DP=AD-AP=\frac{26\sqrt{3}}{15}$$

円Dと円Pの半径の和とDPの大小関係は

$$\frac{6}{5}\sqrt{3}+\frac{\sqrt{3}}{3}=\frac{23\sqrt{3}}{15}<\frac{26\sqrt{3}}{15}$$

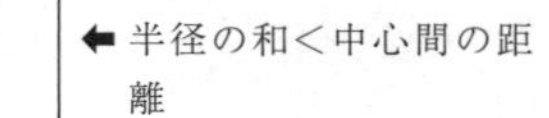
← 半径の和＜中心間の距離

であるから，円Dと円Pは共有点を持たない(**③**)。

類題の答

類題 109

ア $\sqrt{\text{イ}}$ $4\sqrt{6}$　ウ $\sqrt{\text{エ}}$ $2\sqrt{6}$　オ $\sqrt{\text{カキ}}$ $2\sqrt{15}$　ク 6
ケ $\sqrt{\text{コサ}}$ $3\sqrt{15}$

(1) AB＝10 より

$$\mathrm{DE}=\sqrt{10^2-(6-4)^2}=\mathbf{4\sqrt{6}}$$

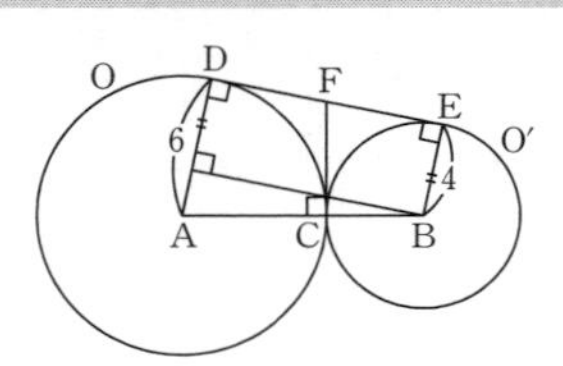

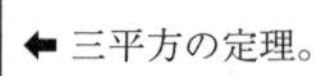
⬅ 三平方の定理。

CF＝DF，CF＝EF より

$$\mathrm{DF}=\frac{1}{2}\mathrm{DE}=\mathbf{2\sqrt{6}}$$

また，△ACF で

$$\mathrm{AF}=\sqrt{6^2+(2\sqrt{6})^2}=\mathbf{2\sqrt{15}}$$

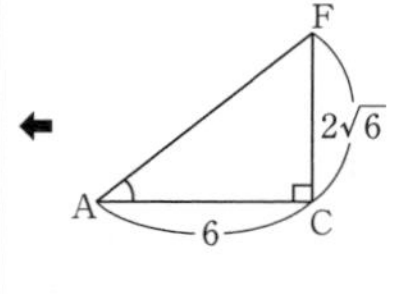

(2) △ACD ∽ △BCF より

$$6:9=4:\mathrm{CF}$$

$$\therefore\quad \mathrm{CF}=\mathbf{6}$$

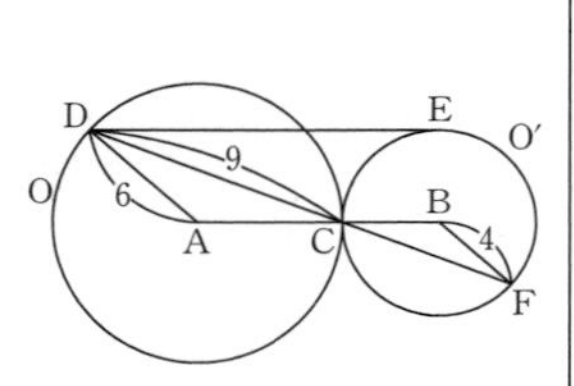

方べきの定理により

$$\mathrm{DE}^2=\mathrm{DC}\cdot\mathrm{DF}=9\cdot15=135$$

$$\therefore\quad \mathrm{DE}=\mathbf{3\sqrt{15}}$$

類題 110

アイ° 60°　ウエ° 45°　$\dfrac{\text{オ}}{\text{カ}}$ $\dfrac{1}{3}$　$\dfrac{\text{キ}\sqrt{\text{ク}}}{\text{ケ}}$ $\dfrac{2\sqrt{3}}{3}$

DE∥CF より，2 直線 AC，DE のなす角は 2 直線 AC，CF のなす角に等しい。△ACF は正三角形であるから

$$\angle\mathrm{ACF}=\mathbf{60^\circ}$$

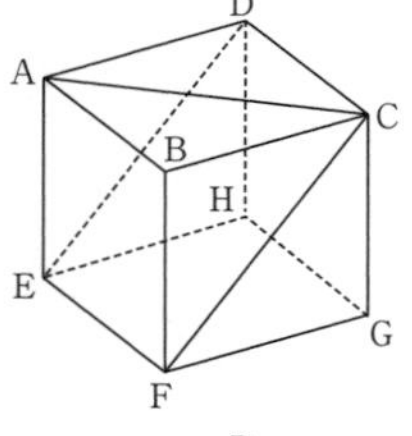

⬅ ねじれの位置にある 2 直線のなす角は，一方に平行な直線を見つけて，交わる 2 直線で考える。

平面 ABC(ABCD)，DFC(DEFC)のなす角は ∠BCF に等しく　**45°**

⬅ 平面 ABCD と DEFC の交線は CD
BC⊥CD，CF⊥CD より
∠BCF が 2 平面のなす角。

立方体の 1 辺の長さが 1 であるから，四面体 BDEG は 1 辺の長さが $\sqrt{2}$ の正三角形 4 面からなる正四面体である。その体積は，立方体から 4 つの三角錐を除くことで求めると

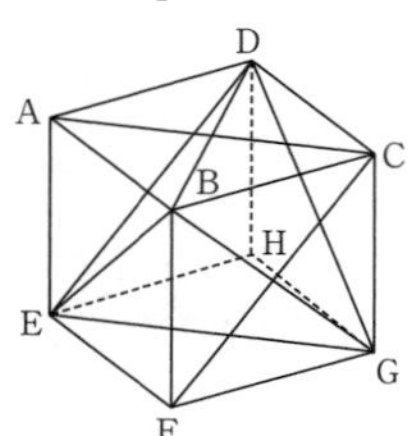

$$1^3-4\cdot\frac{1}{3}\left(\frac{1}{2}\cdot1^2\right)\cdot1=\frac{\mathbf{1}}{\mathbf{3}}$$

$\triangle$EDG の面積は

$$\frac{1}{2}\cdot(\sqrt{2})^2\cdot\sin 60^\circ=\frac{\sqrt{3}}{2}$$

であるから，点 B から平面 EDG に下ろした垂線の長さを h とすると，四面体 BDEG の体積を考えて

$$\frac{1}{3}\cdot h\cdot\frac{\sqrt{3}}{2}=\frac{1}{3} \qquad \therefore \quad h=\frac{2}{\sqrt{3}}=\boldsymbol{\frac{2\sqrt{3}}{3}}$$

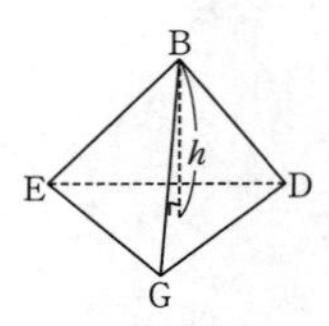

総合演習問題の答

■ 1

ア　0	イ　①	ウ　⓪	エ　⓪	オ　①	カ　0
キ　1	ク　1	ケ$+\dfrac{\sqrt{6}}{\text{コ}}$　$1+\dfrac{\sqrt{6}}{3}$	サ$+$シ$\sqrt{6}$　$5+2\sqrt{6}$		
$-$ス$-\dfrac{\text{セ}\sqrt{6}}{\text{ソ}}$　$-4-\dfrac{5\sqrt{6}}{3}$	タ$+\dfrac{\text{チ}\sqrt{6}}{\text{ツ}}$　$6+\dfrac{7\sqrt{6}}{3}$	テ　4			
トナ　20					

$|ax-1|\geqq 0$ であるから，①を満たす実数 x が存在するための b の条件は

$$b>0$$

①より

$$-b<ax-1<b$$
$$1-b<ax<1+b$$

$a>0$ のとき

$$\frac{1}{a}-\frac{b}{a}<x<\frac{1}{a}+\frac{b}{a}\quad(①,\ ⓪)\quad\cdots\cdots②$$

⬅ 正の数で割っても不等号の向きは変わらない。

$a<0$ のとき

$$\frac{1}{a}+\frac{b}{a}<x<\frac{1}{a}-\frac{b}{a}\quad(⓪,\ ①)$$

⬅ 負の数で割ると不等号の向きが変わる。

(1)　$a>2$ のとき $0<\dfrac{1}{a}<\dfrac{1}{2}$ であるから，$\dfrac{1}{a}-\dfrac{b}{a}<x<\dfrac{1}{a}+\dfrac{b}{a}$ に含まれる整数がちょうど1個であるとき，それは **0** であり，0が含まれ，1が含まれないことから

⬅ 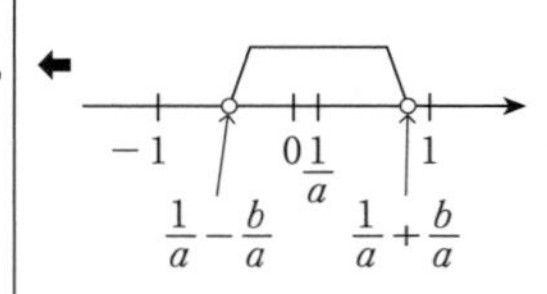

$$\frac{1}{a}-\frac{b}{a}<0,\ \frac{1}{a}+\frac{b}{a}\leqq 1$$

より

$$1-b<0,\ 1+b\leqq a$$

よって，a，b の条件は

$$\boldsymbol{b>1}\quad かつ\quad \boldsymbol{a-b\geqq 1}$$

(2)

$$\frac{1}{a}=\frac{1}{3-\sqrt{6}}=\frac{3+\sqrt{6}}{3}=\mathbf{1}+\frac{\sqrt{6}}{\mathbf{3}}$$

$$\frac{b}{a}=\frac{3+\sqrt{6}}{3-\sqrt{6}}=\frac{(3+\sqrt{6})^2}{3}=\frac{15+6\sqrt{6}}{3}=\mathbf{5}+\mathbf{2}\sqrt{6}$$

$a=3-\sqrt{6}>0$ であるから，②より

$$\frac{1}{a}-\frac{b}{a}<x<\frac{1}{a}+\frac{b}{a}$$

$$\therefore\quad -4-\frac{5\sqrt{6}}{3}<x<6+\frac{7\sqrt{6}}{3} \qquad \cdots\cdots③$$

また，$\dfrac{5\sqrt{6}}{3}=\sqrt{\dfrac{50}{3}}$，$\dfrac{7\sqrt{6}}{3}=\sqrt{\dfrac{98}{3}}$ から

$$4<\frac{5\sqrt{6}}{3}<5,\ 5<\frac{7\sqrt{6}}{3}<6 \quad (m=4)$$

$$\therefore\quad -9<-4-\frac{5\sqrt{6}}{3}<-8,\ 11<6+\frac{7\sqrt{6}}{3}<12$$

よって，③を満たす整数 x の個数は　**20**

← $\dfrac{50}{3}=16.6\cdots$

$\dfrac{98}{3}=32.6\cdots$

← $-8\leqq x\leqq 11$

■ 2

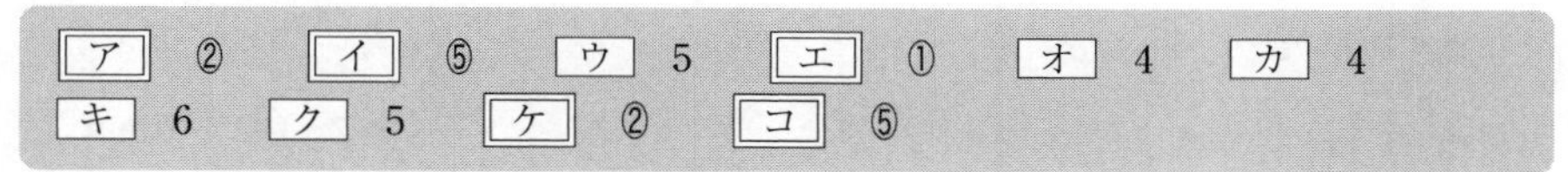

(1)「$p \Longrightarrow q$」の逆は「$q \Longrightarrow p$」であるから，
逆は　**②**
「$p \Longrightarrow q$」の対偶は「$\overline{q} \Longrightarrow \overline{p}$」であるから，
対偶は　**⑤**

← $\overline{p}$, $\overline{q}$ は p, q の否定。「かつ」の否定は「または」。

(2)
$$n^2-n-12\leqq 0 \iff (n+3)(n-4)\leqq 0$$
$$\iff -3\leqq n\leqq 4$$

n は整数であるから

$$-3\leqq n\leqq 4 \iff -4<n<5$$

よって，$c=\mathbf{5}$ のとき，p と q は同値。
$c>5$ のとき「$p \Longrightarrow q$」は真であり，「$q \Longrightarrow p$」は $n=5$ が反例であり，偽である。したがって，p は q であるための十分条件であるが，必要条件ではない。(**①**)

← p を満たす整数 n は -3, -2, -1, 0, 1, 2, 3, 4

(3)「$p \Longrightarrow q$」の反例となる整数 n が一つだけになるのは
$c=\mathbf{4}$ のときであり，反例は $n=\mathbf{4}$
「$q \Longrightarrow p$」の反例となる整数 n が一つだけになるのは
$c=\mathbf{6}$ のときであり，反例は $n=\mathbf{5}$

← p を満たすが q は満たさない。

(4)　$A=\{-3,\ -2,\ -1,\ 0,\ 1,\ 2,\ 3,\ 4\}$

$B=\{-3,\ -2,\ -1,\ 0,\ 1,\ 2,\ 3,\ 4,\ 5,\ 6,\ 7,\ 8,\ 9\}$

であり　$A\subset B$

したがって，空集合となるのは

$A\cap\overline{B}$　(❷)

全体集合となるのは

$\overline{A}\cup B$　(❺)

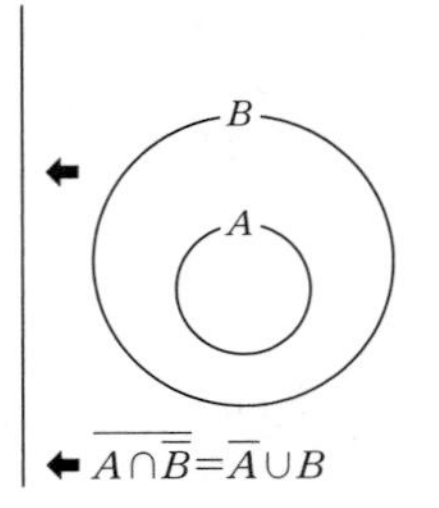

■ 3

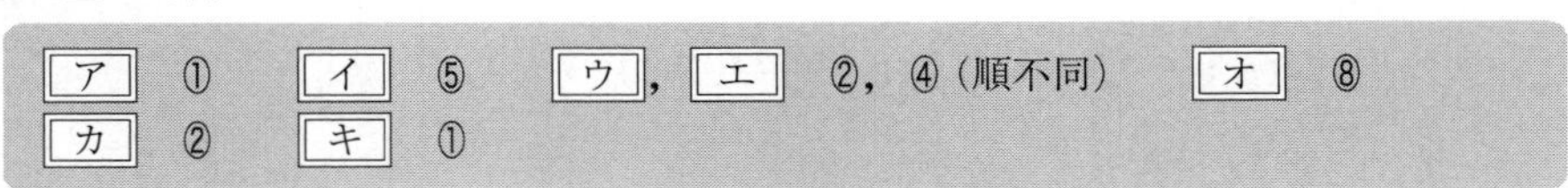

(1)　$y=\left(x+\dfrac{a}{2}\right)^2+b-\dfrac{a^2}{4}$

頂点の座標は　$\left(-\dfrac{a}{2},\ b-\dfrac{a^2}{4}\right)$

また，y 軸との交点は　$(0,\ b)$

頂点が第 1 象限にあるとき

$-\dfrac{a}{2}>0$　かつ　$b-\dfrac{a^2}{4}>0$

より

$a<0,\ b>\dfrac{a^2}{4}$

よって　$a<0,\ b>0$　(❶)

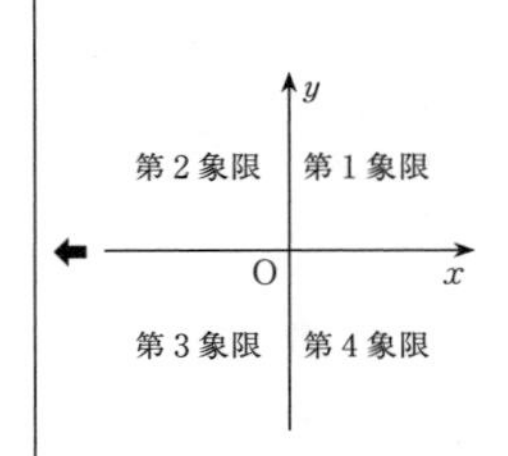

頂点が第 4 象限にあるとき

$-\dfrac{a}{2}>0$　かつ　$b-\dfrac{a^2}{4}<0$

より

$a<0$　かつ　$b<\dfrac{a^2}{4}$

y 軸との交点の y 座標は正，0，負のいずれの場合もあるから　❺

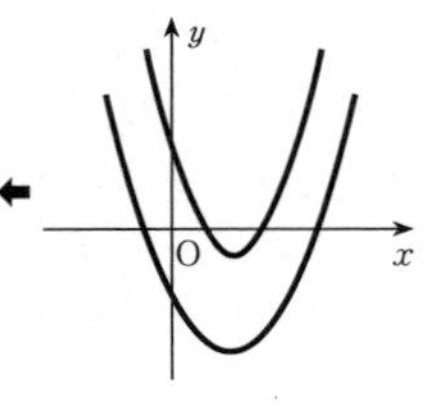

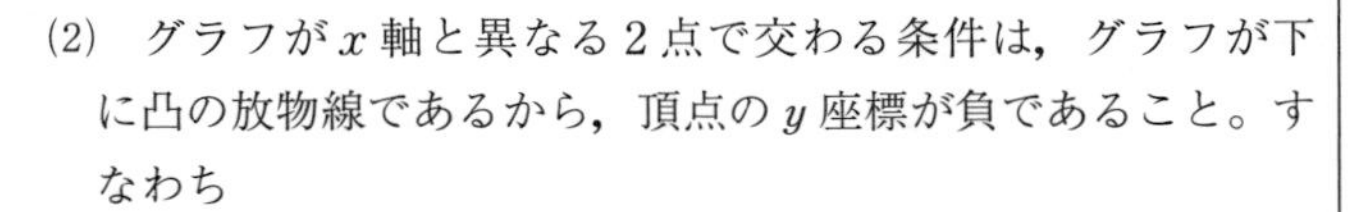

(2)　グラフが x 軸と異なる 2 点で交わる条件は，グラフが下に凸の放物線であるから，頂点の y 座標が負であること。すなわち

$$b-\frac{a^2}{4}<0 \qquad \therefore\ a^2>4b$$

これを満たすのは

$a=3,\ b=2$ と $a=-2,\ b=-1$ （②，④）

(3)(i)　頂点の位置に注目して

$$-\frac{a}{2}\geqq 0 \quad \text{かつ} \quad b-\frac{a^2}{4}<0$$

よって

$$a\leqq 0 \quad \text{かつ} \quad b<\frac{a^2}{4}$$

であるから，操作はＱまたはＳである。（⑧）

(ii)　x 軸との交点が $x<0$，$x>0$ の各々に１点ずつであるから，操作はＱだけである。（②）

(iii)　頂点が $y>0$ の部分にあるときであるから，操作はＰだけである。（①）

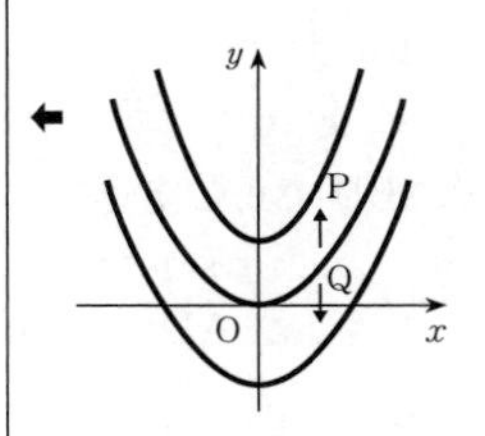

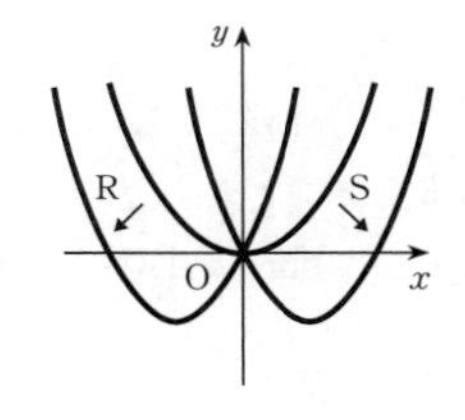

■ 4

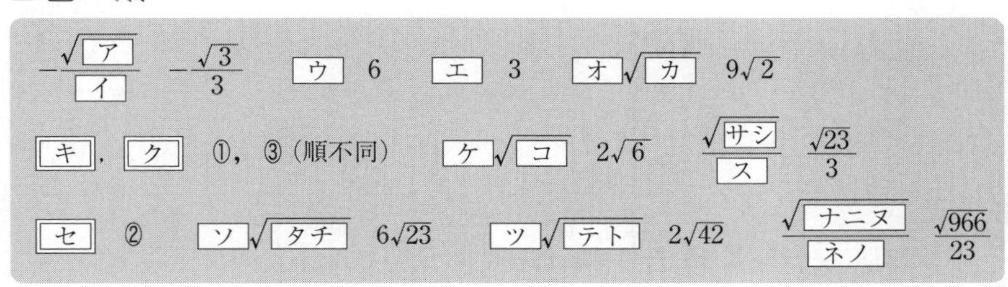

$-\dfrac{\sqrt{\boxed{ア}}}{\boxed{イ}}$　$-\dfrac{\sqrt{3}}{3}$　　$\boxed{ウ}$　6　　$\boxed{エ}$　3　　$\boxed{オ}\sqrt{\boxed{カ}}$　$9\sqrt{2}$

$\boxed{キ}$，$\boxed{ク}$　①，③（順不同）　　$\boxed{ケ}\sqrt{\boxed{コ}}$　$2\sqrt{6}$　　$\dfrac{\sqrt{\boxed{サシ}}}{\boxed{ス}}$　$\dfrac{\sqrt{23}}{3}$

$\boxed{セ}$　②　　$\boxed{ソ}\sqrt{\boxed{タチ}}$　$6\sqrt{23}$　　$\boxed{ツ}\sqrt{\boxed{テト}}$　$2\sqrt{42}$　　$\dfrac{\sqrt{\boxed{ナニヌ}}}{\boxed{ネノ}}$　$\dfrac{\sqrt{966}}{23}$

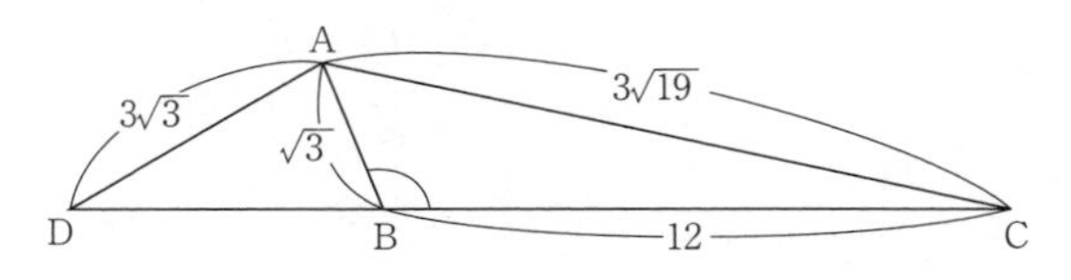

△ABC で余弦定理を用いると

$$\cos\angle ABC=\frac{(\sqrt{3}\,)^2+12^2-(3\sqrt{19}\,)^2}{2\cdot\sqrt{3}\cdot 12}=-\frac{\sqrt{3}}{3}$$

$$\cos\angle ABD=\cos(180^\circ-\angle ABC)$$

$$=-\cos\angle ABC=\frac{\sqrt{3}}{3}$$

BD$=x$ とおいて，△ABD で余弦定理を用いると

$(3\sqrt{3})^2=x^2+(\sqrt{3})^2-2x\cdot\sqrt{3}\cdot\cos\angle ABD$

$x^2-2x-24=0$

$(x+4)(x-6)=0$

$x>0$より

$x=6$　　$\therefore$　BD$=\mathbf{6}$

△ABDで正弦定理を用いると

$$\frac{\sqrt{3}}{\sin\angle ADB}=\frac{3\sqrt{3}}{\sin\angle ABD}$$

$$\sin\angle ADB=\frac{1}{3}\sin\angle ABD$$

よって

$\sin\angle ABC:\sin\angle ADC=\mathbf{3}:1$

← $\sin\angle ADB=\sin\angle ADC$
$\sin\angle ABD$
$=\sin(180°-\angle ABC)$
$=\sin\angle ABC$

また

$$\sin\angle ABC=\sqrt{1-\cos^2\angle ABC}$$
$$=\sqrt{1-\left(-\frac{\sqrt{3}}{3}\right)^2}=\frac{\sqrt{6}}{3}$$

であるから

$$\sin\angle ADC=\frac{1}{3}\sin\angle ABC$$
$$=\frac{1}{3}\cdot\frac{\sqrt{6}}{3}=\frac{\sqrt{6}}{9}$$

よって

$$\triangle ADC=\frac{1}{2}\cdot 3\sqrt{3}\cdot 18\cdot\frac{\sqrt{6}}{9}=\mathbf{9\sqrt{2}}$$

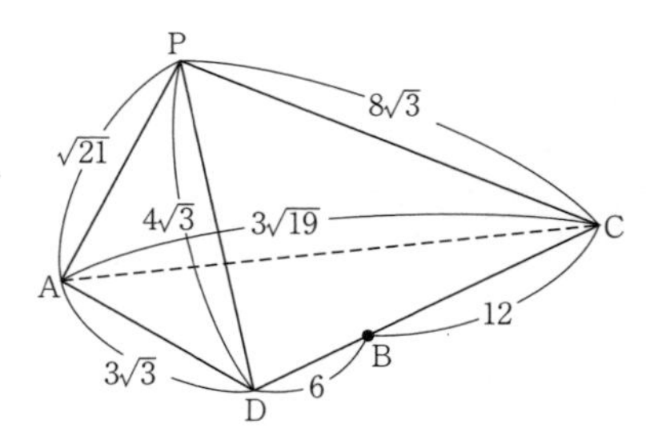

△PADにおいて

$PA^2+AD^2=PD^2$

← $PA^2+AD^2=48=PD^2$

が成り立つので　$\angle PAD=90°$

△PACにおいて

$PA^2+AC^2=PC^2$

← $PA^2+AC^2=192=PC^2$

が成り立つので　$\angle PAC=90°$

よって，直角三角形は $\triangle PAD$（①）と $\triangle PAC$（③）である。

このとき，$PA\perp$(平面 ACD)であるから $PA\perp AB$ であり

$$PB=\sqrt{PA^2+AB^2}=\sqrt{(\sqrt{21})^2+(\sqrt{3})^2}=\mathbf{2\sqrt{6}}$$

$\triangle PBC$ で余弦定理を用いると

$$\cos\angle BPC=\frac{(2\sqrt{6})^2+(8\sqrt{3})^2-12^2}{2\cdot 2\sqrt{6}\cdot 8\sqrt{3}}=\frac{3}{4\sqrt{2}}$$

よって

$$\tan^2\angle BPC=\frac{1}{\cos^2\angle BPC}-1$$

$$=\left(\frac{4\sqrt{2}}{3}\right)^2-1=\frac{23}{9}$$

$$\tan\angle BPC=\frac{\sqrt{23}}{3}$$

$1<\frac{\sqrt{23}}{3}<\sqrt{3}$ より

$$\tan 45°<\tan\angle BPC<\tan 60°$$

であるから

$$45°<\angle BPC\leqq 60° \quad (②)$$

次に

$$\sin\angle BPC=\cos\angle BPC\cdot\tan\angle BPC$$

$$=\frac{3}{4\sqrt{2}}\cdot\frac{\sqrt{23}}{3}=\frac{\sqrt{23}}{4\sqrt{2}}$$

$$\triangle PBC=\frac{1}{2}\cdot PB\cdot PC\cdot\sin\angle BPC$$

$$=\frac{1}{2}\cdot 2\sqrt{6}\cdot 8\sqrt{3}\cdot\frac{\sqrt{23}}{4\sqrt{2}}=\mathbf{6\sqrt{23}}$$

また

$$\triangle ABC=\frac{12}{18}\triangle ADC$$

$$=\frac{2}{3}\cdot 9\sqrt{2}=6\sqrt{2}$$

であるから，四面体 PABC の体積 V は

$$V=\frac{1}{3}\cdot\triangle ABC\cdot PA$$

$$=\frac{1}{3}\cdot 6\sqrt{2}\cdot\sqrt{21}=\mathbf{2\sqrt{42}}$$

⬅ $\triangle ADC$ において
$AD^2+AC^2<CD^2$
$\triangle PDC$ において
$PD^2+PC^2<CD^2$

⬅ $\cos\angle BPC>0$ より
$\angle BPC<90°$

四面体PABCの体積 V は

$$V=\frac{1}{3}\cdot\triangle\mathrm{PBC}\cdot\mathrm{AH}$$

と表されるので

$$\mathrm{AH}=\frac{3V}{\triangle\mathrm{PBC}}=\frac{3\cdot2\sqrt{42}}{6\sqrt{23}}=\frac{\sqrt{966}}{23}$$

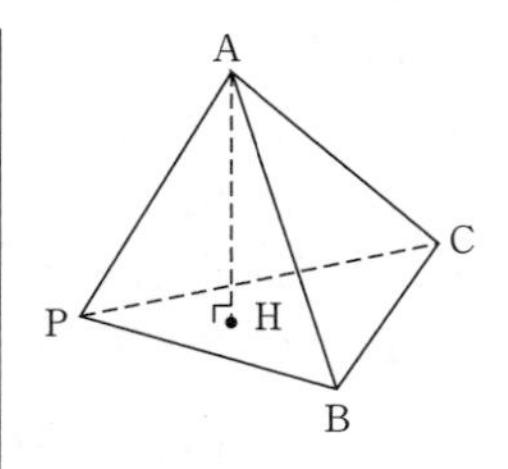

■ 5

(1)　30人の得点を小さいものから順に並べると，中央値は，15番目の得点(66点)と16番目の得点(68点)の平均値であるから

$$\frac{66+68}{2}=\mathbf{67}$$

←度数分布表から，60点以上70点未満の階級の小さい方から5番目と6番目が，それぞれ，全体の15番目と16番目の得点になる。

(2)(i)　各組における最小値を m，第1四分位数を Q_1，中央値(第2四分位数)を Q_2，第3四分位数を Q_3，最大値を M とおく。

30人のテストの得点を小さいものから順に

$$x_1,\ x_2,\ x_3,\ \cdots\cdots,\ x_{30}$$

とすると

← $x_1\leqq x_2\leqq x_3\leqq\cdots\cdots\leqq x_{30}$

$$m=x_1,\ Q_1=x_8,\ Q_2=\frac{x_{15}+x_{16}}{2},\ Q_3=x_{23},\ M=x_{30}$$

- 最大値 M が最も大きいのはB組であるから，⓪は正しい。
- 四分位範囲(Q_3-Q_1)が最も大きいのはC組であるから，①は正しくない。
- 範囲$(M-m)$が最も大きいのはA組であるから，②は正しい。
- 第1四分位数と中央値の差(Q_2-Q_1)が最も小さいのはB組であるから，③は正しい。
- A組において，$Q_1=60$ であるから $x_7\leqq60$ であり，60点未満の人数は7人以下である。また，$Q_3=80$ であるから $x_{22}\leqq80\leqq x_{24}$ であり，80点以上の人数は8人以上である。よって，④は正しくない。

・A組において，$Q_2>70$ であるから $70<x_{16}$ であり，70点以下の人数は15人以下である。また，C組において，$Q_2=70$ であるから $x_{15}\leqq70\leqq x_{16}$ であり，70点以下の人数は15人以上である。よって，⑤は正しい。

以上より，正しくないものは　①，④

(ii)　4つのヒストグラムから，累積度数分布表を作成すると，次のようになる。

階級(点)	⓪	①	②	③
30未満	0	0	0	0
40未満	0	0	0	0
50未満	1	3	3	2
60未満	7	8	7	6
70未満	15	14	14	12
80未満	24	22	22	23
90未満	29	28	28	28
100未満	30	30	30	30

C組の箱ひげ図から

最小値 m は，40点以上50点未満の階級
第1四分位数 Q_1 は，60点以上70点未満の階級
中央値 Q_2 は，70点
第3四分位数 Q_3 は，80点以上90点未満の階級
最大値 M は，90点以上100点未満の階級

にあるので

①は Q_1 の階級が異なっている
⓪，③は Q_3 の階級が異なっている
②はC組の箱ひげ図と矛盾しない

よって，C組の箱ひげ図と対応するヒストグラムは　②

(3)(i)　生徒の得点から(X，Y)＝(68，40)，(56，63)などに注目して，最も適当な散布図は　③

(ii)　データの分散は，偏差の2乗の平均値であるから，換算後の分散は，もとの値の $\frac{1}{4}$ になる。

データの標準偏差は，分散の正の平方根であるから，換算後の標準偏差は，もとの値の $\frac{1}{2}$ になる。

また，XとYの共分散は，Xの偏差とYの偏差の積の平均値であるから，換算後の共分散は，もとの値の $\frac{1}{4}$ にな

X，Yの標準偏差を s_x，s_y とし，X，Yの共分散を s_{xy} とすると，相関係数 r は

$$r=\frac{s_{xy}}{s_xs_y}$$

XとYの相関係数は

$$\frac{36.89}{7.81\cdot11.74}\fallingdotseq0.40$$

⓪は③より弱い正の相関関係がある。
①は負の相関関係がある。
②は③より強い正の相関関係がある。

総合演習の答

る。

したがって　②

■ 6

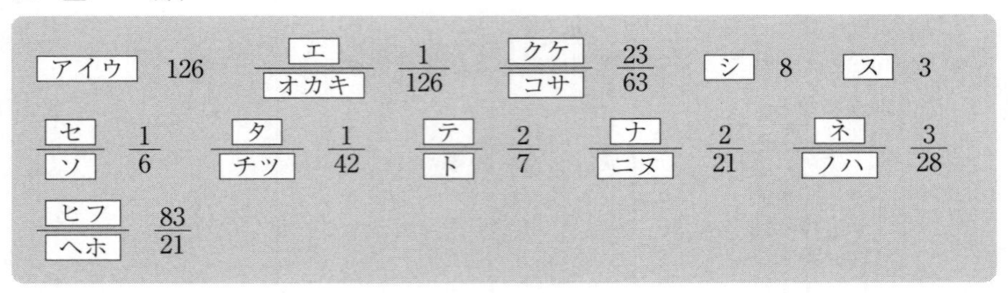

(1)(i)　4枚のカードの取り出し方は

$$ {}_9C_4 = \mathbf{126} \text{（通り）} $$

(ii)　得点が0点になるのはLが偶数のときであるから，$L=8$，6，4の3つの場合がある。残り3枚のカードの取り出し方は

$L=8$ …… ${}_7C_3=35$（通り）　← 1～7から3枚選ぶ。

$L=6$ …… ${}_5C_3=10$（通り）

$L=4$ …… ${}_3C_3=1$（通り）

よって

$L=4$である確率は　$\dfrac{\mathbf{1}}{\mathbf{126}}$

$$ P(X=0)=\frac{35+10+1}{126}=\frac{46}{126}=\frac{\mathbf{23}}{\mathbf{63}} $$

(2)(i)(ii)　とり得る正の得点の中で最も大きいのは，$L=9$，$S=1$の場合であり，得点は**8**点，取り出し方は${}_7C_2=21$（通り）。　← 残り2枚は 2～8のいずれか。

とり得る正の得点の中で最も小さいのは，Lが奇数で四つの番号が連続する場合，すなわち

$$ (L,\ S)=(9,\ 6),\ (7,\ 4),\ (5,\ 2) $$

の場合であり，得点は**3**点，取り出し方は3通り。

よって

$$ P(X=8)=\frac{21}{126}=\frac{\mathbf{1}}{\mathbf{6}} $$

$$ P(X=3)=\frac{3}{126}=\frac{\mathbf{1}}{\mathbf{42}} $$

(iii)　番号5のカードを取り出して，得点が8点になる取り出し方は6通りであるから，$X=8$ であったとき，番号5のカードを取り出している条件付き確率は

$$\frac{\frac{6}{126}}{\frac{21}{126}}=\frac{6}{21}=\mathbf{\frac{2}{7}}$$

← [1]，[5]，[9]と他1枚。

(3)　得点が5点になるのは

$(L,\ S)=(9,\ 4),\ (7,\ 2)$

の場合であり，それぞれ取り出し方は

${}_4C_2=6$（通り）

← 残り2枚を選ぶ。

であるから

$$P(X=5)=\frac{2\cdot6}{126}=\mathbf{\frac{2}{21}}$$

番号9を除く8枚のカードから3枚を取り出す方法は

← [9]は取っているから残りの3枚を考える。

${}_8C_3=56$（通り）

このうち，得点が5点になるのは $(L,\ S)=(9,\ 4)$ のときであるから，残りの2枚を取り出す方法は

${}_4C_2=6$（通り）

よって，番号9を取り出しているとき，得点が5点になる条件付き確率は

$$\frac{\frac{6}{126}}{\frac{56}{126}}=\frac{6}{56}=\mathbf{\frac{3}{28}}$$

(4)　X のとり得る値は

$X=0,\ 3,\ 4,\ 5,\ 6,\ 7,\ 8$

である。

$X=4$ となるのは $(L,\ S)=(9,\ 5),\ (7,\ 3),\ (5,\ 1)$ の場合であり

$$P(X=4)=\frac{3\cdot{}_3C_2}{126}=\frac{9}{126}=\frac{1}{14}$$

$X=6$ となるのは $(L,\ S)=(9,\ 3),\ (7,\ 1)$ の場合であり

$$P(X=6)=\frac{2\cdot{}_5C_2}{126}=\frac{20}{126}=\frac{10}{63}$$

$X=7$ となるのは $(L,\ S)=(9,\ 2)$ の場合であり

$$P(X=7)=\frac{{}_6C_2}{126}=\frac{15}{126}=\frac{5}{42}$$

これらと(1)～(3)の結果を利用して，X の期待値は

$$0\cdot\frac{23}{63}+3\cdot\frac{1}{42}+4\cdot\frac{1}{14}+5\cdot\frac{2}{21}+6\cdot\frac{10}{63}$$

$$+7\cdot\frac{5}{42}+8\cdot\frac{1}{6}=\mathbf{\frac{83}{21}}$$

⬅ $\frac{1}{126}(0\cdot46+3\cdot3+4\cdot9+5\cdot12+6\cdot20+7\cdot15+8\cdot21)$

(注)

X	0	3	4	5	6	7	8	計
$P(X)$	$\frac{23}{63}$	$\frac{1}{42}$	$\frac{1}{14}$	$\frac{2}{21}$	$\frac{10}{63}$	$\frac{5}{42}$	$\frac{1}{6}$	1

■ 7

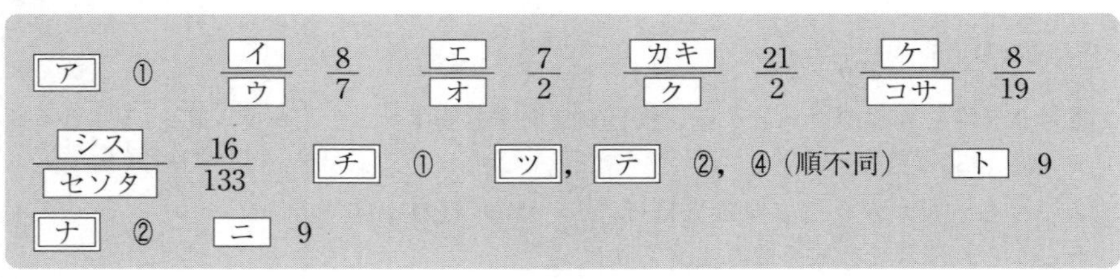
ア　①　$\frac{イ}{ウ}$　$\frac{8}{7}$　$\frac{エ}{オ}$　$\frac{7}{2}$　$\frac{カキ}{ク}$　$\frac{21}{2}$　$\frac{ケ}{コサ}$　$\frac{8}{19}$
$\frac{シス}{セソタ}$　$\frac{16}{133}$　チ　①　ツ，テ　②，④（順不同）　ト　9
ナ　②　ニ　9

〔１〕

(1)　三角形の内接円の中心(内心)は，三角形の三つの内角の二等分線の交点である。(①)

(2)　Iは内心であるから　∠BAE＝∠CAE

よって

$$\mathrm{BE:EC=AB:AC}$$
$$=4:3$$

$$\therefore\quad \mathrm{BE}=\frac{4}{7}\mathrm{BC}=\mathbf{\frac{8}{7}}$$

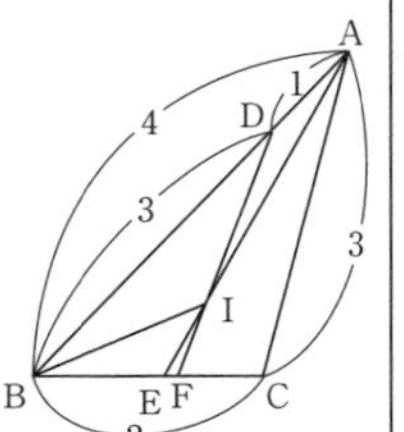

⬅ 内心は角の二等分線の交点。

∠ABI＝∠EBI より

$$\frac{\mathrm{AI}}{\mathrm{IE}}=\frac{\mathrm{AB}}{\mathrm{BE}}=\frac{4}{\frac{8}{7}}=\mathbf{\frac{7}{2}}$$

⬅ BIは∠ABEの二等分線。

△ABEと直線DFにメネラウスの定理を用いて

$$\frac{\mathrm{AD}}{\mathrm{DB}}\cdot\frac{\mathrm{BF}}{\mathrm{FE}}\cdot\frac{\mathrm{EI}}{\mathrm{IA}}=1$$

$$\frac{1}{3}\cdot\frac{\mathrm{BF}}{\mathrm{FE}}\cdot\frac{2}{7}=1$$

$$\therefore\quad \frac{\mathrm{BF}}{\mathrm{FE}}=\mathbf{\frac{21}{2}}$$

⬅

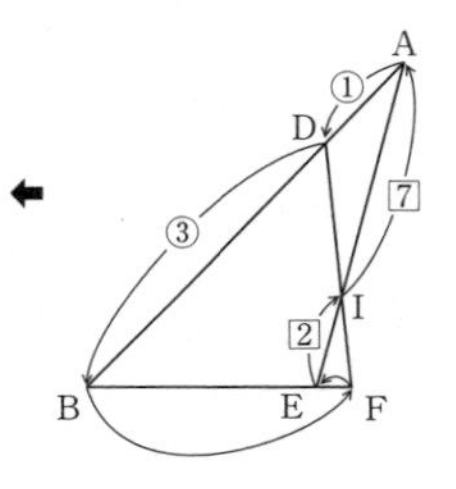

△DBF と直線 AE にメネラウスの定理を用いて

$$\frac{DA}{AB}\cdot\frac{BE}{EF}\cdot\frac{FI}{ID}=1$$

$$\frac{1}{4}\cdot\frac{19}{2}\cdot\frac{FI}{ID}=1$$

$$\therefore\quad \frac{FI}{ID}=\mathbf{\frac{8}{19}}$$

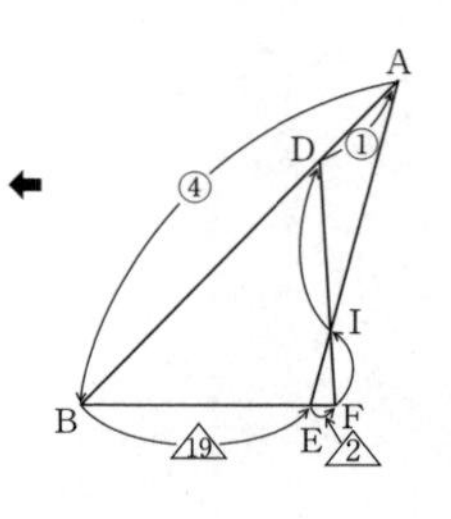

(3)　(2)より

$$\frac{\triangle EFI}{\triangle ADI}=\frac{EI}{AI}\cdot\frac{FI}{DI}=\frac{2}{7}\cdot\frac{8}{19}=\mathbf{\frac{16}{133}}$$

〔2〕

(1)(2)　直線 AC は点 A における円 O の接線であるから

$\angle OAC=90°$

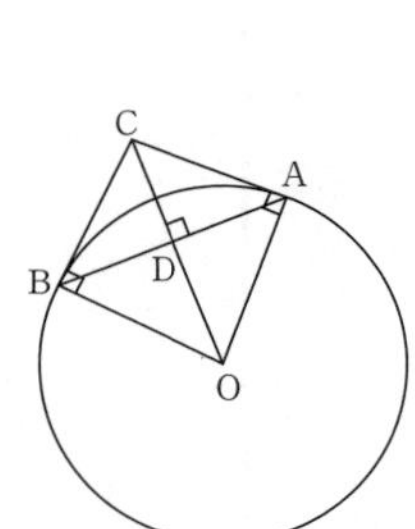

同様に

$\angle OBC=90°$

よって

$\triangle OAC\equiv\triangle OBC$　(**⓪**)

このとき

$AC=BC,\ \angle OCA=\angle OCB$

← AC，BC は接線であるから AC＝BC

したがって，$\triangle ACD\equiv\triangle BCD$ であるから

$\angle ADC=\angle BDC=90°$

よって

$\triangle OAC\backsim\triangle ODA,\ \triangle OAC\backsim\triangle ADC$　(**②**，**④**)

このとき

$$\frac{OA}{OD}=\frac{OC}{OA}$$

よって

$OC\cdot OD=OA^2=\mathbf{9}$

(3)　$\angle CDF=\angle CHF=90°$

であるから，4 点 C，F，D，H は同一円周上にある。(**②**)

方べきの定理を用いて

$OH\cdot OF=OC\cdot OD$

$\quad=\mathbf{9}$

改③ 20241029